I0426906

ALQUIMIA, QUÍMICA Y ALQUIMISTAS

Soledad Esteban Santos

SOLEDAD ESTEBAN SANTOS

ISBN: 979-8-8795-8091-4
Sello: Independently published

Copyright © 2024   Soledad Esteban Santos
Todos los derechos reservados

Del texto: Soledad Esteban Santos
De esta colección: CIENCIA e HISTORIA

Imagen de la cubierta: en Wikimedia Commons (Public Domain)

Colección

CIENCIA e HISTORIA

C & H

Madrid, 2024

Biografía

Soledad Esteban Santos es Licenciada y Doctora en Ciencias Químicas por la Universidad Complutense de Madrid (UCM), donde posteriormente se licenció también en Sociología. Fue profesora en esta universidad y después en la de Alcalá, para trasladarse definitivamente a la UNED, donde terminó su trayectoria profesional como profesor emérito. Inicialmente se dedicó a la investigación en Química Orgánica hasta tomar un rumbo totalmente diferente, dirigiéndose hacia la investigación en Didáctica de la Química, Metodología de la Enseñanza a Distancia e Historia de la Química. Fruto de todo ello son un buen número de publicaciones en revistas especializadas, actas de congresos y libros colectivos. Asimismo, es autora de materiales didácticos, tanto impresos (con una veintena de textos publicados) como *on-line*, además de otros multimedia. Ha realizado también una intensa tarea de divulgación científica participando en Seminarios, Ferias o Semanas de la Ciencia, entre otras actividades, así como a través libros, radio y televisión. Sirva como ejemplo de esto último, en primer lugar, la serie de diez capítulos *Introducción a la Historia de la Química*, producida por la Televisión Educativa de la UNED, dentro del espacio "La aventura del Saber", presentada en su día en TVE 2 y en el Canal Internacional (actualmente accesible a través de Internet). O sus frecuentes colaboraciones, hasta el día de hoy, en los espacios radiofónicos "Respuestas de la Ciencia", emitidos por Radio 5 y accesibles igualmente por Internet. Por otra parte, además de intervenir en enseñanzas regladas (Grados y Másteres), ha diseñado y dirigido numerosos cursos de Formación Continua, uno de ellos el titulado *Alquimia y Alquimistas*, origen último de la presente obra.

.

ÍNDICE

PRESENTACIÓN

La alquimia es una disciplina que a pesar de tener dos mil años de antigüedad sigue siendo para muchos un polo de atracción. No hay más que comprobar los libros que se siguen publicando sobre este tema o el número de páginas de Internet que se le dedican. Y muy frecuentemente este interés está motivado por su vertiente esotérica. Para todos aquellos que obedeciendo a una inquietud espiritual se preguntan sobre el origen del ser humano y de todo el universo, que sienten que el funcionamiento del cosmos está gobernado por unas leyes que van va más allá de las estudiadas por las ciencias experimentales, la alquimia supone la vía de encontrar la respuesta.

Pero, precisamente por esto mismo, durante largo tiempo ha sido menospreciada, más relacionada con las ciencias ocultas que con lo que hoy entendemos como ciencia. Sin embargo, en esta apreciación se inicia un cambio a partir de mediados del siglo XIX, cuando importantes personalidades del mundo científico comienzan a estudiar la alquimia a través de los tratados alquímicos y otros documentos relacionados, así como con los datos aportados por la historia. Corriente que se ha prolongado sin interrupción hasta nuestros días, origen de una ingente labor investigadora reflejada en un nutrido número de libros y de artículos en revistas especializadas. En el estudio de la alquimia caben, no obstante, muy distintas perspectivas. Desde la más estrictamente científica, hasta la más mística, pasando por la filosófica, la psicológica o la historiográfica.

Y es porque en la alquimia, que bien puede definirse —en términos generales y sin matizar— como la ciencia de la transmutación de los metales, deben distinguirse en realidad dos tipologías, según sus objetivos, prácticas y rituales: la alquimia *exotérica* o material, que buscaría la perfección de la materia, y la alquimia *esotérica* o espiritual, que buscaría la perfección del espíritu. En este texto se ha optado por el estudio dirigido hacia la primera tipología, la alquimia exotérica, enfoque en el que muy probablemente haya sido decisiva mi formación como química y mi profesión, dirigida a la investigación y la enseñanza universitaria. En ese sentido, se hace un recorrido a lo largo de las distintas etapas de la alquimia, de su auge y de su declive, y de los alquimistas más significativos, sin olvidar el contexto histórico y sobre todo el ideológico en el que están inmersos. En suma, se pretende aunar contenidos del ámbito de las ciencias y contenidos humanísticos, para enlazar directamente con la historia de nuestra cultura.

Se discute, asimismo, la presencia de la alquimia en muchas manifestaciones literarias, artísticas o sociales (como sería, en esto último, el mecenazgo de los poderosos a los alquimistas). Y se analiza la repercusión que tuvo la alquimia en el desarrollo de la farmacología y la medicina y, especialmente, en el de la química. Por este motivo, en ciertos momentos se han incluido breves explicaciones sobre determinados aspectos que van apareciendo y que de una manera u otra están relacionados con la química, tratando de que resulten claras, concisas y entendibles para todo aquel cuyos conocimientos en esta última disciplina sean sólo básicos o, incluso, estén ya olvidados. Si bien, pretendiendo en todo momento ser fiel al rigor científico.

No obstante, aunque se haya abordado la alquimia desde esa perspectiva y no se profundice en su carácter esotérico, tampoco este se ha olvidado. Así, se ha atendido a los aspectos simbólicos y a la carga mística del lenguaje alquímico, tanto el escrito como el que está implícito en sus ilustraciones.

El núcleo de este libro ha sido el texto *on-line* elaborado para un curso de Enseñanza Abierta de la UNED, *Alquimia y Alquimistas*, que comenzó en 2012, texto que se ha ido revisando, actualizando y ampliando desde entonces. A ese título va añadida la palabra "química", por los motivos antes señalados.

Capítulo 1
SOBRE LA ALQUIMIA

La alquimia: una disciplina digna de estudio
Alquimia y química
La materia según la filosofía natural griega
Alquimia y transmutación

La alquimia: una disciplina digna de estudio

Muchos científicos e historiadores han llegado a menospreciar la alquimia, muy probablemente debido a que ese término nos lleva a pensar en algo esotérico y misterioso, más relacionado con las ciencias ocultas que con las ciencias de la naturaleza y con lo que hoy entendemos como química. Sin embargo, personalidades de la ciencia tan ilustres como Justus von Liebig (1803-1873) no han pensado de la misma manera. Este gran químico del siglo XIX llega a considerarla como la inmediata precursora de la química, ya que produjo un enorme número de observaciones y experiencias que desencadenaron procedimientos y técnicas que, a su vez, facilitaron el perfeccionamiento de esta última.

La alquimia, en principio, podría considerarse como la ciencia de la transmutación de los metales. Mediante una serie de técnicas y procesos busca la obtención de oro partiendo de metales comunes. Pero esta primera definición habría que matizarla, ya que la alquimia trasciende de la mera actividad realizada en un laboratorio. Es cierto que la actividad alquímica conlleva una gran cantidad de trabajo experimental, pero está impregnada de un alto grado de espiritualidad, por lo que sus objetivos deben buscarse a mayor profundidad. Realmente, habría que situarlos en tratar de dar respuesta a las eternas preguntas del ser humano acerca de *cuál es el origen y el sentido de su vida, cuál es el origen y el sentido del universo*. Sería la tendencia hacia la perfección del alma, más que hacia la perfección de los metales; un proceso mental, más que químico. En este sentido, habría que distinguir dos caras de la alquimia, según sus objetivos, prácticas y rituales: la *exotérica* o material, que buscaría la perfección de nuestra materia, y la *esotérica* o espiritual, que buscaría la perfección del espíritu.

Por esta razón, para algunos estudiosos de la alquimia los aspectos meramente químicos no tendrían sino un interés secundario, centrando su análisis en los aspectos filosóficos y religiosos, los cuales podrían enlazarse con ciertos principios del taoísmo, hermetismo, yoga, sufismo… e, incluso, cristianismo. Entre estos se encontraría el rumano Mircea Eliade (1907-1986), filósofo e historiador de las religiones, experto en el mundo de los mitos. Pero las posibilidades que ofrece el tema de la alquimia para distintas corrientes de pensamiento no terminan aquí, ya que para otros su esencia radicaría en sus aspectos esotéricos. Entonces, lo importante no sería la transmutación de los metales, sino el propio agente de la alquimia, es decir, la persona del alquimista, quien alcanzaría unos poderes especiales a través de las operaciones y procesos alquímicos. Y para los investigadores del mundo del inconsciente la alquimia sería un medio para analizar la mente humana. Tal es el caso del gran psicólogo y psiquiatra suizo Carl Gustav Jung (1875-1961), fundador de la psicología analítica, a quien la alquimia proporcionó elementos claves para su teoría del inconsciente colectivo, ya que los aspectos místicos de aquella estarían enraizados en lo más profundo de nuestra *psique*. Todas estas ideas están recogidas en varios libros, siendo tal vez el más famoso *Psicología y Alquimia*, escrito en 1944.

El primero en llevar a cabo una traducción de los textos alquímicos griegos a un idioma moderno (en este caso, al francés) fue Marcellin Berthelot (1827-1907), importante químico galo, de gran cultura y formación humanista y autor del interesantísimo libro *Les Origines de l'Alchimie* (*Los Orígenes de la Alquimia*), publicado en 1885. Desde entonces numerosos científicos e historiadores han dedicado su atención a esta disciplina, investigando sus orígenes y evolución, estudiando principalmente a través de los escritos alquímicos la historia de sus protagonistas y los logros que la la humanidad debe al desarrollo de este "arte sagrado", como en tiempos tempranos se llamaba a la alquimia.

Tras Berthelot, entre los primeros estudiosos de la alquimia no puede dejar de mencionarse a los británicos Frank Sherwood Taylor (1897-1956) y Joseph Needham (1900-1995). Este último fue un gran sinólogo, a quien se deben los primeros estudios sobre la alquimia china, mientras que Eric J. Holmyard (1891-1959), Julius Ruska (1867-1949) y Paul Kraus (1900-1944) se especializaron en la alquimia islámica. Por otra parte, a Taylor se debe la creación de la revista *Ambix*, que publica su primer volumen en 1937 y en la que hoy en día siguen dándose a conocer importantes artículos sobre historia de la química y la alquimia. En la actualidad dentro de los investigadores en este campo cabe destacar a los norteamericanos William R. Newman (n.1955) y Lawrence M. Principe (n.1962), ambos profesores de Historia de la Ciencia. Principe está reconocido como uno de los mayores expertos actuales en historia de la alquimia, autor de un gran número de artículos y libros, entre los que hay que destacar *The Secrets of Alchemy* (2013).

A todos los anteriores habría que sumar nombres clásicos en el estudio de la historia de la química, tales como el germano-francés Ferdinand Hoefer (1811-1878), los británicos James R. Partington (1886-1965) y William H. Brock (n.1936) y el norteamericano Robert P. Multhauf (1919-2004), entre otros. También tiene cabida la interesante aportación de un español, José Ramón de Luanco (1825-1905), profesor de química de la Universidad de Barcelona, quien llevó a cabo una cuidadosa labor de recopilación de textos y manuscritos alquímicos en numerosísimas bibliotecas españolas de todo tipo, y al que debemos la obra de varios tomos *La Alquimia en España* (1889-1897).

En cuanto a la *clasificación de la alquimia*, dejando aparte las alquimias de Extremo Oriente (china e hindú), desde una perspectiva temporal los historiadores de la ciencia la dividen en tres periodos: a) periodo greco-egipcio, seguido posteriormente por una etapa bizantina, siglos III al IX; b) periodo islámico, llamado también árabe o musulmán, siglos VIII al XV, y c) periodo latino-europeo, siglos XII al XVIII (subdividido en Edad Media, del XII a finales del XV, y Edad Moderna, de finales del XV hasta el XVIII). Su esplendor se inicia hacia el siglo XV (es decir, en los últimos tiempos medievales) y alcanza el máximo o "edad de oro" durante los siglos XVI, XVII y primeros decenios del XVIII. Empieza a decaer, pues, con los inicios de la revolución científica en la química, con lo que a partir de esos momentos comenzaría una cuarta fase (del siglo XVIII a nuestros días), durante la que tiene lugar lo que podría definirse como una reinterpretación de la alquimia.

Alquimia y química

Cabe así formularnos esta pregunta, ¿son equivalentes los términos de alquimia y química? O, dicho de otra manera, ¿existen diferencias sustanciales entre los correspondientes conceptos a los que hacen referencia esos términos? Si así fuera, habría que descifrar los rasgos característicos de la alquimia que ayudarán a marcar las diferencias y los puntos de convergencia entre ambas disciplinas.

La actividad química ha existido siempre, paralela a la vida de los seres humanos, los cuales desde sus primeros momentos aprendieron a explotar los fenómenos químicos, a aprovechar las propiedades de los materiales que les rodeaban y a transformar estos para su propio beneficio. Este tipo de trabajos de aquellas épocas ancestrales correspondería a lo que hoy se conoce con términos tales como *química práctica primitiva, química aplicada primitiva, química temprana* o *protoquímica*.

Esa química aplicada primitiva siguió "funcionando", pero además, en cierto momento de la historia surgió la alquimia. ¿Por qué? Para poder responder a esta cuestión habrá de analizarse en primer lugar en qué consiste, qué rasgos la diferencian de esa química práctica y qué factores provocan su nacimiento.

Y volviendo a la idea de la transmutación, este sería el objetivo central de la alquimia: la transmutación de los metales hasta llegar al oro, el metal perfecto, lo cual llevó asociado la búsqueda de lo que se llamó la Piedra Filosofal y, frecuentemente, la del elixir de la vida. Así, mediante ciertas técnicas y operaciones de laboratorio el alquimista perseguía la obtención de oro partiendo de metales comunes, por lo que hay que resaltar ante todo el papel fundamental que los metales han jugado en el desarrollo de la alquimia y, en definitiva, en el de la química.

Todas estas ideas enlazan con la hipótesis acerca de los metales propuesta por el ya mencionado Mircea Eliade en su libro *Herreros y Alquimistas*. Los seres humanos siempre se han sentido subyugados por esos materiales que extraían de la tierra y cuya posesión les confería mejores instrumentos de trabajo y armas más eficaces ante sus enemigos. Se creó una verdadera mitología sobre los metales, que persiste aún en tribus primitivas contemporáneas, según la cual se formarían en la tierra como en un proceso de gestación, pues irían creciendo como una semilla o un embrión en el interior de aquella, que equivaldría a un vientre materno. El mundo mineral tendría vida. Estas creencias podrían extrapolarse muy atrás en el tiempo, hasta el Neolítico, lo que explicaría que en el pasado los trabajos metalúrgicos estuvieran acompañados de determinados ritos y ceremonias, parecidos en cierto modo a los de un parto. Las prácticas alquímicas enlazan así con el mundo de los mitos más que con la teorización racional, motivo por el cual la alquimia ha surgido en distintas culturas y diferentes medios geográficos, generalmente de forma independiente aunque coincidieran en muchas de sus características (lo cual no implica que, después, las diversas alquimias hubieran tenido alguna intercomunicación).

Aristóteles, en su tratado *Meteorológicos* o *Meteorología* (en griego *Meteorologica* y en latín *Meteorologica* o *Meteora*, título cuyo contenido no se corresponde realmente con lo que hoy entendemos por predicciones meteorológicas) había propuesto una explicación sobre el origen de los minerales y de los metales, defendiendo la idea primitiva de que los metales se gestan y desarrollan en el interior de la tierra.

De esta manera, los metales menos perfectos (hierro, cobre, plomo…) irían creciendo y evolucionando hacia los metales más perfectos o metales nobles (oro y plata), de los que el oro sería su máxima expresión. *¿Y por qué el oro?* Porque el oro, desde los primeros tiempos, atrajo la atención de la mirada humana. Por su aspecto: era el metal más bello, debido a su brillo y color. Por su incorruptibilidad: resistente a la corrosión de la intemperie, al fuego y a la acción de otros materiales. Sería, pues, el metal por excelencia, el metal perfecto. Y además, por su escasez, símbolo de riqueza y poder.

Para tratar de explicar la transmutación, el posible origen de esta idea y su significado, es necesario conocer cuál era la idea de la materia en la Antigüedad. Estudiaremos las teorías de los antiguos filósofos griegos, ya que fueron los primeros en cuestionarse cómo era la materia que nos rodeaba, intentando encontrar la respuesta por medio del razonamiento.

La palabra griega *meteorologica* proviene de "logia", tratado, ciencia, y de "meteoro", que viene a decir "lo que está en el aire". Correspondería así a todo lo que acontece en la naturaleza, sobre todo en torno a la región vecina al movimiento de los astros.

La materia según la filosofía natural griega

Los pueblos primitivos y las culturas más antiguas imaginaban que los fenómenos del universo se producían por la acción de fuerzas sobrenaturales, que asociaban a mitos y a divinidades que reencarnaban dichas fuerzas. De ahí las cosmogonías y teogonías de la Prehistoria y la Antigüedad.

Los pensadores griegos fueron los primeros en cuestionarse, de una forma racional, una explicación a los fenómenos de la naturaleza. Ante su observación, los filósofos se plantearon una serie de problemas clave: cuál es la naturaleza de la materia del mundo y del universo, cuáles son los motivos de sus cambios y en qué forma estos cambios tienen lugar. No obstante, todas las ideas de la filosofía griega eran abstracciones fruto del razonamiento y del pensamiento especulativo, sin que estuvieran acompañadas de experimentación alguna que sustentase sus conclusiones.

Estos son a grandes rasgos los fundamentos de la *filosofía de la naturaleza* o filosofía natural, iniciada por los llamados filósofos presocráticos que dio lugar a diversas escuelas o corrientes, y que fue continuada después por otros filósofos de la cultura clásica.

Filósofos presocráticos

Como anterior a todo, los griegos consideraron el paso del caos primitivo, desordenado, al cosmos, ya ordenado y regido por unas normas o leyes de la naturaleza. Después, ante el concepto del cambio surge la idea de la existencia de algo inmutable, que no cambia, que sería así como un sustrato inicial, del que estarían hechos todos los objetos de la naturaleza.

Durante todo el periodo presocrático, o anterior a **Sócrates** (470 a.C.-399 a.C.), la filosofía natural se desarrolla en las colonias griegas de Asia Menor (Mileto) y del sur de Italia (Éfeso y Elea), principalmente, y se desplaza después a la metrópoli, Atenas. Nace en el siglo VI a.C. con **Tales de Mileto** (ca.624 a.C.-ca.546 a.C.), geómetra y astrónomo, que crea la escuela de Mileto, por lo que se le suele considerar padre de la filosofía griega. Admitía como principio general del universo el *agua*, idea que también aparece en el libro bíblico del *Génesis* y en otras muchas teogonías. Todo en el universo provendría del agua como materia o elemento más simple e iría evolucionando a partir de ella, dando lugar a objetos más complejos. Los sucesores de Tales sustituyeron al agua como principio primario por otros principios diferentes, aunque también únicos. Así, para **Anaximandro de Mileto** (ca.610 a.C.-ca.545 a.C.) el principio de todas las cosas era lo *indefinido* o *ápeiron* (del griego "a", sin, y "peras", límite), del que se desprenden contrapuestos (como calor y frío, húmedo y seco...). Y para **Anaxímenes de Mileto** (ca.590 a.C.-ca.525 a.C.) sería el *aire*: la sucesiva rarefacción-condensación del aire daría lugar a una serie de cambios cíclicos. De esta manera, la rarefacción generaría el fuego, mientras que la condensación generaría el viento, las nubes, el agua, la tierra y las piedras. Y a partir de estas sustancias, se crearían el resto de las cosas. También identifica al aire con el alma.

Cuando la escuela de Mileto va declinando, comienzan a destacar filósofos de otras colonias. De estos filósofos, los más importantes son dos. Uno es **Heráclito de Éfeso** (ca.540 a.C.-ca.480 a.C.), en Jonia, que prácticamente no creó escuela y explica la realidad como una tensión permanente, en una lucha de contrarios. La clave para él es, pues, el cambio continuo de las cosas, dentro del cual existe un principio eterno, el *fuego*. Y el otro es **Pitágoras de Samos** (ca.570 a.C.-ca.496 a.C.), que en Sicilia funda la escuela pitagórica (en el 530 a.C., aproximadamente), cuyo mayor interés se centró en la religión y en las matemáticas, llegando a considerar los *números* como principio material de todas las cosas. En este sentido, es muy interesante la idea pitagórica de que el universo está gobernado según unas proporciones numéricas armoniosas, lo que se conoce como "armonía del universo" o "armonía del cosmos". Con ello, el movimiento de los cuerpos celestes se regiría según unas proporciones musicales, es decir, orbitarían de acuerdo a esas proporciones, y las distancias entre ellos corresponderían a los intervalos musicales: es la llamada "armonía de las esferas".

Como rival de la escuela pitagórica surge también en el sur de Italia, concretamente en Elea, la escuela eleática, fundada por **Parménides de Elea** (ca.540 a.C.-ca.470 a.C.). Las ideas de Parménides son importantísimas, pues marcan una profunda diferenciación con las de los anteriores filósofos. Niega el movimiento y el cambio, porque afirma que lo que existe es único: es decir, la realidad es una, por lo que no puede cambiar, y de esa realidad única no puede surgir la pluralidad de los objetos del mundo. Parménides llama a esa realidad única el *uno* o el *ser*, que tendría la forma de una esfera y que sería homogénea, indivisible, compacta, sin movimiento, atemporal y sin cambios. Como carece de cualidades perceptibles, a ella sólo se podrá acceder a través de la razón, pero no de los sentidos. Y también niega la posibilidad de la existencia del espacio vacío.

> En lo referente al movimiento de los cuerpos celestes, hay que considerar que en aquellos tiempos se suponía que la Tierra era el centro del universo, y que los cuerpos celestes, incluido el Sol, giraban alrededor de aquella. Es el **geocentrismo**, visión del universo de muchas civilizaciones antiguas, como la babilónica, y que perduró hasta el siglo XVI. Fue el astrónomo griego **Claudio Ptolomeo** (ca.100 d.C.–ca.170 d.C.) quien introdujo un modelo matemático para explicar la teoría geocéntrica.

Tras esta escuela, aparece uno de los filósofos de la naturaleza más importantes, **Empédocles de Agrigento** (ca.495 a.C.-ca.435 a.C.), con el que se inician las explicaciones "pluralistas" y se abandonan las "monistas". Es decir, el principio fundamental de todas las cosas no será un único elemento, sino varios. Toma los elementos anteriores de *aire*, *agua* y *fuego* y añade el de *tierra*. Para él serán, pues, cuatro los elementos, lo cual recordaría a las fuerzas sobrenaturales de las teogonías prehistóricas (dios Lluvia, dios Viento, dios Rayo, dios Trueno...). Asimismo, guardarían una relación directa con observaciones inmediatas a la vida cotidiana de los seres humanos: los cuerpos sólidos (tierra), lo líquido (agua), lo gaseoso (aire) y lo incandescente (fuego). De la continua mezcla de esos cuatro elementos surgirían todos los objetos del mundo sensible; y no se mezclarían al azar, sino por acción de dos opuestos, dos formas contrarias. Estas son las dos fuerzas cósmicas de atracción-repulsión, de *amor-odio*: el amor los mezclaría y el odio los separaría, según un ciclo sin fin que se repetiría, uniéndose y separándose alternativamente.

A partir del siglo IV a.C., si bien preocupan más a los griegos los problemas de ética y política, la filosofía natural es continuada por algunos filósofos, entre los que destaca Aristóteles.

Aristóteles

Para **Platón** (ca.427a.C.-347 a.c.) y después para **Aristóteles de Estagira** (ca.384 a.C.-322 a.c.) la materia sería algo informe y amorfo, sin ningún atributo. Aristóteles desarrolla la idea de que todas las sustancias estarían formadas por una materia o *hyle*, a la que se le podrían dar distintas formas (a modo de una pieza de mármol trabajada por el escultor, que puede dar lugar a distintas esculturas). Según Aristóteles a esa materia primitiva (o prima materia) se le podía comunicar e infundir las *cualidades* o *propiedades fundamentales* de calor, frío, sequedad y humedad.

Aristóteles pensó que lo que debía ser considerado como principios fundamentales eran estas propiedades más generales de los objetos, debido a que esos objetos son reconocidos y diferenciados unos de otros precisamente por sus propiedades. Encontró que esas cuatro propiedades podían aplicarse a todas las cosas, y combinándolas de dos en dos se obtendrían los cuatro elementos de Empédocles, teniendo en cuenta que cada elemento clásico poseería sólo dos cualidades:

Agua: de la combinación húmedo y frío – Aire: de la combinación húmedo y caliente

Fuego: de la combinación seco y caliente – Tierra: de la combinación seco y frío

A su vez, al analizar todas las sustancias materiales se encontrarían en ellas esos cuatro componentes, aunque en distintas proporciones. Se representa generalmente esta idea mediante un diagrama con dos cuadrados: uno externo, en el que cada vértice es ocupado por un elemento, teniendo los elementos adyacentes una propiedad común, y otro interno, en el que en este caso es una propiedad fundamental lo que se encuentra en cada vértice, tal y como puede observarse en la Figura 1.1.

A estos cuatro elementos Aristóteles agregó posteriormente uno más, de carácter inmaterial, el *quinto elemento*. Este filósofo pensó que lo que había en la Tierra, formado por esos cuatro elementos clásicos, era perecedero y corruptible. Sin embargo, lo que existía sobre la Tierra, es decir, el cielo y los cuerpos celestes, era incorruptible: los cuerpos celestes no cambiaban, siempre estaban allí, y lo único que se observaba era su movimiento circular. Por tanto, tenían que estar constituidos por un elemento diferente que les dotase de esa incorruptibilidad, como de un espíritu de vida.

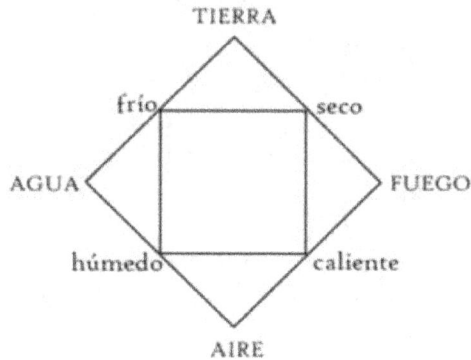

Figura 1.1. Representaciones de las cuatro cualidades fundamentales y los cuatro elementos de Aristóteles

A este nuevo elemento, el quinto, se le llamó *éter* y después también *quintaesencia* (figura 1.2).

Figura 1.2. Ilustración de un tratado alquímico del siglo XVII: en los vértices de un cuadrado se representan los cuatro elementos clásicos y, en el centro, la quintaesencia

Esta idea del éter o quintaesencia sirvió para que los alquimistas pudieran explicar el fenómeno de la destilación, considerada entre ellos como la operación capital para purificar las sustancias: al calentarlas, mediante la técnica de la destilación se separaban sus partes más volátiles, que se elevaban y que serían su esencia o aspecto más espiritual, su "espíritu vital". Pero el concepto del éter también ejerció una influencia mucho más lejana, durando mucho tiempo, hasta finales del siglo XIX. Por ejemplo, Newton suponía que un éter sutil bañaba el universo y era el responsable de muchas características de la materia. Se aceptó asimismo como medio de transmisión de la luz e, incluso, el mismo Mendeleiv (1834-1907) lo hacía responsable de los fenómenos radiactivos.

> **Dmitri Mendeleiev** (1834-1907) fue un químico ruso, muy brillante e influyente en su tiempo. Su investigación principal y por la que es más conocido fue la que le condujo a formular la ley periódica, base de lo que conocemos como Tabla Periódica de los elementos químicos. Por este motivo, es una de las figuras centrales de la Historia de la Química.

Escuelas postaristotélicas

Las ideas de Aristóteles nutren a muchos pensadores posteriores. Tal es el caso de **Zenón de Citio** (ca.336 a.C. -ca.264 a.C.), por la ciudad de Chipre en la que nació (Kition, en griego), que funda hacia el 300 a.C. la escuela filosófica del *estoicismo*, de gran éxito durante el periodo helenístico y desarrollada también posteriormente en época romana por **Lucio Anneo Séneca** (4 a.C.-65 d.C.). Adoptó en gran parte la filosofía aristotélica de los cuatro elementos, aunque hacía la distinción entre materia inerte y una forma activa, el *pneuma* (palabra griega, que significa "aire", "suspiro, "alma") o "espíritu vital", que produciría tanto los procesos de corrupción como los de generación. De los cuatro elementos aristotélicos, los calientes (fuego y aire) serían más activos que los fríos (agua y tierra). El fuego y el aire serían, pues, formas de *pneuma*, fuerza que cohesionaría las formas más pasivas (agua y tierra) en las diferentes sustancias complejas. Este concepto de *pneuma* tuvo gran repercusión entre los alquimistas.

Pero la materia, ¿es continua o discontinua?

Todo lo expuesto anteriormente hace referencia a cómo está

compuesta la materia, dando lugar al concepto antiguo de elemento, en cuanto a principio o principios generales que estarían presentes en todos los objetos, muy distinto del concepto actual de elemento químico. Pero los griegos también se plantearon otra cuestión acerca de la materia: *¿podía dividirse la materia hasta el infinito, o había un momento en el que se llegaba a una fracción tan pequeña de materia que ya no podía dividirse más?* Es decir, *la materia, ¿era continua o discontinua?*

Leucipo de Mileto, del siglo V a.C., fue el primero en proponer que la materia sería discontinua. Su discípulo, **Demócrito de Abdera** (ca.460 a.C.-ca.370 a.C.) llamó esas partículas últimas de la materia *átomos* (del griego, indivisible). Los átomos de los distintos objetos sólo se diferenciarían entre sí por su distinto tamaño y forma y estarían dotados de un movimiento propio y perpetuo, al azar, en el espacio vacío, colisionando continuamente entre sí. Podrían o bien rebotar y separarse, o bien engancharse unos con otros, dando lugar a los diferentes objetos.

Sin embargo, la teoría atómica de Demócrito encontró una enorme oposición en Aristóteles, para quien dicha teoría no podía explicar la enorme variedad de sustancias de la naturaleza. Además, esta teoría implicaba la existencia del vacío, pero en él no se podía justificar el movimiento; y sin movimiento no habría cambio, idea que era otro de los pilares del pensamiento aristotélico.

Tras la muerte de Aristóteles, se reabre el debate con las ideas de otro filósofo. Se trata de **Epicuro de Samos** (341 a.C.-ca.272 a.C.), cuyas ideas tuvieron —aunque muy posteriormente— una profunda trascendencia. Vuelve a la teoría atómica de Demócrito y la perfecciona, sosteniendo que los átomos eran las partículas mínimas de la materia. De todos los escritos de Epicuro, unos trescientos, queda muy poco. Sus ideas son conocidas a través de la obra que recoge sus teorías, *De Rerum Natura* (*Sobre la Naturaleza de las Cosas*) escrita en el 60 a.C. por el poeta romano **Lucrecio o Tito Lucrecio Caro** (ca.95 a.C.-ca.55 a.C.), texto que tuvo amplia difusión en su época y también en el Renacimiento, ya que con la invención de la imprenta (1450) se imprime en 1473.

Alquimia y transmutación

En lo que a la alquimia se refiere, la cuestión de continuidad/discontinuidad de la materia no tuvo incidencia ni en sus ideas ni en sus prácticas. Sin embargo, la teoría aristotélica de las cuatro cualidades y los cuatro elementos como componentes universales de todas las sustancias tuvo una enorme influencia, proporcionando una base para el eje central de la alquimia, la transmutación de los metales. Para Aristóteles la naturaleza sería la que hace cambiar la materia básica en los distintos cuerpos que percibimos, al reemplazar la forma que tiene en cada uno por otra nueva forma. De ahí nace la creencia en la *transmutación*, como se irá tratando más detenidamente en los siguientes capítulos. Las ideas de Aristóteles sobre los elementos ejercieron una influencia trascendental en toda la alquimia: en la Edad Media se transmitieron a través de la filosofía escolástica y perduraron en realidad hasta el siglo XVIII, siendo la base de la química teórica de todo ese largo periodo. Probablemente duró tanto porque proporcionaba una fácil explicación de lo que se percibe por los sentidos, de las distintas apariencias de todas las sustancias. Y aún se siguió empleando en lenguaje literario. No hay más que pensar en expresiones tales como "la fuerza de los elementos" o "luchar contra los elementos".

Por otra parte, la explicación de Aristóteles sobre la gestación de los metales en el interior de la tierra, expresada en su obra *Meteorológicos*, reaparecerá asimismo en el ideario alquímico. Fue recogida por los alquimistas, tanto greco-egipcios como árabes y europeos del occidente cristiano, siendo aceptada por los mineralogistas hasta el siglo XVIII. El alquimista, en su laboratorio, lo que hacía era intentar reproducir el proceso de la naturaleza de la gestación de los metales, acelerándolo mediante una serie de operaciones y técnicas. Y llegar así al conocimiento de los secretos íntimos del cosmos, al secreto de la Creación, objetivo final de la alquimia.

También, y como consecuencia de todo lo anterior, podemos deducir que los metales han jugado un papel fundamental en el desarrollo de la alquimia y, en definitiva, en el de la química.

Capítulo 2

ALEJANDRÍA Y LOS ORÍGENES DE LA ALQUIMIA

Surgimiento de la alquimia greco-egipcia
Alquimia y química práctica de la Antigüedad
Corrientes de pensamiento en el nacimiento de la alquimia
Rasgos característicos de la alquimia
Alternativas al origen de la alquimia greco-egipcia

Surgimiento de la alquimia greco-egipcia

Aunque sean muy importantes y antiguas, dejaremos por el momento las alquimias que surgieron en Extremo Oriente, en India y sobre todo en China, para centrarnos en la alquimia más próxima a nuestra cultura, la llamada alquimia griega. Y se conoce así porque todos sus documentos están escritos en griego. No obstante, más exacto sería el nombre de alquimia *greco-egipcia*, ya que surge en Egipto, donde se va desarrollando entre los siglos I y II d.C. para consolidarse como disciplina hacia el siglo III. Pero se trata de un Egipto helenizado, en el que la lengua y las costumbres griegas son predominantes, aunque lo que realmente se produce —como en todos los territorios del antiguo imperio alejandrino— es un mestizaje con la cultura autóctona. Se extiende pronto por el Mediterráneo oriental y después será asimilada por los árabes, que en el siglo XII la transmiten al Occidente cristiano.

Su origen desde el punto de vista geográfico se sitúa pues en Egipto, si bien un Egipto ya bajo el Imperio Romano. Y concretamente en Alejandría, ciudad fundada en la desembocadura del Nilo por Alejandro Magno (356-323 a.C.) en el 331 a.C., tras la conquista de aquel país. Esta fue una de las muchas ciudades fundadas por él con ese nombre. A la muerte de Alejandro, su gran imperio se divide entre sus generales, correspondiendo los territorios egipcios a Ptolomeo (367 a.C.-283 a.C). En Alejandría, capital de este reino y ciudad plenamente helenizada, conviven los egipcios nativos con una población considerable de griegos, sirios y judíos. Su gran puerto atrae a los comerciantes y gentes de todas partes, con lo cual se va convirtiendo en un cruce de mercancías y conocimientos. Pronto llega a constituir el centro artístico y científico de Oriente, hegemonía cultural que se mantiene hasta el siglo I d.C. En esta ciudad Ptolomeo (ya como Ptolomeo I Sóter) funda el Museo, aunque no "museo" como lo entendemos actualmente, sino en el sentido de universidad, como señala la palabra griega *museion* o lugar donde residían las musas, diosas de la mitología griega inspiradoras de las artes, ciencias, música y poesía. El Museo era la institución de estudios científicos más importante del mundo antiguo, y su gran Biblioteca, la de mayor número de volúmenes de aquellos tiempos (se dice que más de 700.000 textos). Por ello, ya en época romana (Egipto es absorbido por Roma, formando así parte de su Imperio desde el año 30 a.C.) el viaje a la ciudad de Alejandría constituía una etapa fundamental en la formación de un médico.

El Museo de Alejandría se realizaban estudios de matemáticas, mecánica, óptica, astronomía, medicina y geografía, que eran consideradas como ciencias exactas. Recordemos, por ejemplo, a Hipatia, la gran filósofa, astrónoma y matemática griega. Sin embargo, no hay evidencia alguna de que se practicara en el Museo ninguna actividad relacionada con la química. Muy probablemente ello fuera debido a que los griegos no daban al estudio de la materia la categoría de una ciencia exacta, sino más bien la consideraban tan sólo un objeto de discusión o de especulación filosófica. Hasta tal punto, que ni siquiera tenían un nombre para designarla. Además, esta actividad era llevada a cabo no por griegos, sino por la población autóctona de esas tierras de Oriente, a la que los "cultos" griegos mirasen quizás con cierto menosprecio. Efectivamente, en esa época —y desde hacía largo tiempo— se conocían gran número de sustancias químicas, sus propiedades y aplicaciones, y se llevaban a cabo muchos procesos de tipo químico, como cerámica, vidrio, tintes y, sobre todo, metalurgia. Es decir, existía una importante química aplicada (protoquímica). Y los secretos del arte de los metales o "arte sagrado", como lo llamaban, estaban en manos de los sacerdotes egipcios, sobre todo los de Menfis y Tebas.

> **Hipatia** (355/370–415/416) fue una filósofa neoplatónica griega, nacida en Alejandría. Estudió lógica y ciencias exactas, destacando en matemáticas y en astronomía. Fue cabeza de la Escuela Neoplatónica de Alejandría, donde tuvo como discípulos sobre todo a aristócratas, tanto paganos como judíos y cristianos, algunos muy ilustres, como Sinesio de Cirene, relacionado con la alquimia y que llegó a ser obispo. Pese a ello, llevó una vida ascética. De religión pagana, murió torturada y lapidada a manos de una multitud de cristianos. Pionera de las mujeres científicas. *Como curiosidad –* Hipatia fue la figura central de la película "Ágora", del director Alejandro Amenábar (2008).

Todas estas serían las principales razones por las que se señala a Alejandría como cuna de la alquimia, según la teoría más extendida. Pero, si ya existía allí esa importante química aplicada, ¿qué tiene de diferente esa otra disciplina que se desarrolla después en esa ciudad? Y, *¿por qué surge?* En realidad, en los primeros tiempos de la alquimia los límites entre ambas son muy difusos: la alquimia nace y se desarrolla paralelamente a la química práctica que, a su vez, continúa ejerciéndose, si bien ejecutada por otros actores.

La alquimia y la química práctica de la Antigüedad

Según Aristóteles, como ya se ha dicho, la materia sería algo informe y amorfo, sin ningún atributo. Sería como una **primera materia** o *prima materia* a la que se le podría dar forma, comunicándole unas *cualidades* o *propiedades*, con lo que se obtendrían los distintos tipos de objetos. Como se ha tratado en el Capítulo 1, habría cuatro cualidades fundamentales, calor, frío, sequedad y humedad, que combinándolas de dos en dos darían lugar a los cuatro elementos: el *agua* resultaría de la combinación húmedo y frío; el aire, de húmedo y caliente; la *tierra*, de seco y frío, y el *fuego*, de seco y caliente (figura 1.1).

Esta sería la base ideológica de la *transmutación* de los metales, que consistiría, pues, en una transformación de las cualidades de las sustancias y no en lo que hoy en día se tiene por un cambio químico (es decir, un cambio en las proporciones de los elementos integrantes y nuevas disposiciones de los mismos, tomando el término elemento en su sentido actual). Por eso, cualquier metal podría convertirse en oro: en primer lugar era necesario despojarle de sus cualidades, con lo que su materia básica quedaría libre y, después, se introducían en esta las cualidades propias del oro. La naturaleza sería la que "transmuta" la materia básica o materia primaria en los distintos objetos que percibimos. Y todos los procesos requerirían su tiempo, aunque el alquimista podría encontrar el medio para acelerarlos.

Por otra parte, volvamos a Aristóteles y a su tratado *Meteorológicos* sobre la formación de los metales en el interior de la tierra. Esta obra consta de cuatro libros (de ahí el plural de su título) y, al final del tercero, tras tratar los fenómenos que ocurren por encima de la superficie de la tierra, este filósofo propone su explicación sobre los fenómenos que ocurren bajo dicha superficie, como es la formación de los minerales y de los metales.

> "....Todos estos y de este tipo son, pues, los efectos que llega a producir la evaporación en las regiones por encima de la tierra. De todos los que produce en la propia tierra, al quedar encerrada entre porciones de esta, hay que hablar. En efecto, produce dos (tipos) diferentes de cuerpos [...] pues, como decimos, son dos las exhalaciones, la vaporosa y la humeante; y dos también son las clases de cuerpos generados en la tierra, los que pueden obtenerse excavando y los que pueden obtenerse en minas. La exhalación seca, pues, es la que produce por ignición todos los (cuerpos) excavables, como, por ejemplo, los tipos de piedras no susceptibles de fusión, (a saber) el rejalgar, el ocre, el almagre, el azufre y todos los de ese tipo.*
> La mayor parte de los (cuerpos) excavables son polvo de color o piedra formada a partir de una constitución similar, como el cinabrio. (Por efecto) de la exhalación vaporosa (se generan) todos los que se obtienen en minas, y son fusibles o estirables, como, por ejemplo, el hierro, el oro, el cobre. Todos estos los produce la exhalación vaporosa, confinada sobre todo entre piedras, al quedar comprimida y solidificada por la sequedad en una (masa) única, como el rocío o la escarcha después de

haberse separado. En ese momento, antes de separarse, se generan dichos (metales). Por eso aquellos cuerpos son en cierto modo agua [...] cada uno de esos cuerpos se forma al solidificarse la exhalación."

* Se trata, en general, de minerales que pierden sus propiedades originales si se calientan y no las recuperan al enfriarse. En lugar, pues, de *fundirse*, se *queman*.

Así, cuando los rayos del sol cayesen sobre la tierra seca producirían una exhalación de humo que sería *caliente y seca*, con lo que la acción del calor produciría los minerales. En esta categoría, Aristóteles incluía sustancias que no se pueden "derretir" (es decir, fundir), como el azufre y "ciertas piedras". Pero cuando los rayos del sol cayesen sobre el agua, producirían en este caso una exhalación de vapor que sería *húmeda y fría*, y que al encerrarse en tierra seca se comprimiría y finalmente se convertiría en metal. Según la presión ejercida, se irían formando los distintos metales, que son fusibles y maleables.

Con el tiempo, poco a poco los metales evolucionarían, perfeccionándose, hasta llegar a ser oro. Y lo que pretende el alquimista es, mediante una serie de operaciones y técnicas, imitar en el laboratorio este proceso de la naturaleza y acelerarlo. Así, la transmutación a oro sería lo que se conoce como *aurifacción*, la "fabricación" de oro, el oro puro de los alquimistas, un oro conseguido artificialmente, si bien sería indistinguible del oro natural. Esta operación no debe confundirse con la de la *aurificción*, llevada a cabo por los orfebres y que consistía en dar a ciertos metales la apariencia de oro, lo que en última instancia sería su falsificación. Los llamados papiros químicos, el de Estocolmo y sobre todo el de Leiden, contienen gran número de recetas de este tipo (muchas de ellas con fines abiertamente fraudulentos), de las que los orfebres y joyeros de Oriente Medio tenían gran conocimiento desde tiempos muy anteriores, incluso, a la escritura de esos papiros. Bien pensado, estas técnicas de dorar metales para conseguir que parecieran oro, en cierta manera estarían próximas a la aspiración suprema de los alquimistas de la transmutación de los metales. Por este motivo, como se discutirá más detenidamente en el Capítulo 4, el arte de la joyería habría contribuido de forma decisiva al surgimiento de la alquimia y, en consecuencia, al de la química.

Tampoco se puede olvidar la aportación de la medicina, ya que los tratamientos de plantas y minerales para producir ungüentos y bálsamos condujeron a la obtención de muchos productos que se utilizaron en la alquimia.

Corrientes de pensamiento en el nacimiento de la alquimia

En aquellos momentos se dan una serie de circunstancias que favorecen el nacimiento de la alquimia. Su origen puede atribuirse en gran parte a la química práctica de la Antigüedad. Pero, *¿por qué surge la alquimia precisamente en Alejandría?* Porque en Alejandría convergen otra serie de factores que lo favorecen: la filosofía griega tradicional, sobre todo las ideas de Aristóteles y el estoicismo, y las filosofías orientales, la astrología y el gnosticismo, unido todo ello a la magia, a la mística y al hermetismo, a lo cual hay que añadir el neoplatonismo, el neopitagorismo y después el cristianismo. Y este conjunto de ideas y doctrinas converge, a su vez, con el saber práctico en química aplicada, en el que los artesanos egipcios (y otros pueblos próximos que vivían también allí) eran muy diestros. Ya se han expuesto las ideas fundamentales de la filosofía natural griega, pero es también importante conocer, al menos en síntesis, las más significativas de esas otras corrientes de pensamiento:

La ***magia*** ha sido practicada por todos los pueblos en mayor o menor medida, pero tomó cuerpo de doctrina en Persia con Zoroastro e influyó en gran manera en el gnosticismo, hermetismo y neopitagorismo.

El ***gnosticismo***, doctrina religiosa proveniente de Babilonia, se fundamentaba sobre unas bases que eran, por una parte, el dualismo entre lo bueno y lo malo, la luz y la oscuridad y, por otra, la creencia de que el conocimiento o *gnosis* ("conocimiento", en griego) se alcanzaba únicamente a través de una iluminación interior y no por la fe ni la razón. Esta idea de la iluminación interior tuvo gran influencia en la alquimia y, a su vez, el gnosticismo estuvo muy influido por esta en cuanto al lenguaje. Por ejemplo, para referirse a determinados tránsitos del alma humana utilizaba como metáforas los procesos de sublimación, destilación, refinado, purificación, filtrado... Por otra parte, como herencia de la astrología caldea, consideraba a los planetas como dioses, correspondiendo cada uno de esos dioses-planetas a uno de los siete metales conocidos por entonces (figura 2.1), idea que fue recibida y mantenida por la alquimia. Anterior al cristianismo, el gnosticismo fue muy bien asimilado después por los primeros cristianos.

METAL	SÍMBOLO	PLANETA
Oro	☉	Sol
Plata	☽	Luna
Hierro	♂	Marte
Mercurio	☿	Mercurio
Estaño	♃	Júpiter
Cobre	♀	Venus
Plomo	♄	Saturno

Figura 2.1. Cuerpos celestes, su asociación a los siete metales y símbolos alquímicos de estos

El **hermetismo** o doctrina hermética, era una mezcla de platonismo, estoicismo, astrología babilónica y religión egipcia, con lo que en definitiva intentaba reconciliar la filosofía griega con la astrología caldea y las tradiciones egipcias. Su denominación proviene de *Hermes Trimegisto* o Hermes Tres-Veces-Grande, forma griega del dios egipcio de todo el saber escrito, Thoth, que había sido asimilado al Hermes de la mitología griega, dios de todas las artes y del que se decía que hacía milagros. Con lo cual, es comprensible que magos y astrólogos estuvieran bajo sus auspicios.

El **misticismo** englobaba una serie de prácticas religiosas y mágicas, en principio alejadas del cientifismo y con un alto grado de irracionalidad. Es uno de los mayores responsables de la atribución dada a la alquimia de pseudociencia, pues un importante grupo de alquimistas tendió a ir abandonando la observación y la experiencia para buscar el conocimiento por medio de la revelación religiosa y la magia.

El **neoplatonismo** fue una corriente filosófica del helenismo, que surgió en Alejandría hacia el siglo III d.C., dentro del contexto cultural del helenismo tardío ya de época romana, y se considera a

Plotino (ca.205-270) como su fundador. Tuvo su origen en una revitalización del platonismo, aunque se distanció de algunas de sus tesis, tratando de conciliar el pensamiento de Platón con ideas aristotélicas, pitagóricas y otras de religiones orientales, a lo que se añadieron después elementos cristianos, de lo cual es ejemplo la figura de Agustín de Hipona o san Agustín (354-430). Además de la Escuela de Alejandría (en la que destacó Hipatia), en Asia se crearon otras, y a partir del año 400 el neoplatonismo fue enseñado en la Escuela de Atenas, hasta que fue clausurada en 529 mediante un edicto de Justiniano I (482-565), emperador del Imperio Bizantino. Desde entonces dejó de impartirse esta doctrina, pero volverá a aparecer en el Renacimiento.

En cuanto al *neopitagorismo*, fue otro movimiento filosófico helenístico que se extendió al mundo grecolatino desde mediados del siglo I d.C. hasta el III d.C. En principio surgió para revitalizar las ideas de Pitágoras, aunque realmente fue un sincretismo tanto filosófico (al admitir también teorías platónicas, aristotélicas y estoicas), como religioso (pues asimiló también principios de diversas religiones, como la egipcia y otras orientales). Con frecuencia fue degenerando hacia la astrología, la superstición, la magia y la hechicería.

Zoroastro (o también Zaratustra) fue un antiguo profeta persa, del que se desconoce cuándo vivió (para unos durante el segundo milenio a.C., para otros entre los siglos VII y VI a.C.). Fundó el zoroastrismo, basándose en el mazdeísmo, religión que rendía culto a Ahura Mazda (una divinidad de la antigua Persia), considerado por Zoroastro como el único creador de todo, el Supremo o el Absoluto. El zoroastrismo es pues una religión monoteísta, que tiene además un principio dualista, la existencia del bien y del mal en lucha constante. Se convirtió en la religión oficial de Persia desde el siglo VI a.C. hasta el VII d.C., y también se extendió a otros territorios. Después fue sustituido por otras religiones, aunque aún subsiste actualmente en parte de Irán y sobre todo en la zona de Bombay, en la India (parsis). *Como curiosidad* – Parsis famosos: el director de orquesta Zubin Mehta (n.1936) y el cantante Freddie Mercury (1946-1991).

Después, el *cristianismo* también influyó en la alquimia, sobre todo en su vertiente espiritual y en algo de su simbología y lenguaje.

Nace así la alquimia greco-egipcia y se desarrolla paralelamente a la química práctica que, a su vez y como ya se ha comentado, continúa por sus propios caminos.

Rasgos característicos de la alquimia

Aparte de la transmutación como aspecto central de las ideas y prácticas alquímicas, existen otros rasgos de la alquimia que la hacen totalmente diferente de la química práctica.

El alquimista para alcanzar su objetivo primario, la transmutación de los metales, necesitaba no sólo realizar unas prácticas en el laboratorio, sino adquirir el conocimiento a través de la revelación o de la iluminación. El conocimiento alquímico no estaba, pues, al alcance de cualquiera, sino sólo al de los elegidos. Era un don de Dios, *donum Dei*, como se dijo después en la Edad Media. Y a los iniciados les estaba absolutamente prohibido divulgar los secretos que conocían. Tenían que hacer un juramento de silencio y, si lo contravenían revelando algún misterio, eran castigados incluso con la pena de muerte por envenenamiento. El veneno que solían utilizar era el cianuro, por lo que a este castigo se le llamaba la "pena del melocotonero", ya que de la destilación de sus almendras obtenían dicho veneno (curiosamente, este era también el castigo infringido en esos tiempos, entre judíos y egipcios, a la mujer adúltera). Ese *secretismo* queda reflejado en el *lenguaje* de los alquimistas, alegórico y críptico. A fin de esconder los misterios de la alquimia utilizaban un lenguaje repleto de símbolos y metáforas, tanto para los productos que empleaban como para las operaciones que realizaban. Por ejemplo, en los procesos metalúrgicos había una simbología entre la muerte, resurrección y perfeccionamiento de los metales (recuérdese la mitología sobre la metalurgia) para reflejar los de Jesucristo y, en último término, los del alma humana. Se crea un verdadero vocabulario que se fue haciendo cada vez más secreto para impedir a los no iniciados el acceso a las técnicas alquímicas, sobre todo en lo referido a la conversión de metales en oro.

En este lenguaje alegórico se empleaban bien signos, muy próximos frecuentemente a los jeroglíficos egipcios, bien números o letras en unos tipos de "combinaciones místicas". Así, los números jugaban un importante papel (recuérdense las doctrinas pitagóricas), con lo que en el panteísmo egipcio determinados números tenían un significado especial. Eran números místicos: el dos (de los dualismos); el cuatro (los cuatro elementos); el tres (de la Trinidad vida, materia e inteligencia); los otros primeros números impares, el cinco, el siete, el nueve (cuadrado, además, de tres); el quince (suma de los tres primeros impares, 3+5+7). Es interesante el ejemplo del siete: siete eran los metales conocidos, lo que les lleva a dividir el tiempo en espacios de siete días, que llaman semana (*sept*mana), dando a cada día el nombre de uno de los siete cuerpos celestes conocidos o "planetas" (el Sol, la Luna y cinco planetas):

Oro/sol/domingo (**Sun**day, en inglés; **Sonn**tag, en alemán)
Plata/Luna/Lunes   Hierro/Marte/Martes
Mercurio/Mercurio/Miércoles   Estaño/Júpiter/Jueves
Cobre/Venus/Viernes
Plomo/Saturno/Sábado (**Satur**day, en inglés)

Como puede observarse en la figura 2.1, de la correspondencia de cada uno de los metales conocidos con un cuerpo celeste proviene el símbolo alquímico correspondiente a cada metal. Por ejemplo, el oro se asociaba al Sol y la plata a la Luna, y tenían símbolos que recuerdan fácilmente a estos cuerpos celestes. El símbolo del hierro es el de Marte, que es también el dios de la guerra en la mitología grecorromana, representado por una lanza, y el del plomo es una hoz, que corresponde al dios Saturno.

Volviendo a los números, hacen con ellos —lo mismo que con las letras— combinaciones a las que después daban una significación especial. Por ejemplo, la palabra "abracadabra", escrita en una forma determinada tenía valor de amuleto contra las enfermedades.

También acudían a animales y plantas para hacer representaciones alegóricas: el león amarillo era símbolo de los sulfuros amarillos y el águila negra, de los sulfuros negros. Los colores de algunos de esos seres vivos tenían una gran simbología, sobre todo el color amarillo, que representaba el oro y el sol (plantas con flores o raíces amarillas, animales como la salamandra, por las manchas amarillas de su cabeza, etc.).

Por otra parte, los alquimistas concebían el mundo como una unidad, estando en perfecta armonía el individuo (microcosmos) y el universo u orden superior (macrocosmos). Esta idea básica de la unidad fundamental de la materia está representada en la frase de

"Todo es uno. Uno es todo". Dicha idea aparece en la *Tabla Esmeralda* o *Tabla de Esmeralda* (*Tabula Smaragdina* en latín), en el segundo de los trece preceptos de que consta, expresada así en este caso: "Lo que está abajo es como lo que está arriba, y lo que está arriba es como lo que está abajo". Y estaría también simbolizada por el *ouroboros*, o también uróboro, la serpiente que se muerde la cola (figura 2.2). Representa el círculo, sin principio ni fin, el ciclo eterno de destrucción y de nueva creación y, en definitiva, la unidad de todas las cosas, que nunca desaparecen sino que sólo cambian de forma, el cosmos en definitiva, de lo que se tratará en más detalle en el Capítulo 3.

Figura 2.2. *Ouroboros* en un texto de la alquimia griega (códice *Parisinus Graecus 2327)*

Respecto a la *Tabla Esmeralda* hay que resaltar que es un texto muy breve, atribuido a Hermes Trimegisto, escrito de forma críptica y simbólica. Pero, a pesar de ello, en muy pocas líneas condensa todo el arte de la Gran Obra, objetivo final de la alquimia, y la forma de llegar a la perfección. Por ello, resulta ser el texto paradigmático para los alquimistas y los dedicados a las ciencias herméticas. El original no se conoce, por lo que hay multitud de versiones acerca de su origen y se ha llegado a decir que estaba escrita en la superficie de una gran esmeralda o de un cristal o roca verde, en un idioma desconocido y en un alfabeto también desconocido, si bien parecido al fenicio (figura 2.3). Las primeras versiones que se conocieron de la Tabla Esmeralda fueron manuscritos latinos del siglo XII, pero en el siglo XX los investigadores en alquimia descubrieron versiones árabes muy anteriores, de los siglos VII y IX, y también del XII.

Figura 2.3. Grabado de la Tabla Esmeralda (en *Amphitheatrvm Sapientiae Aeternae*, de Heinrich Khunrath, 1609)

Alternativas al origen de la alquimia greco-egipcia

Como se ha comentado, la opinión más extendida acerca de alquimia greco-egipcia es que su lugar de origen es Egipto. No obstante, algunos historiadores opinan que habría que situarlo en Siria, concretamente en Harrán (hoy Turquía, cerca de la frontera sirio-turca), donde existía una forma primitiva de gnosticismo. Esta ciudad, además, estaba estratégicamente situada en la ruta de la seda, lo cual le habría permitido tener algún contacto con la alquimia de China. Una teoría alternativa sería que, si bien la alquimia surgió en Egipto, fue debido a los conocimientos aportados allí por refugiados procedentes de Siria y otros puntos de Asia que huían ante la invasión de los persas. Por otra parte, algunos investigadores piensan que los primeros alquimistas podrían haber sido judíos, como lo demuestra el sobrenombre de la alquimista más emblemática de esta etapa, María la Judía. Esta teoría sobre el origen judío de la alquimia viene también avalada por ser frecuentes las palabras hebreas y las referencias a nombres bíblicos de los textos de alquimia de esa época. Incluso, dentro de las leyendas que siempre han rodeado a la historia de la alquimia, se han atribuido escritos alquímicos a Salomón o a Moisés. En este sentido, se ha llegado a identificar a María la Judía con la figura bíblica de Miriam, la profetisa, hermana mayor de Moisés y de Aaron (Miriam es un nombre hebreo cuya traducción es María).

Otras voces han apuntado a que también se había practicado la alquimia en Mesopotamia, pero esto parece menos probable, si bien allí existió una importante química aplicada. Respecto a la alquimia que chinos e hindúes conocían desde tiempo atrás, no hay evidencias consistentes de que hubiera habido en aquella época un intercambio de conocimientos en las prácticas alquímicas de esas culturas. Sin embargo, bien pudo haberlas (no hay más que recordar, por ejemplo, que Alejandro llegó hasta la India), con todo lo cual no puede descartarse ni la influencia de Extremo Oriente ni sobre todo la de Siria e Israel en la alquimia greco-egipcia.

En cuanto a la influencia de los romanos, con la expansión de su Imperio adoptaron la filosofía y los conocimientos griegos, y lo mismo ocurrió con su alquimia. No obstante, aunque desarrollaron en gran manera la química práctica (metalurgia, tintes, vidrio, etc.) haciendo importantes innovaciones, no fue así con la alquimia, por lo que la aportación a esta por parte de la cultura romana es, prácticamente, inexistente. Con la caída del Imperio Romano de Occidente a manos de los pueblos bárbaros y, después, cuando los árabes conquistan Egipto (perteneciente al Imperio Romano de Oriente), los continuadores de la alquimia greco-egipcia fueron los bizantinos, con lo que su foco principal pasó de Alejandría a Constantinopla. Y en esta ciudad continuó hasta el siglo IX.

Capítulo 3

ALQUIMIA GRECO-EGIPCIA: DOCTRINAS Y TÉCNICAS

Testimonios escritos
Alquimistas greco-egipcios
El laboratorio alquímico
Aspectos etimológicos

Testimonios escritos

Para descifrar los orígenes y evolución de la alquimia de la Antigüedad, las fuentes de información más importantes, y casi únicas, de las que dispone el investigador son los documentos escritos por los alquimistas greco-egipcios. Pero, lamentablemente, se han conservado muy pocos. Tan sólo algunos tratados fragmentarios, todos escritos en griego y que se atribuyen a alrededor de cuarenta autores. Es decir, se trata de una recopilación. En total no son más de unas ocho mil palabras, pero que nos iluminan sobre este periodo tan importante en la historia de la ciencia. Pese a su breve extensión, han transmitido casi todo lo que se conoce de la alquimia greco-egipcia. Parece ser que este conjunto de textos estaba recopilado en un manuscrito original, que se ha perdido y del que se hicieron después una serie de copias. Recogían textos de distintos alquimistas greco-egipcios, entre ellos de Zósimo de Panópolis, quien a su vez hacía frecuentes referencias a María la Judía. La más antigua de estas copias fue escrita entre los siglos X y XI d.C., copia seguramente a su vez de otra bizantina, anterior en unos dos siglos y también desaparecida. Se trata del códice *Marcianus*

Graecus 299, llamado así por estar depositado en la biblioteca de San Marcos de Venecia. Otros dos importantes documentos de la alquimia greco-egipcia, que son copias posteriores, se encuentran en la Biblioteca Nacional de Francia, en París: el códice *Parisinus Graecus* 2325 (siglo XIII) y el *Parisinus Graecus* 2327 (siglo XV, año 1478). La primera mitad de este último fue copiada del 2325, pero de la segunda parte aún no se ha encontrado la fuente. A estos manuscritos habría que añadir una copia de 1492, el códice *Laurentianus Graecus* 86, 16, conservado en la Biblioteca Laurentiana de Florencia, además de otras ya posteriores al siglo XV.

El hecho de que no hayan llegado hasta nuestros días escritos originales de los alquimistas greco-egipcios fue en un principio atribuido a un edicto del 296 d.C. del emperador Diocleciano (ca.244-311), en el que se condenaba a los alquimistas por considerar que sus trabajos eran un peligro para el Imperio Romano. Habrían sido perseguidos y sus escritos quemados, según afirma Berthelot. Esto también explicaría que los alquimistas se viesen obligados a huir de Egipto y a refugiarse en otros países, sobre todo en Siria. Sin embargo, más recientemente se ha puesto en duda la publicación de tal edicto y parece que más bien pertenece a la leyenda, por lo que la desaparición de sus obras se atribuye sobre todo al secretismo propio de la alquimia.

Otros importantes documentos están constituidos por textos alquímicos islámicos, cuyas fuentes son obras escritas en griego y también en lengua siriaca, traducidas después al árabe.

Alquimistas greco-egipcios

A través de esos escritos alquímicos se conocen los nombres de los primeros alquimistas y los hechos de gran cantidad de ellos. No obstante, de muchos se cuestiona su existencia real y si fueron verdaderamente alquimistas o más bien filósofos en estrecha relación con la alquimia. Y algunos, ciertamente, son figuras legendarias. Pero de quien se puede afirmar con gran seguridad que existió y que se trata verdaderamente de un alquimista es del ya mencionado **Zósimo de Panopolis**: un egipcio de principios del siglo IV d.C., que nació alrededor del año 300 en esta ciudad del Alto Egipto y que vivió en Alejandría. Resulta ser así el alquimista más importante de la alquimia greco-egipcia y también el más antiguo del que se tienen referencias directas, ya que ha dejado los mejores documentos escritos de la alquimia de este periodo, si bien fragmentados. Consisten en una especie de enciclopedia alquímica, denominada *Cheirokmeta*, presentada en forma de cartas a la que él dice su hermana **Teosobia**. En esa obra hace mención, entre otros temas, de muchas recetas y técnicas de laboratorio apoyándose en el conocimiento de alquimistas más antiguos (pero de los que no se tiene certeza de si son personajes reales), a los que nombra expresamente. No obstante, es difícil reconstruir plenamente el contenido original de Zósimo, debido al oscurantismo de su escritura y a la frecuente intrusión de autores posteriores.

De los otros personajes nombrados en los manuscritos alquímicos hay que destacar a algunos. Entre estos, se encuentra **Ostanes**, uno de los primeros filósofos relacionados con la alquimia, místico persa citado también como mago, del que se dice vivió hacia el 300 a.C. Parece que combinó la astrología con las doctrinas de Zoroastro, con su magia y dualismos del bien y el mal, la luz y la oscuridad, ideas que se extenderían por Babilonia, donde tomaron gran arraigo. También el ya citado **Hermes Trimegisto,** considerado el padre de la alquimia y la astrología. Aunque se afirmaba que vivió alrededor del 150 a.C., muy probablemente es tan sólo una figura legendaria (figura 2.3). A él se atribuye la autoría de los libros llamados herméticos, recopilados principalmente en Egipto, siendo el de mayor prestigio la ya citada *Tabla Esmeralda*, la obra emblemática para los alquimistas, de la que se dijo incluso que se hallaba escondida en la gran pirámide de Gizeh. Se cita asimismo a **Posidonio** (siglos II-I a.C.), original de Siria, gran filósofo estoico y al que se le debería después la fusión de la filosofía griega con la magia y astrología orientales. **Apolonio de Tyana**, del siglo I d.C., natural de Capadocia (en Turquía actualmente), fue tenido en su época por un gran filósofo itinerante de la escuela neopitagórica. Aunque notable en cuanto a sus estudios sobre la naturaleza de la materia, en realidad no fue un alquimista, aunque tuvo gran influencia posteriormente en la filosofía y alquimia árabes, donde era conocido como **Balinus**, y a quien atribuían la autoría de la obra llamada *El Libro del Secreto de la Creación*. Sin embargo, para algunos historiadores de la ciencia la coincidencia entre Apolonio de Tyana y Balinus no sería tal, puesto que dicha obra sería muy posterior, del siglo IX.

Por otra parte, ya sí que hay que considerar como verdaderos alquimistas, o al menos en estrecha relación con la actividad química, a otros personajes. Los más importantes son Bolos de Mende y María la Judía, muy citados ambos por Zósimo en sus escritos, aunque no hay seguridad plena de su existencia. Y es aún más dudosa la de **Cleopatra** (siglo III d.C.), otra mujer alquimista nombrada en esos textos y que, según se dice en un tratado, es autora de un manuscrito de alquimia llamado *Chrysopoeia* (figura 3.1).

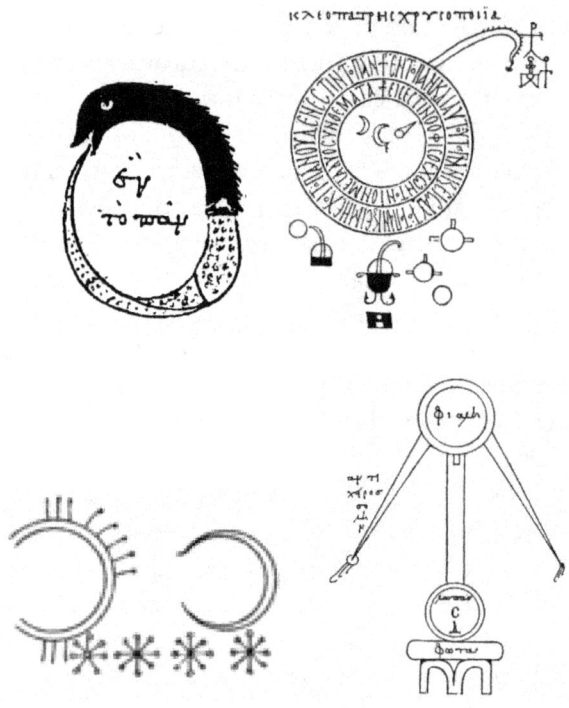

Figura 3.1. Dibujos de símbolos y aparatos atribuidos a la alquimista Cleopatra (códice *Marcianus Graecus 299*)

Es interesante analizar el primer dibujo de esta figura, una serpiente que devora su cola formando un círculo, el *ouroboros* (del griego "oura", cola, y "boros", que come), como ya se ha comentado: símbolo de la unidad de todas las cosas, que nunca desaparecen y sólo cambian de forma en un ciclo continuo de destrucción y nueva creación, el ciclo eterno. Esta idea se refuerza con la inscripción griega que lleva en el interior del círculo, εν το παν, transcrita como "hen to pan", que significa "todo es uno". En esta representación (no en todas) el animal se muestra con una mitad clara y otra oscura, significando la dicotomía de los opuestos (análogamente a otros símbolos similares, como el *yin* y el *yang*, de lo que se tratará en el Capítulo 5). En la alquimia, el *ouroboros* también simbolizaría la naturaleza circular de la obra del alquimista, que une los opuestos, lo consciente y lo inconsciente.

Bolos de Mende, egipcio helenizado del delta del Nilo y al que se sitúa en el siglo II a.C., pertenecía a la escuela de Ostanes. Es autor del texto *Physica et Mystica* (*Lo Natural y lo Místico*), un libro sagrado para los alquimistas, donde realiza interesantes descripciones sobre procedimientos y técnicas de tintes y, sobre todo, del arte de joyería, con recetas de cómo obtener oro y plata, aunque todo ello mezclado con supersticiones. Se le conoce más como Demócrito, según le nombra Zósimo en sus textos, aunque habría que decir más bien el **pseudo-Demócrito** (falso Demócrito), ya que tomó el nombre de uno de los creadores de la teoría atómica, el griego Demócrito de Abdera, muy anterior (Capítulo 1). Este sería un caso de pseudoepigrafía, atribución falsa de una obra a otro personaje de gran fama, de lo que veremos más ejemplos a lo largo de este libro. **María la Hebrea** o **María la Judía** (a la que se ha situado entre los siglos I y III d.C., aunque actualmente parece más probable este último), cuyo sobrenombre hace clara alusión a su origen, es una de las personalidades más interesantes de la alquimia de aquellos tiempos. Sin embargo, se la conoce hoy en día tan sólo por lo que de ella escribieron alquimistas posteriores. Estudiosa también de las teorías de Ostanes y Bolos, a ella debe la alquimia y también la química una serie de aparatos para calentar, destilar y sublimar que supusieron un adelanto enorme en las operaciones de laboratorio. Se conoce asimismo a uno de sus discípulos directos, **Agatodaimon** o **Agatodemon** (literalmente "demonio benéfico", nombre tomado de la mitología griega y asimilado a Shu, dios cósmico del aire y la luz en la mitología egipcia), aunque seguramente este sería sólo un pseudónimo. Era egipcio o más probablemente sirio, que vivió hacia el 300 d.C. y a quien se atribuye la autoría de un pequeño tratado alquímico descubierto en El Cairo hace relativamente poco tiempo (se publicó en 1953).

Contemporáneo de Zósimo fue el filósofo hermético **Pelagio** (principios del siglo IV d.C.), que escribió especialmente sobre la coloración de metales. Se le cita varias veces en los manuscritos alquímicos griegos, donde se le tiene por uno de los más antiguos maestros del arte sagrado; pero no se sabe nada sobre su vida, tan sólo conjeturas. Los restantes son ya posteriores, de los siglos IV a VII d.C. Así, **Olimpiodoro** (finales del siglo IV d.C.) o **Sinesio de Cirene** (ca.370-ca.413), natural de esta ciudad (en la actual Libia), filósofo neoplatónico cristiano, discípulo de Hipatia, y que llegó a ser obispo, como ya se ha comentado. Y finalmente **Estéfanos** (también **Stefanos, Stephanus** o **Esteban**) **de Alejandría** (ca.580-ca.640), que estudió en esta ciudad aunque luego se trasladó a Constantinopla, por lo que ya se le considera perteneciente al periodo bizantino. En realidad fue también filósofo, incluso más que alquimista, y de él se sabe que era firme partidario de la transmutación y que atacaba las prácticas de la aurificción, como dejó escrito en su texto *Del Gran y Sagrado Arte, o De la Fabricación del Oro (De Chrysopoeia)*. Muy posiblemente sea Estéfanos el autor del manuscrito original del que se hicieron las copias que han llegado hasta nosotros sobre la alquimia greco-egipcia.

Sobre Olimpiodoro hay que comentar que en la Antigüedad existieron varias figuras históricas con este nombre, por lo que se presta a cierta confusión. El que lleva el sobrenombre de "el Alquimista" y que se asocia más con los primeros tiempos de la alquimia greco-egipcia, fue un cristiano que vivió en Egipto hacia finales del siglo IV d.C. y que muy posiblemente nació en Alejandría. Escribió un comentario sobre Zósimo, y a él hizo referencia posteriormente el escritor bizantino, y también patriarca de Constantinopla, Focio (ca.820-893). Los otros dos Olimpiodoros serían posteriores y ambos de religión pagana: el historiador, de principios del siglo V, y el neoplatónico, del siglo VI.

El laboratorio alquímico

Los textos de la alquimia greco-egipcia están escritos en un lenguaje oscuro y místico, frecuentemente con imágenes y misteriosas alegorías para referirse a las técnicas y materiales que empleaban, lo cual hace que estos no resulten fáciles de reconocer.

Los alquimistas tenían que llevar a cabo multitud de experimentos, movidos por esa doctrina central de la alquimia, la transmutación de los metales a oro, *crisopeya* (en griego "chrysopoeia", de "chrysos", oro, y "poiein", hacer) o a plata, *argiropeya* (de "argyros", plata en griego). Una de sus teorías más curiosas era "plantar" una pepita de oro, a modo de semilla, sobre un metal o "materia informe" (plomo, generalmente), esperando que con calor y humedad germinase y fuera creciendo. Guiados por estas ideas, los alquimistas debían trabajar en un taller acondicionado para sus experimentos; es decir, en un "laboratorio". La transmutación se asociaba con una serie de purificaciones y regeneraciones que los metales básicos o metales "imperfectos" tenían que sufrir para llegar a transmutarse en oro (primero en plata, el otro metal precioso, y finalmente en oro, el metal más perfecto).

Era preciso ir eliminando las partes groseras de los materiales para llegar, tras muchas operaciones, al material "sutil" desprovisto de toda impureza.

Técnicas y aparatos

De ahí la importancia de las técnicas de purificación, como la filtración, extracción o decantación y, sobre todo, la sublimación y la destilación (figura 3.2). Y muy en especial esta última, la destilación, la técnica de purificación por excelencia, ya que destilando una y otra vez (incluso mediante un número muy elevado de destilaciones) se podía llegar a la Prima Materia. Y sobre esta había que seguir trabajando, para lo cual había que fundir, calcinar, pulverizar..., hasta la obtención del oro.

Todo esto obligaba a los alquimistas a realizar muchísimos ensayos que requerían utilizar muy diferentes aparatos (crisoles, morteros y almireces, embudos, tamices, hornos, alambiques, redomas, baños, etc.). Algunos de estos aparatos se han representado en las Figuras 3.1, 3.2 y 3.3.

Pero el más importante era el equipo de destilación, el *alambique*, ideado por los alquimistas greco-egipcios (figura 3.2, segundo dibujo desde la iaquierda). Tradicionalmente se empleaba el alambique conectado —a modo de caperuza— a un recipiente donde se calentaba el material a destilar, la *cucúrbita* (o matraz de destilación, como diríamos hoy): al calentar el material, se emitían vapores que ascendían por el alambique, se condensaban parcialmente en él, unos caían de nuevo al recipiente y otros se conducían fuera a un recipiente colector a través de una pestaña o brazo lateral —a modo de alargadera— del alambique que recogía el líquido destilado (después se añadieron una y hasta dos más de estas pestañas laterales, como se explicará seguidamente).

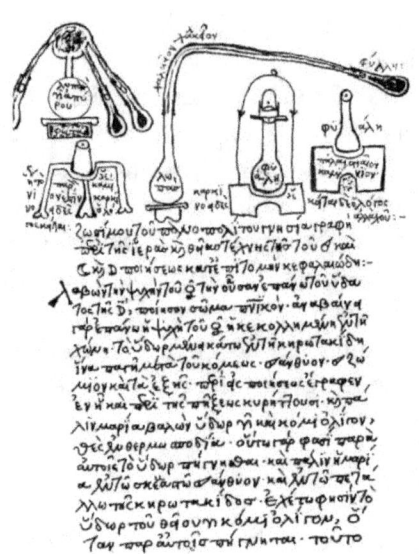

Figura 3.2. Dibujos de aparatos para destilar y para otras operaciones, de Zósimo (códice *Parisinus Graecus 2327*)

De todos los alquimistas de este periodo, es María la Hebrea quien ideó los aparatos de mayor originalidad e interés. Tal es el *tribikos* (dibujo más a la izquierda de la figura 3.2 y figura 3.3), un aparato de destilación con tres brazos laterales, terminado cada uno en un recipiente colector de vidrio (llamado *bikos* o *bixos*, según la trascripción del griego) que era utilizado sobre todo para obtener agua de azufre. O el *dibikos*, análogo al anterior pero con sólo dos brazos, como aparece en el cuarto dibujo de la figura 3.1.

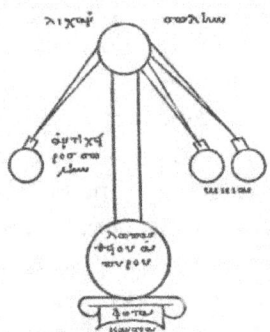

Figura 3.3. Dibujo del *tribikos*, aparato para destilar códice *Parisinus Graecus 2327*)

44

Otra aportación de María, muy posiblemente la más original e importante, es el *kerotakis*. La utilidad de este aparato residía en que con él se podía tratar un determinado material con otro material en forma de vapor, generalmente procedente de una sublimación. Recordemos que la sublimación consiste en el paso directo de un sólido al estado gaseoso (es decir, a vapor) sin pasar por estado líquido. No son muchos los sólidos capaces de sublimar, estando entre ellos el azufre y el arsénico, tan empleados precisamente por los alquimistas. Originalmente la palabra griega *kerotakis* se empleaba para designar la paleta triangular que empleaban los pintores para mezclar, al calentar, sus pigmentos con la cera (*keros*, en griego). De ahí el nombre de estos aparatos, que consistían en un recipiente cerrado en cuyo interior se situaba una lámina o especie de repisa, generalmente de hierro, sobre la que se colocaba un material sólido que se sometía a la acción de un vapor sublimado. Generalmente el recipiente era una esfera con una tapa hemisférica de la que se suspendía la lámina metálica, aunque otras veces consistía en un cilindro en lugar de la esfera (figura 3.4, dibujo 11).

En este segundo tipo, el *kerotakis* cilíndrico, se puede observar mejor el procedimiento: en la parte inferior del cilindro, que era la que se calentaba con fuego, se colocaba azufre, mercurio o arsénico, que con el calor emitían vapores. Estos, al ascender hacia la parte superior, se condensaban y volvían a caer hacia la parte inferior. Es decir, se producía continuamente un reflujo de vapores. Sobre la paleta, situada en la parte superior, se colocaban los metales a tratar (normalmente una aleación de cobre y plomo, o también de otros metales), que eran atacados tanto por los vapores que ascendían como por el condensado que caía. En el intermedio había una rejilla o tamiz para recoger las impurezas desprendidas. El caso más común era el empleo de azufre, cuyos vapores en contacto con la aleación metálica daban lugar inicialmente a un producto negro, que en realidad —como diríamos en el lenguaje químico actual— era un sulfuro metálico de ese color. Con el tiempo el metal colocado sobre la lámina seguía cambiando de color, y con un calentamiento prolongado iba pareciéndose al del oro. Por este motivo, los alquimistas pensaban que en el *kerotakis* tenía lugar un proceso de formación de oro análogo al ocurrido en el interior de la tierra. En los dibujos de esa figura del *kerotakis* de tipo esférico, se puede observar el curioso soporte en forma de tres patas de un animal.

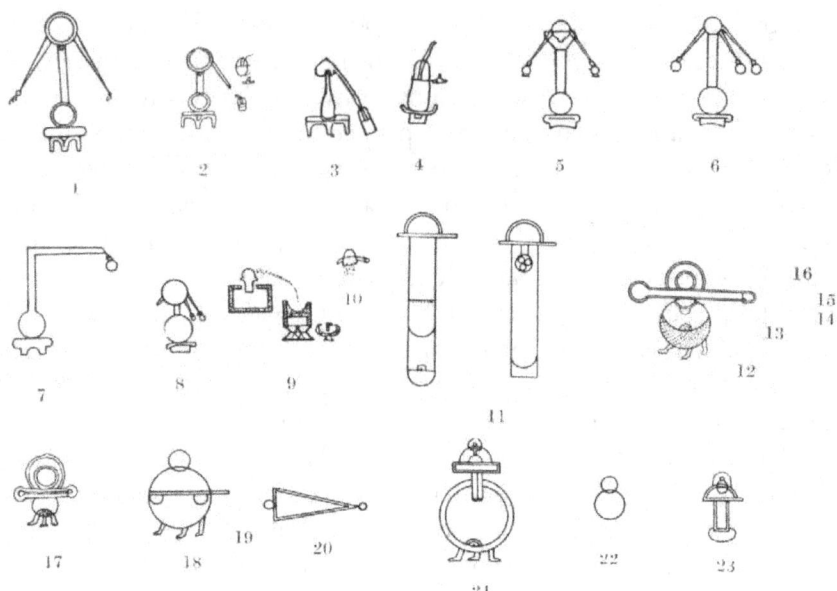

Figura 3.4. Dibujos de aparatos de la alquimia greco-egipcia (manuscrito *Marcianus graecus 299*): *kerotakis* cilíndrico (11); *kerotakis* esférico (12, 17, 18, 21); *dibikos* (1, 5); *tribikos* (6), entre otros. Ilustraciones del códice *Marcianus Graecus 299*, publicadas en primer lugar por el químico francés Marcellin Berthelot en su *Introduction a l'etude de Ia chimie des anciens et du moyen age*, Paris, 1889.

No obstante, la más famosa de las contribuciones de María y la que ha perpetuado su nombre es el baño de agua, conocido posteriormente como *baño-maría*. Con ese sistema se podían calentar los aparatos de forma indirecta, con agua caliente como intermediario, con lo que se impedía que el foco de calor estuviese directamente en contacto con el recipiente. Además permitía un calentamiento uniforme. El *baño-maría* original era realmente un baño de arena y cenizas, que calentaba a su vez el otro recipiente con agua, aunque después el baño de arena y cenizas se eliminó, quedando tan sólo el segundo de agua. En el dibujo 12 de la Figura 3.4 aparece un aparato para sublimar, en cuya parte inferior se observa un baño de arena (parte punteada).

En cuanto a las técnicas de los alquimistas griegos, de todas ellas es la destilación la de mayor relevancia, como ya se ha comentado. En la interpretación de este proceso, los alquimistas acudían a la teoría filosófica griega de los estoicos sobre el *pneuma*: identificaban como *pneuma* a los productos de la destilación, tanto los "aéreos" (es decir, los vapores o "espíritus") como los líquidos. Y esos vapores que después se condensaban tendrían algo del "espíritu vital". Respecto a estas denominaciones, Zósimo en sus escritos hace una distinción entre "cuerpos", término con el que generalmente designaba a los metales, y "espíritus" (o *pneumata*), con el que se refería a los vapores o "ciertas sustancias invisibles debido a su naturaleza peculiar". También explicaba por medio de la destilación la teoría de los cuatro elementos: se producía un residuo sólido, líquidos que pasaban a la destilación y "espíritus", que se desprendían. Así, el residuo sólido representaría a la tierra, los líquidos, al agua, y los "espíritus", al aire, mientras que el fuego que se empleaba para calentar era el medio de purificar y también el alma invisible de todos los cuerpos.

Cambios de color

Los alquimistas asociaban estos procesos a los cambios de color: primeramente, el metal básico se fundía dando una masa negra (ennegrecimiento o *melanosis*), masa que por medio de diversos tratamientos pasaba sucesivamente a color blanco (*leukosis*), amarillo (*xantosis*) y púrpura o rojo (*iosis*). El último paso supondría haber alcanzado la perfección del metal, es decir, el oro iridiscente. Y el primero, el empleo de un material inicial que pasaba a color negro (o sea, la *melanosis*), era una consecuencia de creer —según la teoría aristotélica de la materia— que era posible preparar una sustancia desprovista de forma, lo cual se indicaba precisamente por ese color negro. En ella se irían incorporando progresiva y sucesivamente las características y propiedades del metal oro, proceso que equivalía a implantar semillas de este en la materia informe inicial, como ya se ha discutido.

Melanosis: del griego "melanos", negro

Leukosis: del griego "leukos", blanco

Xantosis: del griego "xanthos", amarillo

Iosis: del griego "ios", violeta

(Sufijo –osis: formación)

Según la química de hoy, se han interpretado estos procesos de la manera siguiente: se partiría de la preparación de una aleación de los cuatro metales "imperfectos" (plomo, estaño, cobre y hierro), que primero se trataba con vapores de azufre, dando un producto de color negro; después, mediante mercurio o arsénico tomaría en su superficie un color blanquecino; a continuación, con "agua de azufre" y algo de oro, pasaría a color amarillo, y posteriormente a púrpura, coloración última que se justifica por el color violeta que tienen las aleaciones de bronce con pequeñas cantidades de oro. El agua de azufre sería en realidad una disolución acuosa de sulfuro de hidrógeno, que se preparaba a partir de polisulfuro de calcio, obtenido a su vez calentando cal con azufre; o, también, mediante destilación de huevos. Esto último se debía a que pensaban que los huevos tendrían "espíritu vital" en gran cantidad, ya que simplemente mantenidos con calor suave durante un tiempo, daban lugar a un polluelo, un ser con vida: por ello al destilarlos se liberaría ese espíritu. Por otra parte, es interesante incidir en que los cuatro colores negro, blanco, amarillo y rojo se consideraban como "primarios" en la pintura griega, como remarca **Plinio el Viejo** (Cayo Plinio Cecilio Segundo, 23-79 d.C.).

Respecto a los materiales que podían producir esos cambios de color sobre los metales, los alquimistas centraban su atención en el *mercurio, azufre* y *arsénico*, de los cuales por sublimación o destilación, bien de ellos directamente o de sus compuestos, se obtenían fácilmente vapores. Con estos vapores se podía tratar el metal por un proceso mucho más sencillo que el que se hacía tradicionalmente, la cementación, que consistía en calentar el metal junto con otro producto, con lo que se formaba un material con nuevas propiedades. Había que controlar con cuidado el grado de calor en esos procesos, para lo cual utilizaban baños de agua, arena o cenizas e, incluso, hornos. Para Zósimo el azufre sería el mejor material para producir esos cambios en los metales, bien como tal (sólido) o bien como agua de azufre, llamada también "agua divina" debido a que la palabra griega *theion* tiene dos significados, azufre y divino. Así, este alquimista nos ha legado una receta (proveniente de María) según la cual, para conseguir la transmutación de una lámina de cobre a oro, se yuxtaponía dicha lámina a otra de oro y se exponían ambas a la acción de los vapores del agua divina mediante un proceso de reflujo. El *kerotakis* sería el aparato idóneo para esta operación. Por otra parte, María da incluso otras recetas para preparar oro a partir de raíces vegetales, como la de la mandrágora.

Otros alquimistas, como Agatodaimon, discrepaban de Zósimo en este aspecto, pues suponían que no sería el azufre, sino el arsénico o sus compuestos, el material clave para estos procesos. Así, el rejalgar (un sulfuro de arsénico) por fusión con natrón (carbonato de sodio) o con mercurio originaba un sólido blanco (óxido de arsénico), el cual si se calentaba en un *kerotakis* en el que se hubiera colocado cobre, daba lugar a un sublimado (arsénico elemental) que producía en el metal un color blanco plateado. También Bolos en su *Physica et Mystica* cita frecuentemente los compuestos de arsénico: rejalgar (rojo), oropimente (amarillo) o el óxido (blanco). Esto explicaría el interés por el arsénico, ya que la manipulación de sus compuestos proporcionaba una gran variedad de efectos de coloración. Veamos un ejemplo, expresado en el lenguaje actual de la química: calentado con cuidado rejalgar (un sulfuro de arsénico, de fórmula AsS, de color rojo) en presencia de azufre —es decir, por fusión con azufre— se produce su transformación en oropimente (otro sulfuro de arsénico, de fórmula As_2S_3, de color amarillo), con el consiguiente cambio de color:

$$\text{AsS (rejalgar)} \xrightarrow[\text{calefacción}]{\text{S}} As_2S_3 \text{ (oropimente)}$$

color rojo ⟶ **color amarillo**

También en el papiro de Leiden (del que trataremos en el Capítulo 4) se dan recetas para dorar mediante arsénico y una goma de origen vegetal. Por su parte, el cinabrio (sulfuro de mercurio, HgS, llamado vulgarmente también *bermellón* por su color rojo) representaba también un importante papel en estos procesos de coloración. Al calentarlo, de rojo se decoloraba a blanco (porque daba lugar a mercurio, de color blanco plateado), y cuando a su vez este producto se calentaba, pasaba de blanco a amarillento, ya que se formaba un óxido de mercurio (de fórmula HgO), que tiene color naranja-amarillento. Era el misterio perfecto para los alquimistas, que también habían observado que en alguna de esas operaciones se desprendía un "espíritu" (es decir, un gas), que hoy en día sabemos que era el oxígeno.

$$\text{HgS (cinabrio)} \xrightarrow[\text{calefacción}]{\text{calefacción}} \text{Hg (mercurio)} \xrightarrow[\text{calefacción}]{\text{calefacción}} \text{HgO (óxido mercúrico)}$$

color rojo ⟶ **color blanco plateado** ⟶ **color amarillento**

Acelerando la transmutación

Los procesos de transmutación eran sumamente lentos. De ahí la necesidad de preparar un material que actuase sobre el metal para conseguir así que aquella se produjera. Zósimo creía en la existencia de una sustancia que, de forma casi mágica, podría hacer que la transmutación fuera mucho más rápida. En el lenguaje actual esa sustancia tendría el sentido de catalizador. Sería como un fermento o "medicina" del metal enfermo (es decir, del metal corriente). Por eso lo llamaron *xerion* (término griego usado para designar "polvo medicinal" o también "cosmético"). Después, este concepto evolucionaría en la alquimia árabe y europea hacia el concepto de Piedra Filosofal, aunque los mismos alquimistas griegos hablaron a veces de "la piedra". Se proyectaba en forma de polvo seco sobre el metal, de ahí el nombre de "proyección" dado por los alquimistas al proceso de preparación del oro. En ocasiones también lo designaban como *tintura*, ya que era un agente que, una vez aplicado, tras diversas operaciones producía los cambios de color que daban lugar a la transmutación a oro (o plata, en su caso). El mismo Zósimo empleó la palabra griega *baptizien*, luego traducida como "transmutación", que significa sumergir, por similitud a cuando se sumerge el tejido en un tinte.

Aspectos etimológicos

De esta etapa de la alquimia nos han quedado muchos términos, que si bien aparentemente podría pensarse que son árabes, son en realidad de origen griego. Así, la palabra *alambique*, que proviene realmente de la palabra griega *bikos* o *bixos* (vasija o recipiente, como ya dijimos) a la que se antepondría el prefijo del griego antiguo *ana-*, que puede ser también *an-*, o *–am* delante de "p" y de "b" como en este caso, prefijo que tiene el significado de hacia arriba. Ello muy posiblemente se deba a que los alquimistas greco-egipcios, para mejorar la técnica de la destilación, tuvieron la idea de alargar por la parte superior el recipiente (*bikos*) donde introducían el líquido a destilar. Y así, finalmente, el recipiente en el que llevaban a cabo la destilación quedaría como "ambikos" o "ambixos" (en inglés "ambix"). Y cuando los alquimistas árabes le anteponen el artículo "al" quedaría *alambix*, que a su vez da lugar a alambique.

La palabra *elixir* probablemente derive de la palabra griega *xerion*, ese polvo utilizado en medicina y también como cosmético y, entre los alquimistas, como fermento en las transmutaciones, que con el artículo árabe "al" sería *aliksir*, y de ahí elixir. Por otra parte, la expresión *herméticamente cerrado*, bastante frecuente en nuestro lenguaje común, obviamente proviene del nombre *Hermes* y de la frase *Hermes lo cierra*, relativa al secretismo de los misterios alquímicos. Y el término de *baño-maría*, tan empleado en la cocina, proviene del nombre de la alquimista María, que inventó esta técnica para calentar.

En definitiva, gran cantidad de palabras relacionadas con la química y que solemos tomar como árabes —como alquimia, alambique o elixir— son en realidad griegas en su origen. De la misma manera, en un principio se había pensado que la química debía a los árabes los primeros conocimientos empíricos en cuanto a la tecnología básica del laboratorio químico. No obstante, los historiadores de la ciencia al estudiar con mayor profundidad los documentos de los alquimistas greco-egipcios comprobaron que fueron ellos los que realizaron las aportaciones originales en ese sentido. Bien lo demuestran sus descripciones de operaciones experimentales y, sobre todo, sus dibujos representando el montaje de los aparatos necesarios para llevar a cabo tales operaciones.

Y muchas de esas técnicas que hoy seguimos utilizando en nuestra actividad química diaria son, prácticamente, las mismas que hace tantos siglos empleaban aquellos alquimistas greco-egipcios en sus laboratorios.

Capítulo 4

LOS PAPIROS QUÍMICOS Y LA ALQUIMIA

Los primeros metales
Imitación de metales preciosos
Papiros de Leyden y de Estocolmo: los papiros químicos
Alquimia y elaboración de joyas falsas

Los primeros metales

Dado el especial significado que tienen los metales en la alquimia, tanto en sus fundamentos ideológicos como en sus trabajos prácticos, dedicaremos un espacio para analizar el conocimiento que se tenía de los metales en el mundo antiguo.

Se puede suponer que cuando los pueblos primitivos fueron descubriendo los metales, apreciarían en ellos ciertas características que les hacían apropiados para transformarlos en artículos útiles para el desarrollo de su vida. Tales son herramientas, armas o utensilios domésticos. Pero posiblemente también encontrarían en los metales una aplicación con otra finalidad, que si bien era más accesoria no carecía de importancia, la ornamental. Por ello, el arte de la joyería está íntimamente unido al trabajo con metales, es decir, a los procesos metalúrgicos. Y de aquí su conexión también con la química práctica, que se manifiesta además en otros aspectos de las operaciones joyeras. Puede pues afirmarse que, desde sus comienzos, la joyería tuvo que hacer uso de la química y que, en contrapartida, ha contribuido de forma notable al desarrollo de esta y muy probablemente también al surgimiento de la alquimia. Analizaremos el porqué, comenzando por una breve revisión de la historia de los metales.

Pensemos en el larguísimo periodo denominado Edad de Piedra, después de la cual los seres humanos comenzaron a utilizar los metales. Pero, ¿cómo descubrieron su existencia en la naturaleza y sus posibles aplicaciones? Algunos historiadores han propuesto que en aquel período tan lejano algunos metales estarían como tales en la corteza terrestre —es decir, en forma metálica o, dicho de otra manera, en estado libre— y no sólo formando parte de compuestos, pues aún no habría dado tiempo a que se hubiese completado totalmente su transformación, sobre todo en óxidos o en sulfuros por acción del oxígeno y del azufre, respectivamente. Es fácil deducir entonces que los primeros metales conocidos serían aquellos que se encontraban en estado libre y, siguiendo en esta dirección, que esos materiales por su brillo y color atraerían las miradas de los pobladores neolíticos. Por ello, probablemente el primer uso que dieron a los metales habría sido el ornamental (de forma contraria a lo que en principio podría pensarse), aunque muy pronto les irían encontrando otras aplicaciones. Observarían su dureza y que, golpeándolos con habilidad, podían ser moldeados fácilmente sin romperse, algo que no ocurría con las piedras, consiguiéndose además superficies afiladas más finas y agudas que con estas. Y que también, mediante golpes, era posible obtener estrechas láminas metálicas (la ductilidad o capacidad para formar hilos no se conoció hasta mucho después, en época romana). Por otra parte, muchos de esos metales eran resistentes a la agresión de la intemperie (hoy diríamos que, entre otros fenómenos, esos metales ante la acción del oxígeno del aire no se oxidan, ni tampoco forman hidróxidos con el agua de la humedad ambiente). En definitiva, eran materiales maleables y además duraderos. De esta manera, se fueron empleando para confeccionar no sólo adornos, sino también muchos instrumentos necesarios en la vida cotidiana (cocina, agricultura...) y en la caza o las guerras (obtención de armas).

En el sentido arriba apuntado, serían los metales menos reactivos los que se encontrasen en estado metálico en mayor proporción, sobre todo el oro, la plata o el cobre. Por ello, según la opinión más extendida entre los expertos, el primer metal conocido habría sido el *oro*, algo antes del 5000 a.C., cuya presencia en forma de brillante oro nativo en las arenas de muchos ríos (arenas auríferas) o en depósitos de aluvión sería fácilmente detectada por el ojo humano (Tabla 4.1). Precisamente, el vocablo que designaba a este metal en la lengua demótica egipcia, en la fenicia y en la hebrea era *zahab*, que deriva del término "brillar". Existen así restos de objetos ornamentales de oro entre el 4000 y 3000 a.C., pertenecientes la mayoría a las culturas de Mesopotamia y Egipto. Por otro lado, ciertas pinturas encontradas en los muros de una serie de tumbas de la ciudad de Tebas (tumbas de Beni Hasan, aproximadamente del 1900 a.C.), ofrecen unas curiosas escenas de la vida de los egipcios, de sus costumbres y de sus oficios, y en una de ellas, por ejemplo, se muestra cómo los trabajadores del oro, los orífices, lavan este metal para conseguir separar sus pepitas, y cómo lo funden

No obstante, también se ha llegado a proponer al *cobre* como primer metal conocido y trabajado por el ser humano, si bien la opción más aceptada es que cronológicamente su descubrimiento ocuparía el segundo lugar, algo después que el oro. Aunque existiese también libre, no habría mucho en este estado, por lo que era extraído generalmente de dos minerales (muy abundantes en el Sinaí y en el territorio correspondiente al Irán actual), cuya constitución química corresponde a carbonatos hidratados de cobre, la azurita y la malaquita. Estas "piedras azuladas", tratadas con fuego daban lugar a cobre metálico, mediante lo que hoy se conoce como un proceso de reducción. Posiblemente esta técnica fuera debida a un hallazgo accidental y, así, se ha propuesto que podría haber ocurrido tras encender a la intemperie fuego con leña, por ejemplo para cocinar: como esos minerales de cobre eran muy frecuentes en aquellas regiones, entre las cenizas habrían surgido algunos puntos de un rojo brillante debidos a la formación de cobre metálico producido al calentar. Esta hipótesis, tan atractiva en un principio, no parece sin embargo muy verosímil, ya que el calor proporcionado al arder la leña no sería suficiente, necesitándose para ello carbón vegetal.

En cualquier caso, las técnicas para tratar el oro y el cobre se extendieron pronto a la cuenca mediterránea. Primero a Chipre (isla muy rica en piritas de cobre y de cuyo nombre, Cyprus, proviene el nombre de este metal, *cyprium*, y luego *cuprum* en latín), continuando con la cultura minoica de Creta, y después con la micénica. De estas dos últimas quedan interesantísimos restos de trabajos con metales, aunque ya muy posteriores: de la cretense sobresalen los vasos de oro de Vafio, aproximadamente del 1500 a.C. y de la micénica, diversos objetos de oro hallados en Micenas y otros de cobre y esmalte, en Tirinto, entre el 1500 y 1200 a.C.

Tabla 4.1. Metales (y aleaciones) conocidos en la Antigüedad

METAL	COMIENZO DE SU UTILIZACIÓN (A.C.)
Oro	Antes del 5000
Cobre	4300
Bronce	4300
Electrum (Asem)	3800
Plomo	3500
Plata	2500
Estaño	1800-1600
Hierro	1400
Mercurio	400

Al cobre siguió el descubrimiento de la aleación del cobre y estaño, el *bronce* (hacia el 4300 a.C.), lo cual supuso otro paso decisivo en el trabajo con metales y en la evolución de la cultura de la humanidad (Edad del Bronce, que se extiende aproximadamente hasta el 1000 a.C.). El bronce era más duro que el cobre, por lo que podían obtenerse con él armas muy poderosas. En un principio esta y otras muchas aleaciones muy probablemente surgieron de forma natural, ya que en el mismo yacimiento aparecían con frecuencia distintos minerales mezclados (mezclas generalmente indistinguibles del mineral único para el ser humano de entonces), con lo que al intentar obtener un determinado metal se conseguiría en realidad aleado con otros metales. Los primeros vestigios que nos han llegado del bronce corresponden a Egipto y aproximadamente datan del 3000 a.C. (sexta dinastía) o incluso de antes. Uno de los aspectos más conflictivos sobre la metalurgia de esta aleación se refiere al origen del estaño empleado en ella, dada la poca abundancia de sus minerales. Hasta se ha llegado a suponer que el estaño era transportado por los navegantes fenicios nada menos que desde las islas Casitérides, en el actual Reino Unido, concretamente de las costas de Cornualles (de ahí el nombre de "casiterita", mineral de dióxido de estaño y mena de este metal). En cuanto al estaño como metal independiente, su metalurgia fue conocida mucho después, hacia el 1800 a.C.

Hacia el 3800 a.C., los antiguos egipcios conocieron el *asem*, aleación de oro y plata, de color ligeramente dorado, aunque en aquella época la aleación natural era considerada como un metal diferente (llamada *elektron* por los griegos y luego *electrum* por los romanos).

> A propósito de la palabra **elektron**, hay que decir aquí, a modo de curiosidad, que los griegos utilizaron también este término para designar al ámbar, por su semejanza de color y brillo. Y como en el ámbar, al frotarlo, es el material donde primero se detectó el fenómeno de la electricidad, mucho después (siglo XIX) se propuso este término para designar la carga elemental de electricidad (*electrón*), y de ahí todos sus derivados.

También por esa época, entre el 4000 y 3500 a.C., conocieron el *plomo*, la *plata* (en cuanto a plata nativa y además no libre de oro, pues su metalurgia será muy posterior, en época grecorromana, a partir de su sulfuro, la argentita, como mena principal) e incluso el *hierro*. Pero este último, pese a la enorme abundancia de sus minerales en la corteza terrestre, era muy escaso, ya que los egipcios en aquella época no sabían extraerlo de sus minerales. Por esta razón, se ha propuesto que ese hierro tuviera su origen en meteoritos, resultando tan raro para ellos que incluso hacían joyas con este metal, de las que nos han llegado bastantes testimonios. No fue hasta mucho después cuando los egipcios dispusieron de gran cantidad de hierro, procedente de los hititas. Este último pueblo, guerrero por excelencia y asentado en Asia Menor (en el territorio de la actual Turquía, concretamente en la región de Ankara, como puede comprobarse en el *Museo de las Civilizaciones de Anatolia* de esta ciudad), fue capaz de encontrar una técnica para poder extraer el hierro de sus minerales. El proceso requería unas temperaturas mucho más elevadas que para los otros metales entonces conocidos, y las lograron mediante el empleo de hornos calentados con carbón vegetal, en lugar de hacerlo en hornos de leña. Además, supieron transformar el hierro frágil que directamente se obtenía por este procedimiento en un producto duro y de gran tenacidad. De esta manera iniciaron lo que se conoce en la historia como Edad del Hierro (1200 a.C. hasta principios de nuestra era, aproximadamente), ya que el empleo de este metal proporcionaba no sólo herramientas y objetos de mucha mejor calidad para la vida cotidiana, sino también —y sobre todo— armas de mayor dureza y eficacia para la guerra. Y en definitiva, los pueblos poseedores de este nuevo metal pudieron alcanzar mayor fuerza y poder que aquellos que disponían tan sólo de armas de bronce.

En cuanto al *mercurio*, si bien se afirma que se ha detectado su presencia en algunas tumbas egipcias (1600-1500 a.C.), su obtención a gran escala no tuvo lugar hasta mucho después, en la época grecorromana, hacia el 400 a.C. El proceso metalúrgico para la obtención de este metal, tan importante para los alquimistas, era muy sencillo, bien por simple calentamiento del cinabrio (sulfuro de mercurio, Capítulo 3), bien agitándolo con vinagre. Los textos romanos señalan también el descubrimiento del *latón*, al que en un principio se tomó como un tipo de cobre y no como lo que realmente era, su aleación con zinc.

Imitación de metales preciosos

Hasta aproximadamente el 4000 a.C., el oro se utilizaba en la confección de joyas y también en la de artículos de uso común. Pero después se fue restringiendo su empleo tan sólo para la fabricación de joyas y otros objetos especiales. Estos se elaboraban básicamente con lo que los antiguos denominaban metales "preciosos" —oro, plata y la aleación de ambos, el *asem*—, a causa de su brillo y la belleza de su color, así como por su calidad de metales "nobles", pues no sufrían las alteraciones que la humedad o el aire provocaba en otros. Por esto, la producción de joyas en la Antigüedad estaba en manos de los artesanos llamados orfebres, etimológicamente "trabajadores del oro", término que, por extensión, incluía el trabajo con otros materiales especiales. Así, también se empleaban aleaciones en las que los metales preciosos se mezclaban con metales que ya no lo eran. Por ejemplo, se ha encontrado buen número de joyas en las que el oro está aleado con el cobre. Incluso, se han llegado a utilizar otros metales que, aunque fueran metales comunes, presentaban unas propiedades físicas de belleza e inalterabilidad que les hacían aptos para este fin, habiéndose hallado muchas joyas de cobre, bronce o, incluso, hierro (acero, principalmente).

> Una **aleación** es una mezcla homogénea de dos o más elementos, uno de los cuales al menos debe ser un metal.
>
> Una **amalgama** es una aleación en la que uno de los componentes es el mercurio.

Al empleo de metales en la confección de estos adornos se fue añadiendo el de piedras preciosas (rubí, esmeralda, diamante, granate, agua marina, zafiro...) y semipreciosas (cristal de roca, ágata, ónix, jade, lapislázuli u obsidiana), entre otras muchas. Asimismo, se utilizaban materiales de origen orgánico (perlas, nácar, ámbar, coral, carey, azabache, marfil, espinas de peces, cuernos de rinoceronte, etc.), y otros ya de tipo sintético (cerámica y, sobre todo, vidrios y esmaltes). Para fabricar vidrio se empleaba sílice (arena o cuarzo) y carbonatos alcalinos, cuya mezcla se calentaba hasta obtener ese producto. Estos materiales eran muy abundantes sobre todo en Egipto, cuyos lagos salados de la zona de Alejandría proporcionaban el *natron*, producto salino constituido fundamentalmente por carbonato de sodio y que con muy variadas aplicaciones fue utilizado por este pueblo. Así, se han hallado restos de fábricas de vidrio en las antiguas ciudades egipcias de Tebas y Menfis. De este modo, va naciendo la industria de las joyas, que alcanzó una enorme importancia en los tiempos antiguos y en la que fueron expertos sobre todo los artesanos de Egipto y Mesopotamia, hasta tal punto que estos pueblos constituyeron los centros de producción joyera de la Antigüedad.

Además de su finalidad meramente ornamental, las joyas podían tener un sentido religioso y mágico, destinándose con este fin determinadas piezas de joyería a ciertos rituales, por lo que aparte de collares, pendientes, anillos o brazaletes, los artesanos confeccionaban otros objetos de carácter sagrado, como vasos, candelabros o incensarios, además de piezas votivas y amuletos (como son, por ejemplo, los famosos escarabajos egipcios, fabricados con una pasta vítrea de color azul). Este ha sido un poderoso argumento que ha dado pie a que se llegase a pensar que los lugares donde se producían las joyas eran los templos. Y allí, los sacerdotes serían los cuidadosos guardianes de los secretos en el arte de la joyería. Pero esta opinión a la larga no ha parecido consistente, prevaleciendo la idea de que esos recintos religiosos se dedicarían tan sólo a la fabricación de amuletos y exvotos, más que a la de joyas en general. En cualquier caso, parece ser que los templos egipcios sí que eran los "laboratorios" donde se conocían y practicaban las *primeras técnicas metalúrgicas*. De aquí también el nombre de "arte sagrado" con el que frecuentemente se hace referencia a la alquimia.

Los estudios arqueológicos proporcionan una amplísima información sobre la fabricación y los tipos de joyas en la Antigüedad, sobre las técnicas y materiales empleados. Debe tenerse presente que las joyas se destinaban no sólo a los vivos, sino también a los muertos, para su vida del más allá. Por esta razón, las tumbas constituyen una fuente de restos de este tipo de una valía incalculable desde la perspectiva de la investigación arqueológica y también de la investigación en historia de la ciencia. No hay más que pensar en las tan conocidas tumbas egipcias, bien las construidas en las pirámides, bien las de los hipogeos (como los del Valle de los Reyes y el de las Reinas, en Tebas).

En un principio se trabajaban las joyas básicamente con materiales preciosos, pero a medida que su demanda se hizo más intensa (tanto en Egipto y otros territorios de Oriente Próximo, como entre griegos y romanos), estos materiales eran más difíciles de encontrar. Ante este fenómeno los metales preciosos comenzaron no ya a ser escasos, puesto que aún las minas existentes estaban lejos de agotarse, pero fue aumentando su valor, sobre todo el del oro. Por ello los orfebres empezaron a buscar fórmulas con las que conseguir preparar materiales que tuvieran la apariencia de metales preciosos y de gemas, pero partiendo de otros mucho menos costosos. Para lograr este objetivo, se seguían distintos procedimientos:

- Unas veces se mezclaban metales para encontrar aleaciones que en su aspecto y propiedades se parecieran al oro, a la plata o al *asem*. Es decir, se conseguían aleaciones que, teniendo bajo o incluso ningún contenido en oro o plata, poseían la apariencia de esos metales.
- En otras ocasiones se intentaba dar determinadas coloraciones a

las superficies metálicas, de tal manera que recordasen la apariencia de esos metales preciosos ("doraban" y "plateaban"). De ahí el interés de los joyeros por el color. Algo similar se llevaba a cabo en lo que se refiere a las piedras preciosas, tiñendo determinadas piedras, por ejemplo, para que parecieran esmeraldas o rubíes.

En este sentido, los artífices de joyería preparaban aleaciones de oro con plomo, cobre o cinc. O simplemente doraban metales corrientes (como cobre, estaño o plomo); es decir, producían en su superficie una coloración como la del oro, utilizando una muy pequeña cantidad de este metal e, incluso, sin emplearlo en absoluto. El procedimiento del *dorado* era, pues, muy frecuente, y podía llevarse a cabo por diversas técnicas. La más antigua de estas consistía en dorar con la técnica del plomo. También existía la técnica de dorar al fuego o la de dorar con disoluciones de oro en mercurio, es decir, con amalgamas de oro. Así, para dorar un metal con la técnica del plomo, se introducía la pieza dentro de una aleación fundida de oro y plomo, eliminándose después este último generalmente por corrosión. Por su parte, en el método de la amalgama lo que se hacía era pintar la pieza con una amalgama de oro y después se calentaba, con lo que se evaporaba el mercurio y quedaba el objeto recubierto por una fina lámina de oro.

Para conseguir la apariencia de oro sin utilizar este metal, se empleaban aleaciones de cobre y *asem* (que, como se ha dicho ya, en aquella época era considerado un metal diferente, ignorándose que contuviera oro), o bien con una pasta de cobre, hierro y compuestos de arsénico más una goma vegetal. Estos compuestos de arsénico eran dos sulfuros, muy utilizados también como pigmentos para pinturas: el rejalgar y, sobre todo, el oropimente (Capítulo 3). Precisamente el nombre de este último, que aparece en la naturaleza en forma de cristales muy frágiles de un color amarillo dorado, proviene del latín *auri pigmentum*, y de él se dice que el mismo emperador romano Calígula impulsó y financió una compleja operación de fabricación de oro partiendo de dicho pigmento, según narra Plinio el Viejo en su *Historia Natural*.

El conjunto de todas estas técnicas se conoce como *aurificción*, que tanta importancia tuvo posteriormente entre los alquimistas (Capítulo 2). Se daba a ciertos metales la apariencia de oro, imitación que en última instancia llevaría a la falsificación de este metal.

Papiros de Leyden y de Estocolmo: los papiros químicos

De estas y otras operaciones de imitación han quedado testimonios escritos de enorme interés. El más antiguo que nos ha llegado, al menos hasta el momento actual, es una tablilla asiria de aproximadamente el 1600 a.C. (Museo Británico), en la que se describe cómo se consigue preparar un vidrio de color azul mediante compuestos de cobre, a fin de que pareciera lapislázuli. Pero los documentos de mayor importancia en cuanto al número y variedad de recetas de este tipo son unos manuscritos conocidos como "papiros químicos". Además, la forma de describir dichas recetas resulta de una claridad bastante aceptable para el químico de nuestros días (a diferencia del oscuro lenguaje de los alquimistas). Por todo ello, constituyen un verdadero texto de química experimental de la Antigüedad, de un enorme valor.

Estos manuscritos, escritos en griego, datan de finales del siglo III d.C. o principios del IV (por lo que serían contemporáneos del alquimista Zósimo de Panópolis), y fueron hallados en una tumba de Tebas, dentro del sarcófago de una momia. A principios del siglo XIX el vicecónsul de Suecia en Alejandría los adquirió a un anticuario, y posteriormente vendió la parte principal de esta colección al gobierno de Holanda. Este documento, constituido por diez hojas de papiro, fue depositado en el Museo de la Universidad de Leiden, por lo que se le denomina papiro X de Leiden. La otra parte quedó en tierra sueca, inicialmente en Estocolmo, por lo que se le conoce como papiro de Estocolmo, aunque después se llevó a la ciudad de Upsala (también en Suecia). Entre ambos suman unas 250 recetas, correspondiendo al trabajo con metales, obtención de piedras preciosas falsas e imitación de tintes muy costosos, como el púrpura. Aunque en un principio se ignoraba, con el tiempo se comprobó que los dos papiros eran del mismo autor (probablemente un orfebre egipcio, enterrado en la tumba donde fueron hallados) y, además, que resultaban complementarios. Hay que destacar que muchas veces las recetas para preparar metales o piedras preciosas artificiales no traspasan la intención de imitar, pero en otros casos muestran un carácter claramente fraudulento.

Como muestra, se han reseñado algunas de ellas en la Tabla 4.2., referidas concretamente a la falsificación de metales y piedras preciosas.

Tabla 4.2. Recetas químicas de joyería

Revestimiento de cobre (papiro de Leiden):

"Si se desea que el cobre tenga la apariencia de plata, después de haber purificado el cobre con cuidado, ponerlo dentro de mercurio y plomo blanco; el mercurio solo es suficiente para revestirlo".

Nota: Es decir, se forma una amalgama de cobre, cuyo aspecto recuerda a la plata.

Hacer que un anillo de cobre parezca de oro (papiro de Leiden):

"Se muele oro y plomo hasta polvo tan fino como harina; tomar dos partes de plomo por una de oro y, habiéndolas mezclado, se amasa con goma. Se cubre el anillo de cobre con esta mezcla y entonces se calienta. Se repite varias veces hasta que el objeto haya tomado el color. Es difícil de descubrir porque al frotar aparece la marca propia de un objeto de oro y el calor consume el plomo, pero no el oro".

Nota: Con los términos "frotar" y "calor" se hace referencia a la prueba con la piedra de toque para reconocer el oro, y se señala que es difícil descubrir la imitación.

Producción de rubí (papiro de Estocolmo):

"Tratamiento de cristal de tal manera que parezca rubí. Tomar un cristal ahumado y calentarlo gradualmente en la oscuridad; hasta que parezca que tiene calor en su interior. Calentarlo una vez más en residuos de fundición de oro. Tomar y sumergir la piedra en aceite de cedro mezclado con azufre natural y dejarlo en este tinte, con el propósito de que se absorba, hasta la mañana siguiente".

Nota: El término "cristal" no puede hacer referencia en este caso ni al cristal de roca ni al vidrio, sino a algunas piedras de aspecto transparente o translúcido (como mica o alabastro), pero con cierto grado de porosidad, gracias a la cual podían absorber el color del tinte.

Producción de esmeraldas (papiro de Estocolmo):

En este caso las piedras porosas, al calentarlas con malaquita y azurita, se teñían de color verde.

Nota: Se tratan las piedras con estos compuestos de cobre y en un medio amoniacal, conseguido este último con la orina de un niño.

Todo este contenido de los papiros químicos ha sido conocido gracias a las sucesivas traducciones que de ellos se hicieron. En primer lugar, a finales del siglo XIX se tradujeron al latín, y luego al francés y al alemán, introduciéndose también interesantes comentarios y anotaciones desde el punto de vista químico. Siguiendo en esta línea, se hizo una traducción al inglés con un importante estudio crítico dentro de la rama de investigación denominada Química Arqueológica, iniciada en 1926 por el investigador norteamericano Earle R. Caley (1900-1984).

No obstante, estos compendios de recetas químicas parecen tener un claro antecedente bastante más antiguo, aproximadamente del 200 a.C. Se trata del texto *Physica et Mystica*, que constituye casi el libro sagrado de los alquimistas. Su atribuye al alquimista de Alejandría Bolos de Mende (Capítulo 3), al que también se le conoce como el "falso Demócrito" y que muy probablemente no era griego, sino un egipcio helenizado. Contiene este texto 27 recetas, de las que 13 tratan directamente de las técnicas del dorado y otras hacen referencia a cómo escribir con letras de oro. Sin embargo, la descripción de esos procesos es mucho menos precisa que en los papiros, recordando a veces el oscuro lenguaje alquimista. Por este motivo los papiros de Leiden y de Estocolmo resultan hasta el momento el documento escrito más valioso que nos ha legado la historia sobre la química en la Antigüedad y, dado su carácter eminentemente empírico, sobre la tecnología e industria química de entonces.

Estas recetas químicas de joyería incluyen, en su mayoría, operaciones de la química práctica de su tiempo que, en realidad, lo que implican son procesos muy sencillos y bien conocidos por la química actual (procesos electroquímicos de recubrimiento de metales, de reducción, de amalgamación...). Además, con esas recetas y con la carga de saber empírico que suponían, se fue enriqueciendo esa química práctica mediante nuevos métodos y procedimientos experimentales.

Alquimia y elaboración de joyas falsas

Se ha llegado a considerar que la joyería fue el núcleo donde se gestó la alquimia, en sus procedimientos y en su filosofía con la idea central de la transmutación de los metales en oro. Recordemos, por una parte, la teoría aristotélica sobre la naturaleza de la materia (Capítulo 1), que fue la dominante a lo largo de toda la Edad Media: no habría más que una materia primitiva de la que estarían formadas todas las sustancias de nuestro mundo y, al tomar esa materia primitiva distintas formas o cualidades, daría lugar a los diferentes objetos.

Si pensamos ahora en las técnicas de dorar metales o en las aleaciones para conseguir que estas pareciesen oro, ¿no estarían próximas a la aspiración suprema de los alquimistas de la transformación o transmutación de los metales en oro? Cambia la apariencia del metal corriente, su color, para parecerse al oro. Es decir, cambia su cualidad. Y entonces, ¿no cambiaría también con ello su naturaleza y se transformaría en oro? En esos cambios de coloración, el gran interés tanto de joyeros como de alquimistas, estaría muy probablemente, pues, el origen de las ideas y prácticas de estos últimos. Para el artesano orfebre ese sería oro falso. Para el filósofo de la alquimia sería oro genuino y no una imitación.

Capítulo 5

ALQUIMIAS DE CHINA E INDIA

Otras alquimias
Alquimia china
Alquimia hindú

Otras alquimias

Ya se ha tratado de la alquimia greco-egipcia, tanto de sus alquimistas como de sus principios, técnicas y operaciones más importantes. Estos conocimientos llegaron hasta la cultura cristiana de Occidente a través de los árabes, quienes los incrementaron con sus propias aportaciones.

Pero, a su vez, los alquimistas árabes habían recibido también cierta influencia de las alquimias de otros pueblos, sobre todo de China y de India. Sin embargo, nada se ha dicho hasta ahora de la alquimia de esas otras civilizaciones tan antiguas como son las de estas lejanas zonas geográficas. Por este motivo, antes de seguir adelante y dejando aparte las posibles alquimias de otros lugares de Asia (como pudiera ser la de Mesopotamia), daremos un paso atrás en el tiempo para revisar los hitos más importantes de la alquimia china y de la alquimia hindú.

Alquimia china

Si se atiende a actividades relacionadas con la química, se sabe que los chinos trabajaban los metales desde tiempos muy tempranos. El bronce apareció entre ellos en los siglos X y IX a.C. y utilizaban el hierro hacia el 600 a.C. Bastante después prepararon el latón, aleación de cobre y zinc, ya que eran capaces de extraer este último metal de sus minerales. También debían de conocer el mercurio, obtenido del cinabrio (recordemos que este es sulfuro de mercurio). Por otra parte, hay testimonios de que producían cerámica ya desde el final del Paleolítico, teniendo un desarrollo extraordinario que culminó mucho después con el descubrimiento de la porcelana, material genuinamente chino.

En cuanto a sus ideas sobre la naturaleza, sus principios básicos están contenidos en el libro *Yi-Ching* o *Libro de los Cambios* (llamado también *Libro Canónico de las Transformaciones* o *de las Mutaciones*). En su origen (de procedencia taoísta y no confucionista) era una especie de manual de adivinación, cuyo contenido se fue mejorado gradualmente, hasta convertirse en el texto básico de la filosofía china y el de mayor influencia en esa cultura. Su elaboración comenzó hacia el siglo XIII a.C., pero su autoría se atribuye al rey **Wen Wang** (siglo XII a.C.), fundador de la dinastía Zhou, la tercera dinastía china, por ser él quien aumentó el texto inicial con importantísimas aportaciones. Es un libro de oráculos, en el que también se describe el dualismo del *yin* y el *yang*, causa de todas las cosas, representados en el centro de la Figura 5.1a, donde también aparecen ordenamientos de líneas cortas y largas (trigramas). El *yin* es el principio femenino, frío, oscuro y negativo, y el *yang*, el principio masculino, caliente, luminoso y positivo.

Por otra parte, en la filosofía tradicional china se habla de los cinco elementos o *Wu Xing*, fuego, tierra, metal, agua y madera, que se transforman unos en otros en ciclos continuos, moviéndose entre el cielo y la tierra (figura 5.2b), por lo que en lugar de cinco elementos habría que decir más propiamente cinco movimientos o cinco fases.

¿Y qué datos tenemos acerca de la alquimia china? La documentación de la que hasta el momento se dispone no es mucha, por lo que no se sabe con exactitud su comienzo, pero parece ser que ya en el siglo IV a.C. se practicaba y era frecuente la aurifacción (es decir, la "fabricación" de oro, el oro puro de los alquimistas). La alquimia se origina en estrecha conexión con el taoísmo, sobre todo con las últimas corrientes de esta doctrina filosófica. El taoísmo fue fundado por **Lao Tse** (hacia los siglos VI-V a.C.), autor del texto *Tao Te Ching*. En él se interpreta el universo en términos de esos dos principios contrarios del *yin* y el *yang*, que están en una eterna relación y de cuyo combate resultan los cinco elementos que compondrían todos los distintos objetos de la materia. Son dos fuerzas o principios cósmicos, dos polos opuestos. Es decir, se trata de un dualismo, pero un dualismo no antitético, sino complementario. Entre ambos principios existe un movimiento constante, pasando del uno al otro, ya que "la noche comienza a mediodía", según dice un antiguo proverbio chino, con lo que se intentaban explicar todos los procesos que tienen lugar en la naturaleza.

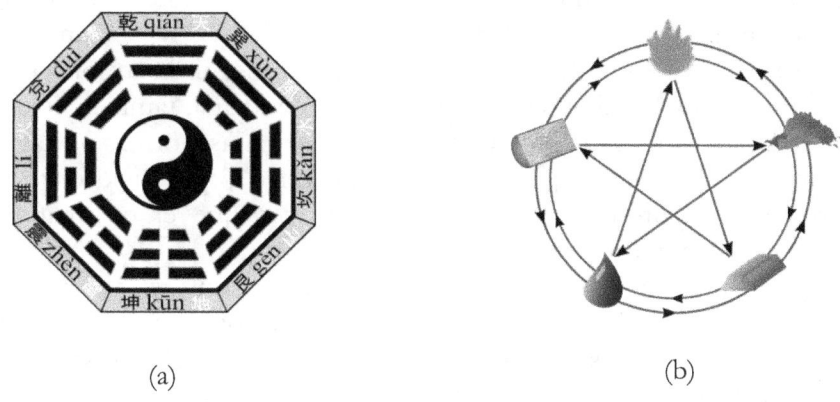

(a)

(b)

Figura 5.1. (a) Símbolos de los dos principios chinos de la vida: *yin* (femenino, negro) y *yang* (masculino, blanco) – (b) Los cinco elementos chinos. Desde parte superior, hacia la derecha: fuego, tierra, metal, agua y madera. Línea exterior circular: ciclo de filiación. Línea interior circular: ciclo de generación. Líneas interiores en estrella: ciclo de dominación

En ese libro se describen también técnicas alquímicas y se introduce la idea de la aurifacción y de los misterios alquímicos que conducen a la inmortalidad. El *tao* era la causa primera y única de la existencia, el Principio, el Absoluto, ya que todas las cosas nacen del *tao* y retornan a él después de un ciclo completo. Y siguiendo los principios del taoísmo se tendría una vida más larga, se evitaría el envejecimiento e, incluso, la muerte. Esto se conseguía mediante la ingestión de ciertos elixires, cuya obtención se basaba en la idea de que para alcanzar la perfección del alma era necesario llegar al equilibrio dentro del cuerpo en lo que se refiere a las proporciones del *yin* y el *yang*. De los dos principios, es el *yang* el que más se aproxima al *tao*, por lo que una sustancia será más perfecta cuanto más *yang* tenga y, por tanto, menos *yin*. De ahí que surgiesen las prácticas alquímicas, ensayando en el laboratorio la manera de ir eliminando ese *yin* en las sustancias para enriquecerlas en *yang* y preparar así elixires ricos en este último principio.

En definitiva, de esta manera se obtenían unos elixires a fin de que condujeran hasta la inmortalidad. En esta preparación era muy importante el oro. ¿Por qué precisamente el oro? Porque los taoístas creían que el oro era muy rico en *yang*, es decir, en energía "pura". Cuanto más rica en *yang* fuera una sustancia, al ser ingerida se irían adquiriendo los atributos relacionados con este principio: fuerza, salud, brillantez, longevidad, indestructibilidad…, y, finalmente, inmortalidad. Pero, además, esto implicaba conseguir la armonía con la naturaleza y, desde una proximidad más cotidiana, también con la sociedad, al posibilitar una mejor adaptación a las normas sociales. Pero ese oro tenía que ser "oro alquímico", producido en el laboratorio, porque tenía mejores cualidades que el oro natural extraído de la tierra.

Además del oro, muchos materiales eran ricos en *yang*, sobre todo el cinabrio (el cual, incluso, muchas veces se priorizaba ante el oro), pero también otros, como el jade, el azufre…. Y no sólo los pertenecientes al mundo mineral sino también al de los seres vivos: animales, como la tortuga, el gallo o la grulla, o vegetales, como la llamada "hierba de la inmortalidad", presente en el melocotón y en el pino. En cuanto al *yin*, eran ricos en este principio femenino el salitre y las perlas, entre otros productos. Estas últimas también se tenían como símbolo de la inmortalidad, ya que se asociaban a la fertilidad y a la vida, relacionándolas con los moluscos y el medio marino.

Esta es la alquimia **wai tan** o alquimia externa (de *wai*, exterior, y *tan*, que viene a significar cinabrio, rojo, elixir o alquimia), que comienza hacia el siglo III a.C., al principio de la dinastía Han (206 a.C.-220 d.C.) y tuvo un gran desarrollo. Propugnaba el consumo de elixires de la inmortalidad, según la creencia —como ya se ha comentado— de alcanzar el equilibrio dentro del cuerpo en las proporciones del *yin* y el *yang*. Esto hacía que los alquimistas chinos trabajaran mucho en su laboratorio o "cámara de elixires" como lo llamaban. Pulverizaban determinados minerales, metales u otros productos naturales y los mezclaban en unos recipientes, generalmente metálicos o hechos con arcilla. Los calentaban en un horno, comunicando el calor adecuado a cada proceso mediante distintos combustibles (cáscaras de arroz, carbón vegetal o estiércol de caballo). Realizaban así delicados estudios empíricos de muchas reacciones químicas, llevadas a cabo con orden y meticulosidad. Todo lo cual tuvo importantes consecuencias —muchas de ellas llegadas de forma indirecta— desde el punto de vista químico y también médico, ya que la alquimia china se desarrolló en muy estrecha conexión con la medicina. Así, en cuanto a la química, realizaron los chinos un descubrimiento tan trascendental en la historia de la humanidad como es el de la pólvora, obtenida por reacción del salitre con el azufre, uno rico en *yin* y en el otro en *yang*, respectivamente. También condujo a la obtención de la porcelana, de tintes, de determinadas aleaciones metálicas, etc. Y en el área de la medicina y biología se prepararon gran cantidad de remedios farmacéuticos, se estudiaron numerosos procesos de fermentación y se descubrió el alcohol (obtenido por destilación del vino) en el siglo IV d.C., anticipándose así en varios siglos a los alquimistas árabes.

Hay que decir que la inmortalidad era una creencia muy arraigada entre los chinos. Existían antiguas tradiciones, como la de la existencia de unos seres inmortales, los *xian*, que habitaban en las "Islas de los Bienaventurados" (en una de las cuales estaba el mítico monte de Peng-lai), situadas supuestamente en algún punto frente a la costa noroeste de China. En ellas había palacios de oro y jade, y crecían hierbas y frutos mágicos que curaban las enfermedades y que, incluso, resucitaban a los muertos. De hecho, algunos emperadores llegaron a patrocinar costosas expediciones en busca de esas islas, ya que pensaban que se podría alcanzar la inmortalidad si se hacían ofrendas a esos seres inmortales, acerca de los cuales existía gran cantidad de mitos y leyendas. Además, al llevar a cabo las ofrendas había que realizar ciertas prácticas alquímicas, en las que el oro era una pieza clave.

En cuanto a la creencia de que los minerales y metales evolucionaban en el interior de la tierra, al igual que otros pueblos y culturas, los chinos también la tenían. La naturaleza los transmutaría hasta oro, pero la alquimia reproduciría ese proceso espontáneo de la naturaleza, acelerándolo con la confección de los elixires.

Según algunos historiadores, la idea de que al ingerir ciertos medicamentos o elixires confeccionados con hierbas se conseguía la inmortalidad se inició hacia el siglo IV a.C., y después se pensó que estos elixires se podrían preparar mediante la alquimia. Por ello, los alquimistas chinos intentaban producir un "oro alquímico", para lo cual se debía partir de cinabrio, según se señala en algunos escritos. La primera mención fiable data del año 133 a.C., en la que el alquimista **Li Shaojun** (siglo II a.C) le dice al emperador:

> "Si los invocáis (se refiere a los seres inmortales), podréis transformar el polvo de cinabrio en oro amarillo. Cuando se ha producido oro y se ha convertido en recipientes para comer y beber, podréis prolongar la vida. Si la vida se os prolonga, podréis encontraros con los seres inmortales de la isla Peng-lai en medio del mar. Cuando los habéis visto y habéis realizado ceremonias *fang* y *shang*, nunca moriréis."

Hay otros testimonios que se refieren también a la preparación de utensilios de oro para comer y beber, con el fin de que ese oro alquímico se fuera absorbiendo al ingerir los alimentos. En estas referencias el oro se empleaba sólo para preparar recipientes, pero no para ingerirlo directamente. Pero en escritos posteriores fue apareciendo la alusión al consumo de "oro potable". Además de oro, se ingerían otros productos, sobre todo cinabrio y también jade, ya líquidos (con su polvo se hacían brebajes) o en forma de píldoras. Asimismo se tomaba plata, perlas, hematites, mica, sulfuros o cuarzo, aunque la ingestión de estos extraños materiales ocasionó a la larga frecuentes envenenamientos.

En cuanto al cinabrio, tenía ya un gran significado en muy antiguas tradiciones chinas, asociado a la idea de la vida eterna. Tanto, que ya en algunas tumbas —incluso prehistóricas— se ha encontrado polvo de cinabrio en los restos humanos, lo que denota que lo ponían en los cadáveres para asegurarles la inmortalidad.

El mayor apogeo de la alquimia *wai tan*, su "edad de oro", tuvo lugar entre los años 400 a 800 d.C., aproximadamente, y después empieza un largo proceso de continua decadencia, aunque manteniendo su importancia durante la llamada por los historiadores "edad de plata" (ca.800-ca.1300). Por otra parte, la escuela original del taoísmo fue modificándose con el tiempo, sobre todo con la introducción de elementos similares a los tantras del budismo hindú, hasta tal punto que aparecieron aspectos relacionados con el ocultismo y la magia. Como consecuencia, en la corte se fue haciendo frecuente la presencia de magos preparadores del *tan* o elixir de la vida. Estos hechos, unidos a los envenenamientos, incluso los de algunos emperadores, ocasionaron que la alquimia *wai tan* se desacreditara y que con ello fuera surgiendo otra forma de alquimia, la **nai tan** o—alquimia interna (de *nai*, interior). Sin embargo, ambas alquimias coexistieron y se desarrollaron juntas durante un primer periodo e, incluso, al principio estaban muy interrelacionadas, con vocabulario y doctrinas comunes. Después, la *nai tan* toma un camino independiente, desplazando a la alquimia externa.

La alquimia *nai tan* era una alquimia fisiológica, pues buscaba un elixir interno que el mismo cuerpo humano produciría mediante una serie de ejercicios respiratorios, gimnásticos y sexuales, y cuya bebida proporcionaría la inmortalidad. El interior del cuerpo sería, pues, el recipiente alquímico para producir el elixir de la inmortalidad, que se alojaría en ciertas zonas del cerebro. Esto dio lugar al estudio de los fluidos orgánicos, sobre todo de la orina, de la cual los chinos lograron aislar hormonas sexuales. Esta forma de alquimia, la *nai tan*, adquirió gran importancia a partir del siglo VI d.C. y con su auge se fue abandonando el trabajo de laboratorio. La alquimia china fue haciéndose con el tiempo sumamente esotérica y se rodeó de complicados rituales. Todo esto, unido al hecho de que con frecuencia fueran apareciendo entre los alquimistas chinos gran cantidad de falsificadores, dio lugar a que la decadencia de todas las formas de alquimia se hiciera inevitable, a pesar de sus grandes éxitos.

En lo relativo a los alquimistas chinos, hay que citar a **Wei Po Yang** (siglo II d.C.), autor del texto más antiguo dedicado a la alquimia, *Similitud de los Tres*, escrito hacia el 140 d.C. Aparte de tratar del *yin* y *yang* y del *tao*, como curiosidad debe mencionarse su descripción de algunas operaciones químicas (como la cristalización) y de la composición de la pólvora.

Otro alquimista chino, el más célebre, es **Ko Hung** o **Ge Hong**, según la la transcripción (ca.280-ca.340 d.C.), cuyas ideas recuerdan a las del yoga hindú: una de sus características era la facultad de dominar ciertos procesos fisiológicos, como por ejemplo detener el pulso o los latidos del corazón. Escribió varios textos (entre ellos *Baopuzi*, el más importante) que aún se conservan, en los que trata sobre el elixir de la larga vida, el *kin tan*, que al tomarlo junto al oro evitaba el envejecimiento. También escribió sobre el *tan sha*, o cinabrio, cómo por acción del calor se transformaba en mercurio, y que este, mediante ciertos tratamientos, podía transformarse de nuevo en cinabrio. Es decir, el cinabrio moría y renacía. No es de extrañar, pues, que este compuesto, de color rojo que recordaba a la sangre, fuera tan apreciado y admirado por los alquimistas chinos, considerándolo fundamental para la obtención del oro alquímico.

Si comparamos la alquimia china con la alquimia greco-egipcia, aunque existen muchas semejanzas, hay también importantes diferencias. En primer lugar, para los alquimistas greco-egipcios el objetivo central era la transmutación de metales para llegar al oro alquímico, mientras que para los chinos mucho más importante que la obtención de oro era la preparación de elixires con los que se pudiera alcanzar la perfección y la inmortalidad. Es decir, la obsesión por la inmortalidad es un rasgo claramente diferenciador en la alquimia china. Por otra parte, en la alquimia greco-egipcia la preparación del oro podía hacerse partiendo de cualquier metal, mientras que en la china era necesario el cinabrio. No obstante, conviene recordar aquí la importancia que el cinabrio tenía también para los alquimistas greco-egipcios (Capítulo 3). A esto hay que añadir que la alquimia china estaba muy fuertemente unida a la medicina, conexión que no se dio tanto en la greco-egipcia, pues aunque en esta también se desarrollaron remedios farmacéuticos, hacía mayor énfasis en los aspectos metalúrgicos. En cuanto a la alquimia árabe, en ella esa conexión alquimia-medicina sí que tuvo lugar, por lo que muy probablemente sea esta una influencia china, lo mismo que la idea del elixir de la inmortalidad.

Alquimia hindú

El primer contacto, al menos el conocido históricamente, entre el mundo de Occidente —el griego en este caso— y la India tuvo lugar en el año 327 a.C., cuando Alejandro Magno cruzó el río Indo. Entonces, ciertas corrientes ideológicas y conocimientos prácticos de una y otra cultura muy probablemente se hayan influido en sentido recíproco. Así, determinados aspectos del budismo pueden haber favorecido la aparición del neoplatonismo griego. Por otra parte, se sabe que la teoría atómica en la India se enseñaba desde hacía muchísimo tiempo, según aparece en ciertos tratados budistas y jainistas del siglo VII a.C., aproximadamente, por lo que puede caber la duda de si los griegos tomaron esa teoría de esas fuentes o bien la desarrollaron de forma independiente.

En lo que respecta a lo que podría llamarse filosofía de la naturaleza, los indios creían también en la existencia de *cinco elementos*, agua, aire, tierra, fuego y éter, en este caso, de cuyas distintas combinaciones surgirían todos los objetos, según queda recogido en los *Vedas*, los documentos más antiguos de la literatura india (segunda mitad del II milenio a.C.). En la filosofía hindú también se creía que los minerales eran objetos animados, idea que se encuentra en todas las doctrinas alquímicas. Por otro lado, en algunos textos se expresa que el agua no es sólo un emblema de purificación, sino el principio de todas las cosas y, según algunos estudios, esta agua podría referirse al mercurio, líquido que por su brillo y color sería similar a la plata.

Sobre productos y procesos relacionados con la química, hay muchas evidencias de que los antiguos indios sabían de los metales y de su empleo, así como de procesos de extracción, de análisis, aleaciones y otros procesos metalúrgicos. Podrían haber empezado a trabajar el hierro hacia el 1800 a.C., llegando a ser muy conocidos por su destreza en técnicas de templar este metal y después en la producción de acero. Asimismo empleaban el bórax (borato de sodio), sobre todo para soldar metales, ya que había importantes yacimientos en el Tíbet, al norte de la India, en el fondo de muchos lagos. Conocían el salitre, ciertas sales amoniacales y el talco, y preparaban tintes, especialmente el azul índigo, obtenido de la *indigofera tinctoria*, una planta muy abundante en esas latitudes.

Los remedios farmacéuticos se conocían, según ciertos documentos posteriores al siglo VII a.C. pertenecientes al *Ayurveda*, la medicina tradicional india, utilizándose en un principio sólo los de origen vegetal. Y en cuanto a la alquimia, de sus orígenes y desarrollo, no se sabe demasiado, ya que si sobre la alquimia china no se dispone de mucha documentación, de la hindú aún menos.

Aunque durante un tiempo se ha sugerido que la alquimia se introdujo en la India a través de los árabes, actualmente los historiadores no opinan lo mismo. No hay más que analizar las palabras de **Al-Biruni** (973-ca.1050), médico, alquimista y gran intelectual persa, que sobre su viaje a la India escribió:

"...tienen una ciencia parecida a la alquimia que es bastante característica de ellos, a la que llaman *Rasayana*..."

Explicaba también que los principios de esta ciencia devolvían la salud a los enfermos y la juventud a los ancianos, y que era el arte de obtener y manipular *rasa*, que en sánscrito significa néctar, zumo, esencia y también mercurio. Esto sería una demostración de que ya existía en la India esta alquimia paralelamente a la alquimia islámica.

La palabra sánscrita *Rasayana* etimológicamente se compone de *rasa*, que como ya se ha dicho puede significar mercurio, y de *aiana*, sendero o camino, por lo que en conjunto sería "sendero del mercurio". O también "sendero de las esencias", según la otra acepción de *rasa*. Esto es importante a tener en cuenta si consideramos que al principio *Rasayana* no hacía referencia a la alquimia, sino que sólo era un término empleado en la medicina ayurvédica, donde significaba la ciencia para obtener la esencia de las hierbas o, lo que es lo mismo, los procesos para preparar ciertos medicamentos mediante tinturas (extractos de materiales vegetales o animales en alcohol). Será después cuando va pasando a convertirse en alquimia, si bien una alquimia con carácter médico, cuyo objetivo prioritario era obtener remedios de origen mineral para curar ciertas enfermedades, así como elixires para alcanzar la eternidad física, es decir, la inmortalidad. Este proceso tiene su culminación hacia el siglo VIII d.C., con el comienzo de la introducción de las doctrinas tántricas. Y siempre en estos medicamentos el mercurio tenía un importante papel (aunque el sulfuro de mercurio, o cinabrio, ya se empleaba tradicionalmente en la medicina ayurvédica). Por ejemplo, la primera vez que se menciona el mercurio en un escrito hindú es en el *Artha-shastra* o *Libro de las Metas Políticas* (siglos IV a III a.C.), el cual en ciertos momentos alude a la posible conversión de metales comunes en oro y también a los falsificadores de este metal precioso, a pesar de ser un texto dedicado sobre todo al arte de la política. Sin embargo, la conversión de metales en oro en realidad era una meta secundaria.

Hay que matizar que la alquimia india, de modo análogo a toda su filosofía y todo su saber, se centró en un principio en alcanzar la perfección, la inmortalidad y la liberación del espíritu, lo que llamaban *moksha*. Por esta razón es sumamente esotérica, más incluso que la china, y muy asociada al misticismo religioso. De ahí las influencias de otras doctrinas, como el yoga, la medicina ayurvédica y, sobre todo, las escuelas de los tantras, como ya se ha comentado. Con el tiempo, no obstante, esta tendencia tan espiritual cambió, y a partir de los siglos X y XI fue abandonando paulatinamente la idea de alcanzar la inmortalidad mediante elixires, ya que los hindúes tenían otros procedimientos para tratar de lograrla (como son ciertas técnicas del yoga). En consecuencia, la alquimia se centró en la obtención de remedios para mejorar la salud.

Podría decirse que en la India hay que distinguir dos tipos de alquimia. La más antigua es la llamada **Rasa-shastra** o "enseñanza sobre el mercurio" (*shastra*, ciencia o conocimiento, en sánscrito), que trata de los procesos metalúrgicos para transformar el mercurio y otros metales en oro y plata (metales superiores). La otra alquimia, **Rasayana**, se desarrolla después, a partir del siglo II o III d.C., y en ella lo que se consigue es el elixir para la salud y la vida eterna o "Dehavada", es decir, vivir una larga y saludable vida mediante preparados de mercurio y otros metales y minerales (sin abandonar los remedios tradicionales de origen vegetal y animal). En cuanto a los nombres de una y otra alquimia hay disparidad de criterios. Para muchos estudiosos el término de **Rasayana** para referirnos concretamente a la alquimia hindú no sería del todo correcto, debiendo dejar tan sólo el de **Rasa-shastra**. Pero en este texto seguiremos empleando los dos nombres en el sentido apuntado inicialmente.

En los textos de alquimia hindú se hace una descripción detallada de los procesos por los que diferentes metales, minerales y otras sustancias se purifican y combinan con ciertas hierbas a fin de tratar enfermedades. También se discute sobre las formas de preparar el cinabrio del que después extraían mercurio. En cualquier caso, los alquimistas indios destacaban el papel del laboratorio, de sus equipos y operaciones en el hacer alquímico.

Existen dos documentos muy importantes, escritos en época relativamente avanzada en lengua sánscrita: son el *Rasarvana* y el *Rasahrdaya Tantra*. El *Rasarvana*, de autor desconocido, fue escrito sobre el siglo XIII d.C., siendo lo más destacado de su contenido dos capítulos. Uno de ellos contiene una conversación entre el dios Shiva y su esposa, la diosa Parvati, que versa fundamentalmente a través de un lenguaje oscuro sobre la sabiduría y el conocimiento (mencionando con frecuencia al mercurio). El otro capítulo está dedicado a ciertos aspectos de las prácticas alquímicas. En este sentido, se enumeran distintos aparatos con dibujos de los mismos (alambiques, hornos, crisoles, fuelles, morteros…), así como los materiales empleados en el laboratorio alquímico (mercurio, tiza roja, una sal para la calcinación del mercurio, distintos combustibles según la intensidad del fuego, como por ejemplo, estiércol de vaca…) y se describen algunas operaciones de laboratorio (destilación, sublimación, reducción, calcinación…). El otro texto, *Rasahrdaya Tantra*, es algo anterior (hacia el siglo XII d.C.) y su contenido es mucho más técnico, ya que explica un total de dieciocho procesos alquímicos o "Rasakarmas". Los ocho primeros corresponden a procesos básicos para que el mercurio adquiera "Dehavada" (elixir para la salud y la vida eterna), y los otros diez son procesos para que se consiga la transmutación a oro.

De los alquimistas indios se conoce muy poco. El más famoso fue **Nagarjuna**, del que se sabe que era un monje budista, filósofo, místico y médico, además de alquimista, cuya vida está rodeada de misterios y leyendas. Se piensa que lo más probable es que viviera entre los años 150-250 d.C. y que naciera en el sur de la India. Como médico adquirió gran fama y también en alquimia, saber que aprendió a través de la medicina, y de él se decía que había conseguido un procedimiento para convertir el mercurio en oro. Autor del famoso libro *Rasaratanakaram* y de otros textos, muy numerosos y que en su mayoría se han perdido.

En lo que se refiere a la posible interconexión de las alquimias hindú y china, hasta el momento no se ha hallado ninguna prueba de que haya existido relación o influencias de una en otra, en ninguno de los dos sentidos, a pesar de que hubo contactos entre ambas civilizaciones. Lo que sí que hay que destacar es que tanto los chinos como sobre todo los indios se adelantaron en la aplicación de la química y los remedios minerales en medicina, ya que la alquimia europea no los empezó a emplear hasta el siglo XVI, gracias a Paracelso y su iatroquímica, como se tratará posteriormente.

Capítulo 6

ALQUIMIA ISLÁMICA

Expansión del islam
Desarrollo de la alquimia islámica
Alquimistas islámicos
Origen de la palabra "química"

Expansión del islam

Los alquimistas greco-egipcios, cuyo centro radicaba en Alejandría, se fueron extendiendo por toda la parte oriental del Imperio Romano. Este hecho se ha achacado en parte al crecimiento que experimentó el cristianismo en todos los territorios del Imperio a partir del siglo IV, al establecerse la libertad de religión en el año 313 con el Edicto de Milán del emperador Constantino (ca.272-337). De esta manera, al aumentar el número de cristianos, podrían haber extendido con ellos la alquimia. Y esto porque contra lo que pudiera pensarse en un primer momento, la alquimia tuvo una buena acogida entre ellos. A pesar de las conexiones de la alquimia con ideologías paganas, con la magia y con la superstición, los credos cristianos coincidían en muchos aspectos de aquella. Tales son su mística y su gran espiritualidad, o el objetivo de alcanzar la perfección interna de sus adeptos, que enlazaría con el ideal del cristianismo de la salvación del alma. Asimismo, la teoría de la transmutación de los metales podría tener un paralelismo con la transustanciación, en la que el pan y el vino se convierten en carne y sangre de Cristo mediante la consagración. Si atendemos no ya a la ideología alquímica sino a su trabajo experimental, para que un metal común llegara a convertirse en oro, ese material innoble tenía primero que "morir" (color negro, *melanosis*) para luego renacer como metal perfecto, oro (color púrpura o rojo, *iosis*), lo que podría vincularse de algún modo a la muerte y resurrección de Jesús.

Por otra parte, en el siglo VII se inicia la expansión del pueblo árabe. Mahoma (ca.570-632), nacido en la ciudad de La Meca (en la actual Arabia Saudí), comienza a predicar una nueva doctrina religiosa, el islam, que se trata de una religión monoteísta. Pronto Mahoma tiene seguidores, pero su situación se hace peligrosa por su crítica al politeísmo de las tribus de La Meca, por lo que se ve obligado a huir a la actual Medina en el 622, año que se toma como punto de partida en el calendario islámico (año de la "Hégira", que significa "huida" o "emigración"). Allí esta doctrina tiene enorme aceptación y se extiende por toda la península arábiga, etapa que culmina con la conquista de La Meca en el año 630. De esta manera, consigue unificar a las numerosas tribus nómadas de esas tierras desérticas, dedicadas principalmente al pastoreo y al comercio en las rutas de caravanas, y que hasta esos momentos estaban casi constantemente luchando entre sí. Una sola religión, el islam, y además una sola ley y una sola lengua, el árabe, con lo que la cohesión es aún mayor. A la muerte de Mahoma en el año 632, comienza lo que se considera la gran expansión del pueblo árabe desde su península a otras regiones, con el objetivo común de extender la fe islámica por todo el mundo. En una primera fase los árabes atacan al Imperio Bizantino, al que arrebatan Egipto y otros territorios de Oriente Próximo (lo que es hoy Siria, Irak, Jordania, Israel, Líbano) y también invaden la Persia Sasánida. En otra oleada, durante el califato omeya, continúan su expansión llegando hasta el Indo y ocupando el norte de África, parte del sur de Italia y toda la península ibérica (excepto Asturias), deteniéndose en los Pirineos al ser derrotados en el año 732 en la batalla de Poitiers por las tropas francas lideradas por Carlos Martel (686-741). Se extienden así a lo largo de vastísimos territorios: es el Imperio Islámico. Esta era la situación en el año 750, cuando termina la dinastía de los Omeyas, que había asentado la capital en Damasco. En siglos siguientes, con la dinastía abasí —que sustituye a la omeya— el islam sigue avanzando por Asia Central, Sudeste Asiático y África Subsahariana.

En lo que al estudio de la alquimia se refiere, nos detendremos en los Abasíes, con los que la capital del califato se traslada de Damasco a Bagdad. Esta nueva etapa será para la alquimia, así como para toda la cultura árabe, la de mayor trascendencia y esplendor. En cuanto a la denominación de alquimia "árabe", lo más correcto sería llamarla "islámica" o "musulmana", ya que ese Imperio incluía pueblos no todos de origen árabe, aunque sí estaban unidos por una misma religión y un idioma común. Sin embargo, en este texto a veces se emplearán todos esos términos indistintamente.

Desarrollo de la alquimia islámica

Desde su invasión de Egipto, los árabes comienzan a contactar con el saber del mundo clásico, sobre todo en Alejandría, donde descubren los textos griegos. Así, recogen y asimilan mucho del conocimiento de la cultura grecolatina contenida en esas obras. Y lo mismo les ocurre cuando encuentran textos de la alquimia greco-egipcia, si bien ya estaban en posesión de ciertas técnicas y conocimientos de la alquimia de otros pueblos (sobre todo, de China y tal vez de la India). Por ejemplo, la idea del elixir de la vida, que tan arraigada estuvo entre los alquimistas árabes y posteriormente entre los europeos, provenía de los chinos, puesto que no existe ningún testimonio de que los alquimistas de Alejandría la tuvieran. Pero ¿ya antes sabían los árabes de esta alquimia y se sentían tal vez atraídos por haber oído que en Egipto existían textos que enseñaban a fabricar oro? No se puede asegurar. En cualquier caso, aunque a finales del siglo VII empiezan a realizar algunas traducciones al árabe de los textos griegos, no será hasta el siguiente siglo cuando inician un programa intensivo de traducir trabajos griegos de filosofía, matemáticas, astronomía, medicina… y también de alquimia.

Parece ser que hubo además otra contribución importante al conocimiento que tuvieron los árabes de los procesos alquímicos. Se trata de las traducciones no directamente del griego, sino de muchos textos de ciencias vertidos anteriormente a la lengua siriaca de entonces, la aramea (de origen también semita, como el árabe), llevadas a cabo por los cristianos de la secta nestoriana y muy probablemente también por los coptos, cristianos de Egipto. Los *nestorianos* creían que en Jesús había dos personas, una humana y otra divina, por lo que eran considerados como herejes. Como tales fueron perseguidos por el Imperio Bizantino, por lo que muchos tuvieron que refugiarse en la Persia Sasánida y en otros territorios conquistados por los árabes. Es interesante considerar que hayan llegado hasta nosotros algunas de esas traducciones al arameo de obras de alquimia, que contienen incluso ilustraciones de aparatos y técnicas.

En consecuencia, muchos de los traductores eran cristianos, aunque también hay que destacar, sobre todo en la traducción de textos matemáticos, a la comunidad de los sabeos de la ciudad de Harrán, situada en los territorios de Mesopotamia. En ella había una gran actividad en el trabajo de metales y, además, como ya se trató anteriormente (Capítulo 2), estaba ubicada en la ruta de la seda, por lo que era un lugar de cruce de las caravanas con Extremo Oriente y por ello también un punto de encuentro de distintas culturas. En cuanto a los sabeos, eran practicantes del *sabeísmo*, doctrina procedente del Reino de Saba, en el sur de la península arábiga (Yemen actualmente), que se basaba en el culto a los astros, especialmente al Sol y a la Luna, aunque era una religión monoteísta, cuyo dios estaba asistido por siete ángeles, los siete "planetas" de la antigüedad. En cierto modo era continuadora de la astrología babilónica y de la asociación de los metales a los planetas (Capítulo 2). Al ser monoteístas, los sabeos eran respetados por el islam, por lo que muy probablemente también fueron uno de los vehículos de transmisión a los árabes de la alquimia de los chinos y, en general, del conocimiento de este pueblo.

Según los primeros estudios sobre la alquimia islámica, en los que destacan los investigadores Ruska y Kraus, aquella se fue desarrollando entre los siglos VII y XIII, si bien investigaciones posteriores aseguran que no se inició hasta el siglo IX. Los árabes se dedicaron en gran manera a las ciencias y a las artes, con lo que en su época florecieron las matemáticas, la filosofía, la astronomía, la medicina, la alquimia... (figura 6.1). Muchos de sus propios califas, los de la dinastía abasí, protegieron estos saberes: tales fueron **Al-Mansour** (712-775), **Haroun-Al-Rachid** (766-809), tan conocido de los lectores de *Las mil y una noches* e iniciador de la Edad de Oro del Islam, o su hijo **Al-Mamoun** (786-833), séptimo califa abasí, que continuó con esa etapa de esplendor cultural. Precisamente, este último fundó en Bagdad la "Casa de la Sabiduría", en la que existía un centro de enseñanza e investigación, la academia (lo que ahora podríamos llamar universidad), junto a una gran biblioteca, compuesta de libros de todas las disciplinas conocidas por entonces, incluyendo la literatura, las ciencias naturales y la lógica, y donde asimismo había un centro en el que se traducían al árabe obras científicas y filosóficas importantes del mundo antiguo, provenientes de la antigua Grecia y de Egipto.

En relación a la alquimia, la tradición cuenta que ya en tiempos de la dinastía omeya el príncipe **Khalid ibn Yacid** (ca.668-704/709), hijo menor del califa, tenía un gran interés por la alquimia, por lo que a fin de poder estudiarla comenzó a reunir libros y a hacerlos traducir. Por la misma razón, mandó llamar a Egipto a un monje cristiano eremita que habitaba en las montañas de Jerusalén, para que le descubriera los secretos del arte sagrado. El monje se llamaba **Morienus** o **Marianos** ("el Romano"), y parece ser que era bizantino, discípulo de Estéfanos de Alejandría. Fruto de este episodio fue un texto escrito en forma de diálogo, con preguntas de Khalid sobre la alquimia y las respuestas correspondientes de Morienius, por lo que se le llamó *Conversación entre el Rey Calid y el Filósofo Morien sobre el Magisterio de Hermes*, ya que estos personajes fueron conocidos entre los cristianos de occidente como **Calid** y **Morien**, respectivamente. Esta historia es probablemente una leyenda, lo mismo que la existencia de Morienus, si bien el Khalid príncipe sí es una figura histórica. En cualquier caso y sea este o no su origen, dicho texto (traducido del árabe al latín por Robert de Chester, en 1144, con el título de *Liber de Compositione Alchimiae* o *Libro sobre la Composición de la Alquimia)*, tuvo una gran difusión entre los alquimistas medievales.

Dejando aparte este episodio, en cuanto a lo que a filosofía se refiere, desde mediados del siglo IX empieza a florecer una filosofía árabe, si bien con influencias principalmente del neoplatonismo y misticismo. De esta manera, las bibliotecas de los árabes se enriquecieron no sólo con las traducciones de los textos griegos hallados en los antiguos territorios helénicos, sino también con sus propias producciones. A modo de ejemplo y teniendo en cuenta que en su expansión los árabes habían llegado hasta lo que hoy es España, la Universidad de Córdoba constituyó una buena prueba de este elevado grado de su cultura, al contar con una biblioteca de más de de 250.000 volúmenes, según se afirma (desgraciadamente, parece ser que casi todos fueron quemados por la Inquisición tras la culminación de la Reconquista con la toma de Granada).

Y en el ámbito de las transformaciones de la materia, los árabes se inclinaron más hacia la medicina y la farmacia que hacia la alquimia. Por ejemplo, la *primera farmacia* en el sentido actual del término fue creada en Bagdad a fines del siglo VIII, integrada en un gran hospital en el que no sólo los médicos ejercían la medicina, sino que también era un centro de estudio en esta disciplina.

Alquimistas islámicos

Aunque entre los árabes, o musulmanes para ser más exactos, no hubo demasiados alquimistas dignos de mención, no se pueden olvidar algunos muy importantes en la historia de la alquimia, autores además de gran cantidad de escritos traducidos después al latín, lo que supuso un factor esencial en el desarrollo de la alquimia en Occidente. A continuación, haremos una revisión de todos ellos.

Jabir Ibn Hayyan

En orden cronológico, el primero de estos alquimistas y el más conocido es **Jabir Ibn Hayyan** (ca.721-ca.806/816), de origen persa, nacido en la ciudad de Kufa. Se cree que su padre era farmacéutico, perteneciente a la rama chiita de la religión musulmana. Aparte de alquimista era astrónomo, ingeniero, geólogo, numerólogo, filósofo, físico y médico, y se le atribuye la autoría de muchísimos textos (más de dos mil), aunque ahora se sabe que en gran parte son apócrifos. Por esta razón, Jabir protagoniza uno de los episodios más controvertidos, tanto en su figura como en su obra, de la historia de la alquimia, lo que ha conducido a que en alguna ocasión se haya llegado a poner en duda su existencia (si bien hoy en día parece que no puede negarse la existencia de un Jabir histórico).

En primer lugar, hay una gran cantidad de tratados alquímicos en árabe atribuidos a Jabir. Sin embargo, muchos de ellos son posteriores a él, ya que hacen referencia a hechos que aún no se conocían en tiempos de Jabir. En realidad, habrían sido escritos o recopilados por la sociedad secreta de los "Hermanos de la Pureza" de la ciudad de Basora (en el actual Irak), relacionada con la secta musulmana de los ismaelitas. Los ismaelitas constituían una corriente religiosa dentro de la rama de los chiitas, interesada en la filosofía y el ocultismo, influida por el neoplatonismo, y muy extremista. Los alquimistas ismaelitas, debido al prestigio de Jabir, tal vez adoptaron su nombre al comenzar a escribir esos tratados a partir de mediados del siglo IX. Sería este un caso más de pseudoepigrafía, en el que un autor o autores adoptan el nombre de otro muy conocido para que su obra logre así una mayor aceptación, hecho por otra parte muy frecuente en la historia de la alquimia. También se ha dicho que los miembros de esta secta quizás fueran discípulos y continuadores de la escuela de Jabir, por lo cual podrían haberse inspirado en algunos de sus escritos. Y según otras opiniones, el nombre de Jabir tomado por este grupo sería simplemente un pseudónimo. Pero, sea lo que sea, el hecho es que hacia mediados del siglo IX aparece *El Libro de la Misericordia* y después, a finales de ese siglo, circulan dos colecciones de trabajos sobre aspectos prácticos de alquimia, tituladas *Los Ciento Doce Libros* y *Los Setenta Libros*. A lo largo del siglo X aparecen las dos últimas colecciones, *El Libro de los Equilibrios* y *Los Quinientos Libros*, dedicados más bien a la filosofía natural y a la alquimia teórica.

Estos son los tratados más importantes del llamado "corpus árabe de Jabir" (o también "corpus árabe jabiriano"), que hasta varios siglos después no fue conocido por los cristianos de Occidente. Sin embargo, hacia el 1300 comenzó a circular entre estos últimos un grupo de tratados en latín, de los que se pensó que estaban traducidos de los originales en árabe escritos por Jabir, al que los cristianos conocían con el nombre latinizado de **Geber** o **Xeber** y consideraban como el mejor de los alquimistas. Este conjunto de tratados está integrado por cuatro libros, siendo el de mayor importancia en cuanto a contenido y extensión el llamado *Summa Perfectionis Magisterii* (*La Cumbre de la Perfección del Magisterio*). Sin embargo, como no se halló la versión árabe de este grupo de textos latinos de Geber, se pensó que lo más probable es que fueran escritos directamente en latín por un occidental que conociera el árabe (por lo que podría ser de la península itálica o de la ibérica) en el siglo XIII, época muy posterior a la de Jabir. Es decir, aunque se inspirase en la alquimia islámica, no se trataría de una traducción, teoría que quedaría reforzada por el estilo sumamente claro y preciso, tanto en la redacción de los aspectos teóricos como en la descripción de las recetas, muy lejos del estilo oscuro y difícil de entender de los escritos árabes. De ahí el título de "corpus del pseudo-Geber" con el que suele conocerse a estos textos. El historiador William R. Newman en un amplio estudio sobre la *Summa Perfectionis*, publicado en 1991, ha afirmado que fue obra de un latino llamado **Pablo de Tarento**, un alquimista franciscano del siglo XIII procedente del sur de Italia (dado que Tarento se encuentra en esta parte de la península itálica).

En cualquier caso, aunque Jabir no haya sido el autor del "corpus árabe jabiriano", ni tampoco del "corpus del pseudo-Geber" e, incluso, aunque se ponga en duda su existencia, a su figura debemos la descripción de importantes técnicas y operaciones básicas del laboratorio químico (tales como la destilación, la obtención de aceites vegetales, la purificación de muchos metales, el lavado con álcalis, etc.), así como numerosos aparatos (figura 6.1). Y también el descubrimiento de muchas sustancias químicas, como los ácidos minerales fuertes (sulfúrico, clorhídrico y nítrico) y los elementos arsénico, antimonio y bismuto, o la invención del agua regia... Y también la utilización por vez primera de determinadas palabras para referirse a ciertas especies químicas (como *álcali*, por ejemplo, en la que se percibe fácilmente su origen árabe).

Figura 6.1. Manuscrito de alquimia islámica, de Jabir, en el que se representa y describe el alambique y la destilación

En cuanto a los aspectos teóricos de la alquimia, a Jabir se le atribuye la teoría de que el *mercurio* (principio acuoso) y el *azufre* (principio ígneo y humeante) al mezclarse y combinarse en el interior de la tierra generarían los metales, lo que figura en ambos "corpus". Como siempre, reaparece esta idea que ya propusiera Aristóteles en su tratado *Meteorológicos* sobre la formación de los metales en el interior de la tierra mediante exhalaciones acuosas y humeantes, y a la que se une la teoría de los estoicos de la cohesión en los metales de un alma (el azufre) con un espíritu (el mercurio). Es la teoría de la naturaleza de los metales de los dos *principios azufre-mercurio*, teoría que ha tenido vigencia hasta el siglo XVIII. Se piensa asimismo que bien pudiera haber sido inspirada no por Aristóteles, sino por la obra *El Libro del Secreto de la Creación*, atribuida a Balinus, nombre con el que se conocía entre los árabes a Apolonio de Tyana, del siglo I d.C. (Capítulo 3).

En este sentido, en la obra *El Libro de los Equilibrios* se explica que, como los metales difieren unos de otros en la proporción y pureza de su contenido en azufre y mercurio, podía conseguirse que un metal inferior se fuera haciendo más perfecto ajustando dichas proporciones mediante el tratamiento con elixires.

Al-Razi

Otros alquimistas de esta etapa describieron reacciones químicas básicas, origen a su vez de procedimientos de síntesis muy importantes. Tal es el caso de **Al-Razi** o **Rhazes** (ca.854-925), el otro gran alquimista islámico, que también nació en Persia, cerca de Teherán. Comenzó su instrucción en su país, y después se trasladó a Bagdad, donde se convirtió en un importante médico. Allí impartió la docencia e investigó en la "Casa de la Sabiduría", la importantísima institución cultural de esta ciudad. Fue una de las figuras más sobresalientes de las ciencias árabes de su tiempo, prolífico escritor sobre matemáticas, metafísica, medicina y alquimia, que asimismo destacó como filósofo. Desgraciadamente queda muy poco de sus obras, tan sólo parte de las que versan sobre esas dos últimas disciplinas. No obstante, sus trabajos sobre medicina han tenido una enorme influencia en la europea, llegándose a emplear en las escuelas médicas holandesas hasta el siglo XVII.

De sus escritos sobre alquimia, el más importante es *El Libro del Secreto de los Secretos*, y en todas ellas Al-Razi pone de manifiesto su racionalidad, algo totalmente novedoso en la ciencia árabe. En esta obra describe cuidadosamente multitud de técnicas básicas, aparatos y procedimientos de laboratorio, e incluye además una clasificación de las sustancias, una de sus más significativas aportaciones a la alquimia. En primer lugar, hace una clasificación general en minerales, vegetales y animales. Después, clasifica los minerales en seis categorías o subclases (Tabla 6.1). Los vitriolos y el alumbre se conocían en la Antigüedad, pero no así el bórax (sin embargo, sí lo conocían los hindúes), que se encontraba como depósitos salinos en Asia Central. Por extensión, incluía como boratos a otros productos.

Esta es, pues, una importante innovación de Al-Razi a los materiales conocidos, a los que hay que añadir la sal amónica, clasificada dentro de los espíritus, ya que fácilmente emite vapores de amoniaco. Por esta razón se hacía referencia a ella como "sal que sublima". Los árabes del siglo IX la obtenían de depósitos naturales volcánicos de Samarcanda y otras regiones de Asia Central, así como en la "destilación del pelo".

Tabla 6.1. Clasificación de las sustancias minerales por Al-Razi

1- Cuerpos	Metales
2- Espíritus	Azufre, arsénico, mercurio, sales amónicas
3- Piedras	Marcasita, magnesia...
4- Vitriolos	Vitriolos (sulfatos) y alumbre
5- Boratos	Bórax, natrón (carbonato de sodio), cenizas de plantas

Alejado del misticismo, era muy sistemático en su trabajo: observaba los resultados de sus experimentos y los verificaba repitiéndolos muchas veces. Al-Razi describe la formación del alcohol —también palabra árabe, si bien este nombre no se le aplicó hasta mucho después— por destilación de vino, por lo que se le llamó "espíritu del vino", y señala sus aplicaciones en medicina (aunque en realidad los chinos ya habían descubierto este producto, Capítulo 5). Así es como se obtuvo por vez primera en Occidente, en la escuela de medicina de Salerno, famosísima en la Edad Media. También explica la deshidratación del alcohol con cal y descubre la síntesis de ácido sulfúrico a partir de sulfato de hierro.

Otros alquimistas

En el mundo islámico hay otros alquimistas que, a pesar de que su mayor renombre lo deban a otras ramas de la ciencia, no deben olvidarse. Por ejemplo, **Ibn Sina** o **Avicena** (ca.980-1036), nacido en la ciudad persa de Bujará, que destacó en filosofía, astronomía, matemáticas y fundamentalmente en medicina, siendo autor de más de cuatrocientos libros (figura 6.2). Son de destacar ante todo el *Canon de la Medicina*, considerado como una obra maestra en esta disciplina, traducido al latín en el siglo XII por Gerardo de Cremona, y también *El Libro de la Curación*. Forma parte de este último un texto que en su traducción latina se tituló *De Congelatione et Conglutinatione Lapidum* o *De Mineralibus* (*Tratado de los Minerales*), más referido a la alquimia y sobre todo a la geología, de gran valor por la clasificación que introduce de los metales y por su teoría sobre el origen de las montañas. Para el conocimiento de la Edad Media, la obra de Avicena tuvo una enorme importancia, ya que supuso la continuidad del pensamiento aristotélico en Occidente, si bien con una fuerte influencia del neoplatonismo.

Figura 6.2. Avicena en un manuscrito medieval de 1271

En este último sentido hay que considerar asimismo al filósofo y médico andalusí **Ibn Rushd** o **Averroes** en su nombre latinizado (1126-1198), nacido en Córdoba durante el imperio almorávide, y muerto en Marrakech, gran conocedor además de astronomía, matemáticas, filosofía natural y leyes islámicas. Teorizó sobre la naturaleza de la materia en cuanto a su "eternidad" y movimiento en sus *Comentarios sobre Aristóteles*. Se inclinó hacia el materialismo y el panteísmo, por lo que sus escritos fueron criticados y rechazados por santo Tomás de Aquino, y finalmente la Iglesia los condenó públicamente en la Sorbona, la universidad de París, en 1270 y 1277.

Con el tiempo, la alquimia islámica va derivando de esta manera desde una orientación tecnológica hacia la perspectiva médica, debido a su empleo de elixires, obtenidos principalmente mediante la destilación de materiales orgánicos.

Origen de la palabra "química"

La palabra alquimia puede dar lugar a pensar, debido a la sílaba "al" con la que comienza, que la disciplina a la que corresponde fue fundada por lo árabes. Sin embargo, como ya se ha discutido en este capítulo, no fue así. En consecuencia analizaremos seguidamente la naturaleza de esta palabra.

En el mundo clásico no había una palabra específica, ni en griego ni en latín, para referirse expresamente a la química práctica. Ni tampoco en egipcio. Y en cuanto a la alquimia, durante los primeros siglos de su existencia se la conocía como arte sagrado, ciencia divina, arte de Hermes o simplemente "arte". No obstante, existe la palabra *chemia* a la que se le puede atribuir ser el antecedente más probable de nuestra palabra "química". La primera vez que aparece el término "*khemia*" o "*chemia*" (con *k* o con *c*, según la transcripción que se haga) es en escritos de Zósimo de principios del siglo IV d.C. (contenidos en el manuscrito griego *Marcianus 299*, copia de textos originales de algunos alquimistas greco-egipcios, como se comentó en el Capítulo 3). Zósimo lo emplea a veces cuando habla del arte sagrado realizado en el templo de Menfis dedicado a Phta, dios egipcio del fuego y del trabajo de los metales. Estaría relacionado, pues, con la metalurgia y significaría fusión o colada de un metal.

Sin embargo, el origen de ese término *khemia* no está tampoco muy claro. Una acepción que para muchos parece la más acertada es que derivaría de la palabra copta *kheme* o *chamé*, equivalente en el egipcio jeroglífico a *khmi*, que significaba "negro" y que se asociaba a la tierra negra de Egipto, en el valle del Nilo, tierra que era utilizada en la Antigüedad en procesos metalúrgicos, en tintes y en farmacia. Incluso, a Egipto se le llamó en ciertos momentos *Chemia* o *Chamia* (país de Cham o país de esta "tierra negra"), según escribe en el siglo I d.C. Plutarco (ca.46-ca.120 d.C.).

En contra de esta opinión otros historiadores han propuesto que vendría del griego *khyma*, "lo que es vertido", "líquido", derivado a su vez del verbo de *kheein* (verter, echar), que bien podría referirse a un metal fundido (es decir, en estado líquido), y que en definitiva tendría también una relación con la fundición de metales. Asimismo, se ha dado como origen otra palabra también griega (si bien de la misma etimología que las anteriores), en este caso *khymos*, "jugo, zumo", término aplicado a trabajos relativos a la farmacia, pues hace referencia a jugos o infusiones de plantas. Pero podría tomarse como "jugos de metales" (o sea, cuando están fundidos), todo lo cual está relacionado de la misma manera con el arte de la fundición de metales y con la metalurgia en general.

Por otra parte, existen algunos términos pertenecientes a varios idiomas —de muy distinto origen, además— de los que también podría derivar la palabra química. En este sentido, algunos historiadores le atribuyen un origen chino, bien de *kim-iya*, que significaba "jugo que produce oro", o bien de *chin*, término relativo al proceso de la transmutación. Pero, en definitiva, ambos estarían relacionados con el arte de fabricar oro. Incluso, se ha propuesto un origen persa o también hebreo, proveniente en este caso del nombre de algunos personajes bíblicos.

En cualquier caso, los árabes antepusieron a ese término su artículo "al", resultando finalmente *al Kimiya* o *alkymia*. De aquí proviene la palabra "alquimia", con la cual se hizo referencia al hacer químico de los siglos VII al XVI, manteniendo esa idea de "arte sagrado". No obstante, ya a partir de ese siglo, el XVI, se latinizó esa palabra y empezó a aparecer en los textos de la época sin el prefijo *al* (aunque el término alquimia se seguía empleando). Así, en el Renacimiento en los escritos de Paracelso, Agricola o Libavius cada vez son más frecuentes los términos *chymia, chymista, chymicus…*, de los que vendrían las palabras *chimie, chimica, chemistry, chemie* o *química*, así como sus derivados, en diferentes idiomas. La palabra alquimia, por su parte, se fue relegando poco a poco para designar las prácticas de carácter más esotérico.

****

En resumen, todo el saber de la alquimia greco-egipcia pasó a los árabes, los cuales a este "arte sagrado" de los antiguos le dieron el nombre de *al-kimiya*. Por tanto, en contra de lo que se había pensado en un tiempo, ellos no fueron los fundadores de la alquimia, si bien es cierto que la enriquecieron con sus propias e importantes aportaciones. Después, la transmitieron a la Europa cristiana, donde se desarrolló poderosamente. Con lo que, en definitiva, el recorrido de la alquimia viajó así de Oriente a Occidente.

Capítulo 7

ALQUIMIA EN EL OCCIDENTE CRISTIANO MEDIEVAL

Aspectos históricos y culturales
Orígenes de la alquimia en el Occidente cristiano:
las traducciones del árabe
La alquimia medieval y la piedra filosofal
Alquimistas medievales
Evolución cultural y científica en los últimos
siglos de la Edad Media

Aspectos históricos y culturales

Antes de dedicarnos a la alquimia de esta etapa, revisemos algunos momentos de la historia. Como ya se ha comentado, Constantino con el Edicto de Milán, en el 313, establece la libertad religiosa en todo el Imperio Romano, lo cual benefició especialmente a los cristianos que, aun habiendo sido perseguidos, iban aumentando en número y en poder. También este emperador funda sobre la antigua colonia griega de Bizancio la ciudad de Constantinopla (actual Estambul), situada en una zona estratégica, en la región limítrofe entre Europa y Asia. Era como una "Nueva Roma", y la finalidad de su fundación fue facilitar la administración de ese extensísimo Imperio, aunque seguía habiendo un mando único. El cristianismo se va convirtiendo en elemento de cohesión entre esos vastos territorios, lo que es definitivo cuando Teodosio I (347-395) lo declara única religión oficial en el año 380. A la muerte de este emperador la división del Imperio se hace total, escindiéndose en dos, independientes entre sí, cada uno con un emperador: el Imperio Romano de Occidente, con la capital en Roma y el latín como idioma oficial, y el Imperio Romano de Oriente (o Imperio Bizantino como se le llamó después), con capital en Constantinopla y en el que a partir del año 600 el griego sustituye al latín.

Por otra parte, desde finales del siglo II d.C, los pueblos bárbaros habían comenzado a atacar los territorios del Imperio Romano de Occidente, con incursiones que con el tiempo son más intensas y frecuentes. Debido a ello, el Imperio se va debilitando, proceso que culmina cuando Odoacro (ca. 435-493), el jefe de la tribu germánica de los hérulos, en el año 476 destituye al emperador de Roma, Rómulo Augústulo (ca.475-ca.520). Esto supone la caída del Imperio Romano de Occidente y la destrucción del mundo clásico en todos sus territorios. Esta fecha se toma convencionalmente como el inicio de la Edad Media. No obstante, como guardián de la cultura grecolatina quedará el Imperio de Oriente, hasta que cae bajo poder de los turcos otomanos en 1453, cuando sus tropas toman Constantinopla. Esto da fin al periodo medieval, que muchos historiadores dividen en Alta Edad Media, del siglo V al X, y Baja Edad Media, del XI hasta mediados del XV.

Centrándonos en Occidente, con la caída de Roma a manos de los bárbaros lo que ocurre, en definitiva, es la pérdida de gran parte del saber grecolatino en filosofía, en literatura, en ciencias... Se destruyen las ciudades y con ellas el comercio, la industria y sus instituciones culturales, como son bibliotecas o centros de estudio. Las gentes deben refugiarse en el campo, siendo la base de subsistencia prácticamente sólo la producción agraria, muy débil y además con métodos muy primitivos. La pobreza y la incultura se extienden por todas partes y a casi todos los estamentos sociales. La unidad del antiguo imperio se fragmenta, crece el analfabetismo y el escaso conocimiento que aún queda se refugia en la Iglesia. No hay más que recordar a los monjes en sus monasterios, copiando lo poco que resta de los escritos clásicos u otros realizados en aquellos tiempos. No obstante, lentamente los bárbaros asentados en esos territorios se van latinizando y abrazando asimismo el cristianismo. Poco a poco surgen las lenguas vernáculas, aunque el latín será el idioma vehicular culto, común a todos los centros de saber.

Por otra parte, hemos visto anteriormente cómo los árabes a partir de mediados del siglo VII, cuando invaden Egipto y Siria, entran en contacto con los conocimientos clásicos en todos sus ámbitos. Y esto gracias a los textos griegos, que pronto traducen al árabe. De esta misma forma también conocen la alquimia de Alejandría, a la que unen los conocimientos que habían adquirido de chinos e hindúes a través de la ruta de la seda. Con toda esta amalgama los árabes crearán sus propios textos, nutridos además con las aportaciones realizadas por sus grandes alquimistas. Recordemos que en su expansión, y en lo que a Europa se refiere, ocupan prácticamente toda la península ibérica (con excepción de los territorios de Asturias) y parte del sur de Italia.

Con el tiempo y muy lentamente, Europa se irá recuperando social y económicamente, lo cual se empieza a reflejar sobre todo a partir de los siglos X y XI. En primer lugar, se produce una revolución agrícola, gracias a innovaciones técnicas (como nuevos tipos de arado) y a la forma de cultivo (cultivo trianual en lugar del bianual, con lo que las tierras se aprovechan mejor). De esta manera, se favorece la alimentación, lo que conduce a un aumento demográfico.

También crece la industria, debido en gran manera al empleo de molinos que aprovechan la fuerza del agua o del viento (con repercusión en la molienda de grano, en los telares o en las herrerías, entre otras industrias). Empieza a circular dinero, y en las ciudades surgen artesanos, comerciantes y banqueros, que con el tiempo darán lugar a una nueva clase social, los burgueses. Por otra parte, aparecen los gremios, agrupaciones de los trabajadores de distintos oficios.

Asimismo, la Europa cristiana va reponiéndose culturalmente. En primer lugar, al entrar en contacto con parte del conocimiento de la Antigüedad, gracias a los árabes que actúan como intermediarios de ese saber. Este hecho se vio reforzado con las Cruzadas, que tuvieron una enorme influencia no sólo en el conocimiento científico, sino también en las artes, en las letras e, incluso, en las costumbres, cuando los cruzados a su vuelta de los Santos Lugares trajeron consigo muchos documentos clásicos. Este auge de la cultura originó un fenómeno importantísimo, la creación de universidades a partir de finales del siglo XI, que se van extendiendo por las ciudades europeas más importantes. Y en arte, por su parte, desde mediados del siglo XII se desarrolla el estilo gótico, mucho más sofisticado que el románico, de lo que son buen ejemplo sus bellas catedrales.

Orígenes de la alquimia en el Occidente cristiano: las traducciones del árabe

Aparte de las traducciones llevadas a cabo por los árabes mismos, se debe considerar que en fundamentalmente en Europa se tuvo conocimiento de las obras clásicas y árabes por las traducciones realizadas directamente por los mismos cristianos. En este aspecto, debe resaltarse el importante papel que en esa recuperación cultural tuvo la península ibérica, donde convivían cristianos, musulmanes y hebreos, centrado principalmente en la Academia de Córdoba y, sobre todo, en la Escuela de Traductores de Toledo.

> La **Escuela de Traductores de Toledo** fue fundada en el siglo XII por el arzobispo de Toledo y gran canciller de Castilla, Raimundo de Sauvetât (ca.1080-1152), monje cluniacense de origen francés. Sin embargo, se consolida en el siglo XIII gracias al decidido apoyo y protección de Alfonso X el Sabio (1221-1284), rey de Castilla y León.

En estos puntos, principalmente, se tradujeron del árabe al latín la mayor parte de todos los escritos clásicos y los creados por los musulmanes mismos. Parece ser que esta tarea no consistía en una traducción directa, sino que primeramente se entregaba el texto a un judío o a un morisco converso para que lo pasara al castellano, y después se traducía al latín. Asimismo, en territorio italiano, sobre todo en Sicilia, se llevaron a cabo traducciones, si bien en menor cuantía. Algo análogo ocurrió también con los textos de alquimia. Estas traducciones comenzaron a circular a principios del siglo XII y, en consecuencia, es desde entonces cuando la alquimia va conociéndose entre los cristianos europeos. No obstante, algunos historiadores opinan que anteriormente ya se había tenido alguna toma de contacto con la alquimia directamente a través de Bizancio, debido sobre todo a sus relaciones con el Imperio Romano Germánico.

Muchos europeos —sobre todo algunos importantes escolásticos— se interesan por la alquimia y la estudian en esas traducciones, y después van haciendo recopilaciones a modo de una especie de enciclopedias. Pero no será hasta muy cerca del siglo XIII cuando comiencen a escribir sus propios textos alquímicos y lo harán generalmente en lengua latina.

Entre los traductores cristianos hay que citar en primer término al escolástico británico **Robert de Chester** (siglo XII), muy interesado por las matemáticas y la alquimia, que estuvo en la península ibérica, parece ser que en Segovia. A menudo se le confunde con otro inglés, también traductor y coetáneo suyo, **Robert de Ketton**, quien realizó la primera traducción al latín del Corán. Robert de Chester tradujo numerosos textos del árabe al latín, entre ellos *Conversación del Rey Calid y el Filósofo Morien sobre el Magisterio de Hermes* (Capítulo 6), conocido como *Liber Compositione Alchimiae* (traducido en 1144, y finalizado concretamente el 11 de febrero, según escribe el mismo traductor en su obra). Este fue el primer texto de alquimia leído por los cristianos europeos y probablemente el de mayor trascendencia para ellos. Aunque la autoría del original se atribuyó al príncipe Khalid (o Calid entre los cristianos), en realidad es anónimo.

El más prolífico de todos los traductores fue el erudito italiano **Gerardo de Cremona** (ca.1114-ca.1187), ya que se le atribuyen más de sesenta traducciones del árabe al griego y al latín, de las que hay que destacar el tratado astronómico *Almagesto* (*El Gran Tratado*) del griego Claudio Ptolomeo (en el que describe el sistema geocéntrico, ver en Capítulo I), obras de Aristóteles (entre ellas la de *Meteorológicos*, a la que ya hemos aludido varias veces), textos de álgebra y trabajos del alquimista Al-Razi (Rhazes o Rhases para los cristianos), y también se le atribuye la traducción del *Canon de la Medicina*, de Avicena. Nació en Cremona, ciudad de la Lombardía, y murió en Toledo, donde aprendió árabe y trabajó en sus traducciones.

Ya no como traducción, hay que citar una obra cuya autoría se atribuye a un monje benedictino alemán del siglo XII, posiblemente de Colonia, conocido como **Teófilo Presbítero** (y del que muy poco más se sabe). Se trata de *Schedula Diversarum Artium* (*El Libro de las Diferentes Artes*), el texto más antiguo del Occidente cristiano en el que se muestran recetas químicas. Es una especie de enciclopedia técnica dirigida a distintos oficios artísticos, como son los que se refieren al arte románico, con estudios sobre los colores en pinturas y en vidrieras (recetas de tintes, pigmentos y barnices), o sobre metalurgia y orfebrería, con técnicas de cincelado, repujado y platería, hablando, incluso, de distintos tipos de oro. En este sentido, da también una receta para crear el animal mitológico llamado basilisco, con el fin de emplearlo para convertir cobre en "oro". Sus técnicas tuvieron gran utilidad en el arte medieval y también en el renacentista. De clara influencia bizantina, se ha sugerido que pudiera tratarse más bien de una compilación que de un trabajo original o, incluso, una traducción al latín de una obra en griego.

Volviendo a las traducciones, a través de todas ellas los cristianos toman contacto con los trabajos de Jabir. Asimismo, conocen al alquimista —y también médico— Rhazes, con su clasificación de las sustancias químicas y su descripción de la obtención de alcohol por destilación del vino. Habría que añadir a esta lista muchos otros hombres de ciencia, como Avicena o Averroes. Además, como ya se ha comentado anteriormente (Capítulo 6), sobre el año 1300 comenzó a circular entre los cristianos el "corpus del pseudo-Geber", en el que hay que destacar la obra *Summa Perfectionis Magisterii,* que contiene descripciones de muchos compuestos, técnicas y aparatos de laboratorio y, ante todo, la teoría sobre la naturaleza de los metales con los principios azufre y mercurio. Otra importante obra fue *Turba Philosophorum* (*La Asamblea de los Filósofos*), que circuló en Occidente hacia el siglo XII, de la que se piensa que fue escrita en árabe hacia el año 900 (muy probablemente inspirada a su vez en textos griegos anteriores) y traducida después al latín. Y, por supuesto, la *Tabla Esmeralda*, cuya versión latina del siglo XII fue conocida por los historiadores con anterioridad a sus versiones árabes.

Por otra parte, en la península ibérica existían importantes bibliotecas, a las cuales acudían estudiosos europeos. Tal es el caso del humanista francés **Gerbert d'Aurillac** (940-1003) y que después sería el papa Silvestre II, quien permaneció por un tiempo en Gerona (Monasterio de Ripoll), Córdoba y Sevilla, donde entró en contacto con textos árabes, si bien se dedicó más a las matemáticas y a la astronomía que a la alquimia.

Y así es cómo a través de los centros y fuentes de conocimiento de los árabes, sobre todo los de la península ibérica y algo menos los del sur de Italia, la alquimia se fue desarrollando en la Europa cristiana.

La alquimia medieval y la Piedra Filosofal

En la alquimia medieval el objetivo final era la transmutación de los metales para llegar al oro, el metal perfecto, pero además alcanzar la inmortalidad. Se buscaba con ansiedad y tesón una sustancia de la que se suponían unas cualidades especiales y maravillosas, con la que se obtendría el oro y también se podrían curar las enfermedades y conseguir incluso ser inmortal. Se llegaría así a la *Gran Obra* alquímica, llevada a cabo por los llamados "adeptos", como se conocía a los agentes de la alquimia.

Los árabes llamaron a esa sustancia de virtudes tan poderosas *al-aksir*, lo que entre los cristianos se conoció como elixir (recordemos el origen griego de este término, comentado en el Capítulo 3). La imaginaban como una especie de polvo seco del que se decía que era de color rojo, por lo que se le llamaba a veces *león rojo*, y que procedería de una piedra especial. Por esta razón se le dio también el nombre de *Piedra Filosofal*, teniendo en cuenta que el término "filosofal" se debía a que en aquellos tiempos —y hasta el siglo XVIII— a los dedicados a las ciencias se les llamaba "filósofos". Cuando se contemplaba sólo su aspecto curativo, se empleaba frecuentemente el término de *panacea universal* (etimológicamente, de las palabras griegas "pan", todo, y "akos", remedio). Y cuando se hacía referencia a una transmutación, muchas veces se decía "proyección" (lo que equivalía a decir que se había obtenido oro), ya que se pensaba que el metal se transmutaba a oro cuando sobre él se proyectaba ese material especial que tenía consistencia de polvo.

En cuanto a las experiencias de transmutación de los metales, intentaremos traducirlas al *lenguaje químico actual*. Como instrumental de todo laboratorio alquímico, aparte de los aparatos para destilar, sublimar, etc. ya estudiados, a fin de llevar a cabo las experiencias de transmutación no podían faltar unos recipientes especiales, los *crisoles* (pequeños recipientes para calentar, que entonces eran de paredes triangulares, con tres picos en los bordes para facilitar el vertido de su contenido, y que se confeccionaban con arcillas de distintos tipos, materiales refractarios que resistían altas temperaturas) y las *copelas* (más pequeños aún, cápsulas troncocónicas hechas con ceniza de huesos o con cenizas de vegetales), así como un horno o *atanor*.

Veamos algunos ejemplos concretos. Para la plata, se solía emplear el mineral galena (sulfuro de plomo, de fórmula PbS) que se tostaba —es decir, se calentaba a alta temperatura en presencia de aire— en un crisol, con lo que se formaba plomo y azufre y se originaba un fuerte olor debido a los gases producidos por este último. Después, el plomo se calentaba hasta fundirlo en una copela, formándose de esta manera un diminuto glóbulo de "plata". Para el oro se utilizaba en muchas ocasiones pirita (disulfuro de hierro, de hierro, de fórmula FeS_2), mineral parecido al oro por su brillo y color amarillo, que se fundía junto con plomo en una copela (se decía que se copelaba el plomo), con lo que aparecía esta vez un glóbulo de "oro". El alquimista pensaba que de esa forma se había producido una transmutación al metal noble, pero la realidad era muy otra, simplemente que la plata y el oro ya existían en los minerales de partida, aunque en muy pequeña cantidad: así, en ciertas galenas, que pueden contener hasta un 1% de plata; o en las piritas auríferas, que contienen inclusiones de oro nativo.

> **Tostar** es un proceso mediante el cual se calienta una sustancia a temperaturas muy altas y en corriente de aire. De esta manera el oxigeno del aire reacciona con los componentes de la sustancia. En este caso, al reaccionar con el azufre (S) de la galena (PbS), se produce el gas dióxido de azufre (SO_2), de olor muy irritante.
>
> En cuanto al horno o **atanor**, se necesitaba como sistema de calefacción de todos esos procesos.

Para el término de atanor se han propuesto dos etimologías: podría proceder del término árabe *al-tannur*, horno, que lleva el prefijo "al" característico, o bien de la palabra griega "thanatos", muerte, la cual, precedida de la partícula "a" que indica negación, expresaría no-muerte, es decir, inmortalidad, resurrección o vida eterna. Era un horno con forma de torre, construido con ladrillos, de tal manera que mantenía en su interior el calor de modo uniforme por largo tiempo, sin que fuese alterado por las condiciones externas (figura 7.1a). El mismo alquimista era quien procuraba darle el calor adecuado (ver en Capítulo 11), según lo requiriese la operación que se llevase a cabo. Los ladrillos eran de un material refractario, y los productos a calentar se colocaban dentro del horno en unos recipientes cerrados (*cazuelas*), hechos de una arcilla similar a la de los crisoles.

En general, en el aspecto técnico los alquimistas medievales no aportaron mucho, con excepción de algunas contribuciones sobre todo en lo relativo a la destilación. Si bien son escasas, resultan al menos muy importantes. Una de ellas parece ser el *serpentín* (tubo de forma helicoidal, por lo que recuerda a una serpiente, de ahí su nombre), artefacto que se añadía al alambique, y con el que se refrigeraban mejor los vapores que salían de aquél (figura 7.1b).

Esta innovación supuso una muy notable mejora en el proceso de destilación, estando muy probablemente relacionada con la elaboración de un alcohol con menor contenido en agua, de mayor poder disolvente. La primera vez que se hace referencia al serpentín es en 1303, en una obra de un médico de Florencia.

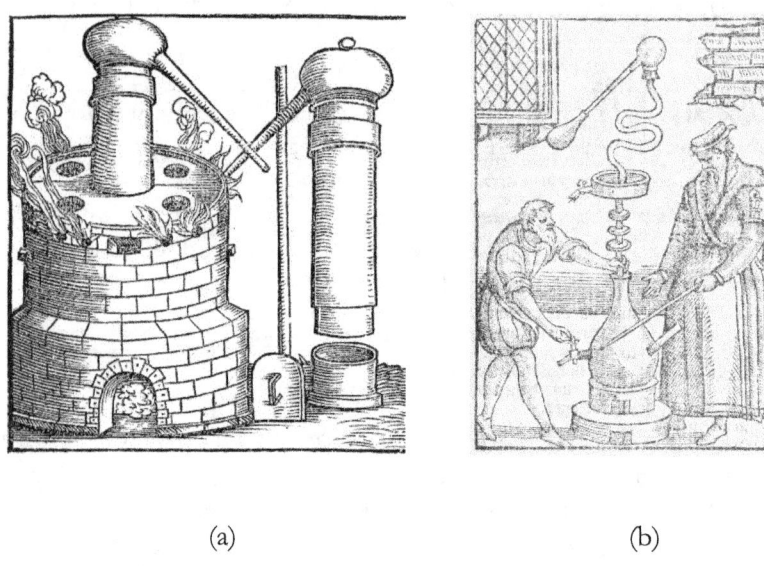

(a)   (b)

Figura 7.1. (a) Atanor, el horno alquimista, en este caso con aparatos para sublimar – (b) Aparato de destilación, con un serpentín en la parte superior (en grabados de obras posteriores)

Alquimistas medievales

Con toda esta base, los cristianos de Occidente entran en contacto con la alquimia. Como ya se ha comentado, comienzan a escribir sus propios textos alquímicos muy-próximo ya el siglo XIII, en el que se inicia el florecimiento de la alquimia latina medieval, que culmina en los dos siglos siguientes. Van apareciendo grandes figuras, frecuentemente ligadas a la Iglesia y a la filosofía escolástica. Este hecho es explicable si pensamos que en aquella época el índice de analfabetismo era elevadísimo, y que para conocer y practicar la alquimia era necesario poder leer los textos de esta disciplina y, además, poseer cierto nivel de cultura. Los monasterios y los conventos fueron durante muchos siglos casi el único reducto del saber, por lo que no es de extrañar que en un principio los alquimistas fueran casi siempre clérigos o monjes.

> La **escolástica** fue un movimiento teológico y filosófico medieval que utilizó la filosofía clásica, sobre todo la de Aristóteles, para comprender la revelación religiosa del cristianismo.

Revisemos los alquimistas más importantes:

Uno de los principales alquimistas medievales fue **Alberto Magno** (1193/1206-1280), teólogo, filósofo, geógrafo y alquimista. De familia noble, nació en una localidad de Baviera, cerca del Danubio. Estudió en Padua y, tras ingresar en la Orden de los Dominicos, continuó su formación en Colonia y en París, en cuyas universidades posteriormente fue también profesor (figura 7.2). Hacia 1260 le hicieron obispo en la ciudad alemana de Regensburg (o Ratisbona), pero permaneció en ese puesto sólo durante dos años, ya que renunció al mismo para dedicarse por completo a sus estudios. Y así lo hizo hasta su muerte, ocurrida en Colonia. Escribió gran número de obras, que versan principalmente sobre teología, física y ciencias naturales, adoptando en ellas los principios aristotélicos. En su obra *De Mineralibus* (*Sobre los Minerales*) dedica una importante sección a la alquimia, a la que llama "unión de genio y fuego". Expone en ella sus teorías, de raíz aristotélica y también árabe, y hace asimismo muy buenas descripciones de técnicas básicas, como destilación, sublimación, calefacción al baño-maría y también del montaje de aparatos de laboratorio. Fue el primero en introducir la idea de "afinidad química". Doctor escolástico muy erudito, fue un alquimista de gran sabiduría que se dedicó a una cuidadosa y crítica observación de la naturaleza. Esto le llevó a considerar que el oro de los alquimistas no era realmente el oro puro, y demostró su gran clarividencia al delatar el peligro de los falsificadores de ese metal precioso. No obstante, era partidario de la transmutación. Le llamaban *Doctor Universalis* y era considerado como el Aristóteles de la Edad Media, siendo tan famoso y apreciado que, según se dice, cuando impartía sus clases en la Universidad de la Sorbona de París debía hacerlo al aire libre, ya que eran tantos sus seguidores que no cabían en las aulas. Actualmente a este dominico alemán se le conoce como san Alberto Magno, ya que fue canonizado en 1931, y es el patrón de los científicos.

Figura 7.2. Alberto Magno impartiendo sus clases

Otro gran alquimista fue el británico **Roger Bacon** (ca.1220-1292), además de físico, filósofo y teólogo escolástico. Nació en una pequeña localidad cercana a Oxford, ciudad en la que inició sus estudios y donde se llegó a graduar como "Master of Arts". Según parece, no obtuvo el grado de Doctor en Teología, aunque después se le llamó *Doctor Mirabilis* (Doctor Admirable). Posteriormente viajó a Francia y fue discípulo de Alberto Magno en sus aulas de París. Allí adquirió una sólida formación escolástica, siendo después profesor en la universidad de esta ciudad. Ingresó en la Orden Franciscana, tras lo cual se sabe menos de su vida. Parece ser que volvió a Oxford por unos años, y que después retornó a París. En ese periodo comenzó a interesarse por la alquimia y por el trabajo experimental. Según afirmó él mismo, gastó enormes sumas de dinero en libros, aparatos y materiales, así como en pagar a sus ayudantes de laboratorio a fin de realizar sus experimentos, llevados a cabo en secreto, en lugares ocultos de los suburbios de Oxford. Se dedicó al estudio de las ciencias en general. En óptica descubrió las leyes de la reflexión y el fenómeno de la refracción. También observó el efecto sobre la visión del empleo de ciertos vidrios o de cristales naturales, como el cuarzo, por lo que se le podría considerar como el inventor de las gafas. Su pensamiento tuvo en algunos aspectos ideas verdaderamente revolucionarias. Así, en alquimia explicó el fenómeno de la combustión y fue el primero en proponer que el aire era el alimento del fuego. Dividió esta disciplina en *alquimia especulativa*, que estudiaba los metales y minerales, así como la formación de los "cuerpos" a partir de los elementos, y en *alquimia operativa*, que trataba de cómo hacer artificialmente oro y otros "cuerpos", y también de la obtención de medicamentos. Razón por la cual escribió sobre técnicas clave en la alquimia, proponiendo entre otras la solidificación, la disolución, la purificación, la destilación o la calcinación. Por otra parte, señaló la posibilidad de obtener medicamentos por vía química, en lo que se adelantó a Paracelso en más de dos siglos (de lo que se tratará en el Capítulo 9). Describió la obtención de la pólvora —invento de los chinos, pero conocido por los europeos a través de los árabes—, explicando detalladamente su fórmula preparatoria a base de salitre (nitrato de potasio), azufre y carbón de leña. Pero tal vez su mayor éxito sea el atribuir a las matemáticas un papel esencial en las ciencias y el proponer el estudio inductivo de la naturaleza, haciendo énfasis en el empirismo y siendo uno de los primeros en desarrollar el moderno método científico de investigación.

Roger Bacon fue protegido por el papa Clemente IV (1202-1268), quien le animó a que escribiera sobre sus trabajos. De estos son de destacar sobre todo su *Opus Maior* (*Gran Obra*). No obstante y a pesar de sus grandes méritos, cayó en desgracia, muy probablemente por sus críticas a importantes franciscanos y dominicos (como Alberto Magno) y, acusado de magia y brujería, fue encarcelado durante largo tiempo. Sin embargo, este episodio no está del todo probado. Murió olvidado, y así lo fue durante mucho tiempo, si bien después se ha rescatado su memoria por su gran papel en la alquimia y en la historia de la ciencia.

En la alquimia de esta etapa tampoco puede olvidarse al italiano **Tomás de Aquino** (ca.1225-1274), dominico como Alberto Magno, del que también fue discípulo. Y lo mismo que él, fue canonizado (en 1323, con lo que no pasó tan largo tiempo como en el caso de su maestro), siendo así patrón de las universidades y de los estudiantes universitarios. Después se le declaró Doctor de la Iglesia. Sobre todo fue filósofo y teólogo, de las figuras más representativas en la enseñanza de la escolástica. En su *Summa Theologicae* (*Suma Teológica*) intenta fusionar el pensamiento clásico racional de Aristóteles con el cristiano, basado en la revelación de san Agustín. Aunque más famoso como teólogo, fue también un estudioso de las ciencias y escribió una importante obra sobre alquimia, *Tratado sobre la Esencia de los Minerales*. En este tratado realiza una fuerte defensa de la transmutación como obra de la naturaleza que ocurre espontáneamente y que se produce si transcurre el tiempo suficiente y, asimismo, en él llega a describir la fabricación de piedras preciosas. Durante un tiempo también se le atribuyó el manuscrito alquímico *Aurora Consurgens* (*Aurora Naciente*), si bien después esto se ha desmentido, siendo su origen hasta el momento desconocido. El texto se ha datado en el siglo XIII, pero sus bellas ilustraciones son posteriores, del XV. En treinta y siete miniaturas se representa el proceso de la transmutación de los metales, y su mismo título alude al nacimiento de sol, es decir, al oro de los filósofos, así como también al amanecer con los campos llenos de rocío. Todo su interesante contenido ha sido objeto de un profundo estudio por el psicólogo Carl Gustav Jung.

Además de estas grandes figuras de la alquimia cristiana medieval, hay que destacar a otras que asimismo contribuyeron al desarrollo de la alquimia y que pertenecieron al mundo cristiano correspondiente a los territorios de la Corona de Aragón:

El primer lugar lo ocupa el mallorquín **Ramón Llull** o también **Raimundo Lulio** (ca.1232-1316), teólogo, místico y misionero, de grandes conocimientos filosóficos y científicos. Nació en Palma de Mallorca, poco después de su conquista por el rey Jaime I de Aragón (1208-1276), a cuya corte estuvo muy unido durante la primera fase de su existencia. Tuvo una vida azarosa y viajera y, según se ha dicho, murió lapidado en la ciudad de Bugía, en el norte de África, durante su labor de predicación de los Evangelios. Sin embargo, esto último parece no ser cierto, como muchos otros capítulos de su vida y obra. Estuvo muy próximo a los franciscanos e, incluso, parece ser que ingresó en la Tercera Orden de San Francisco, integrada por laicos. En religión fue un heterodoxo, siendo su filosofía condenada en el siglo XV por la Inquisición de Aragón, uno de los motivos de que no fuera canonizado, a pesar de la petición a la Santa Sede por parte del rey Felipe II de España (1527-1598), muy interesado por la obra de Llull. Es autor de numerosas obras, la gran mayoría escritas en catalán, aunque también escribió en latín y árabe. No obstante, muchas son apócrifas, debidas en realidad a sus discípulos los lulistas (como tantas veces, otro caso de pseudoepigrafía). De sus libros, destaca el *Ars Magna* (*Gran Arte*). Textos de alquimia atribuidos a Llull son *De Secretis Naturae* (*Sobre los Secretos de la Naturaleza*) y *Testamentum* (*Testamento*), que por su ideario resulta ser una obra emblemática para los alquimistas y donde también se describen importantes aspectos prácticos, como la preparación de alcohol casi anhidro mediante destilación con sal de tártaro (hidrógenotartrato de potasio), y las de ácido nítrico y agua regia (aunque esto ya estaba referido en los textos de Geber).

Parece ser que Llull hacia 1312 viajó a Inglaterra, donde realizó —según confiesa él mismo en su obra *Testamentum*— una transmutación a oro ante el rey Eduardo II (1284-1327), nada menos que 22 toneladas a partir de mercurio, plomo y estaño. El monarca, que necesitaba dinero para financiar su cruzada, presionó a Llull para conseguir más oro, y ante la negativa de este lo encarceló en la Torre de Londres, de donde el alquimista logró huir al cabo de un tiempo. No obstante, estos episodios pertenecen a las leyendas sobre Llull, lo que no impide que fuera uno de los personajes más influyentes de esa época desde una perspectiva intelectual.

Otro personaje interesante es **Arnaldo** (o **Arnau**) **de Vilanova**, médico, teólogo y alquimista valenciano (ca.1238-ca.1314) o tal vez francés (**Arnaud de Villeneuve**) e, incluso, se le ha atribuido ser aragonés de origen, aunque lo que sí resulta seguro es que murió en Génova. Gran viajero, autor de bastantes obras que se publicaron mucho después de su muerte, escritas en latín y en catalán, aunque dominaba otras lenguas. Ejerció la medicina y la docencia en Montpellier, en cuya universidad había estudiado, y también fue médico real y amigo del rey Jaime II de Aragón (1267-1327), quien le encargó algunas misiones diplomáticas en otras cortes europeas. En su obra religiosa hay cierta heterodoxia, provocada por su exaltado misticismo debido probablemente a su simpatía por los franciscanos espirituales y por las ideas joaquinistas.

Vilanova escribió obras sobre todo de medicina, pero también se le atribuyen otras de alquimia. Así, parece ser suyo un tratado alquímico que constituye el más antiguo de los publicados en Francia y que contiene recetas de transmutación repletas de alegorías, en las que mezcla la alquimia con contenidos religiosos. Describió la destilación del espíritu del vino, que empleaba como remedio curativo. De él se dijo que preparó oro alquímico para el papa Bonifacio VIII (ca. 1235-1303), que fue uno de sus protectores. Se le han atribuido los escritos alquímicos *Flos Florum* (*Flor entre las Flores*) y *Rosarium Philosophorum* (*El Rosario de los Filósofos*), que trata sobre la producción del elixir por medio de la Piedra Filosofal. Parece demostrado que no fueron escritos por él, sino después por algunos de sus discípulos (sería otro caso de pseudoepigrafía). Se ha señalado también la posibilidad de que se le confundiera con un alquimista de nombre muy parecido, Pedro Arnaldo de Vilanova, médico asimismo que residió en Montpellier, aunque posterior (n. 1320).

Dentro de la orden franciscana, los *franciscanos espirituales* constituían una corriente que promovía una observancia rígida y estricta de la Regla de San Francisco de Asís, sobre todo en lo relativo a la pobreza.

Estaban además muy influidos por el *joaquinismo* o ideario de Joaquín de Fiore (1135-1202), movimiento heterodoxo surgido en el siglo XII y que, entre otros puntos de su doctrina, señalaba la próxima llegada del Anticristo.

Por otra parte, a lo largo de la Edad Media los productos medicinales tenían origen vegetal en su inmensa mayoría, según la tradición galénica de la medicina romana. En este aspecto fue muy conocida la actividad del fraile franciscano catalán del siglo XIV, **Joannes de Rupescissa,** nombre latinizado del original **Joan de Peratallada** (ca.1310-ca.1366), según la extendida costumbre de aquella época de latinizar el nombre. Sin embargo, también existe la teoría de que era francés, fundamentada en que vivió en la Auvernia, estudió en Toulouse y después ingresó en un monasterio franciscano de Aurillac, por lo que se pensó que nació en esa región (aunque de una familia catalana que habría emigrado al sur de Francia). Por esta razón también se le conoce como **Jean de Roquetaillade**. Lo que sí se sabe es que murió en Francia, probablemente en Avignon, y que sus ideas estaban muy próximas a los franciscanos espirituales, enfrentados a la Iglesia oficial, con lo que fue acusado de visionario. Estuvo encarcelado, en parte por este motivo pero, sobre todo, a causa de sus denuncias sobre los abusos eclesiásticos.

Antes de continuar conviene recordar que los europeos cristianos habían conocido el alcohol a través de los árabes. Se le llamaba *aqua vitae* (agua de vida), ya que se le atribuían propiedades medicinales. Asimismo, recordemos el quinto elemento, que Aristóteles había considerado como presente tan sólo en los cielos y en los cuerpos celestes, y que era un principio de incorruptibilidad y de vida perdurable. Sería como un "espíritu vital" o, asimismo, como el *pneuma* de los estoicos (Capítulo 1).

Pues bien, Rupescissa consideró que ese quinto elemento existiría también en ciertos objetos terrestres, si bien de una forma latente, por lo que habría que "despertarlo" mediante ciertas operaciones. Rupescissa lo llamó *quintaesencia* y, como alquimista, la buscaba como remedio óptimo para curar las enfermedades, ya que con ella se podrían obtener medicamentos y también la transmutación de los metales ordinarios a oro (lo que sería como la "curación" de los metales imperfectos al metal perfecto). Pensó que la quintaesencia podría conseguirse a partir del producto obtenido por destilación del vino, es decir, del alcohol, al que por ello también se le decía "espíritu del vino". Este se volvería a destilar muchas veces a través de un largo proceso de sucesivas destilaciones, al final de lo cual se llegaría a la quintaesencia. Lo que se obtenía así era un alcohol muy puro, con muy poco contenido en agua, por lo que era muy inflamable: el *aqua ardens* (agua que arde)

Rupescissa pensaba que la quintaesencia también se encontraría en las plantas, puesto que estaban dotadas de vida. Y que se podría extraer de ellas tratándolas con este "superdestilado" de vino, que sería así el espíritu capaz de extraer de las plantas su poder terapéutico. Hasta esos momentos para conseguir remedios medicinales de las plantas se empleaban extractos acuosos de las mismas, obtenidos por distintos procedimientos: por cocción de la planta con agua (como se hace en las infusiones), añadiéndole agua hirviendo, por maceración en frío, etc. y después se destilaban los extractos sucesivas veces. Se obtenían así esencias o "espíritus", como entonces decía. Hoy diríamos que consistía en un proceso de extracción con agua de los principios de la planta que poseían poder curativo. Pero con alcohol se podrían extraer mucho mejor.

El mismo Rupescissa, en contra de la normativa hermética de no divulgar los secretos alquímicos, da abiertamente la receta de cómo destilar el alcohol para conseguir uno de la mejor calidad, es decir, con un muy bajo contenido en agua. Para ello empleaba un aparato que se llamó vasija circulatoria o también *pelícano*, por la semejanza de su forma a esta ave con las alas extendidas (figura 7.3), que permitía el reflujo circular de los vapores a través de los brazos curvos de ese recipiente. Este movimiento circular de los vapores recordaba al giro de los cuerpos celestes, de ahí que lo relacionara con la quintaesencia. Y en definitiva, Rupescissa comunica así a los demás la forma de conseguir esta última, y lo hace muy probablemente con el fin de que los pobres tuvieran más fácil acceso a los medicamentos. Por otra parte, esa relevancia que dio al alcohol abrió camino a un nuevo tipo de farmacopea, ya que los boticarios comenzaron a incluirlo en sus recetas.

Figura 7.3. Vasija circulatoria o *pelícano*

En suma y en *el **lenguaje químico actual**,* hay que tener en cuenta que el poder extractor del alcohol es muy superior al del agua. Como el alcohol siempre contiene agua, se hacía necesario obtener un alcohol con la menor cantidad de agua posible. Es decir, un alcohol muy concentrado. Destilando muchas veces sucesivas un destilado inicial de vino, se conseguía que su contenido en agua fuera disminuyendo progresivamente, hasta llegar a alcoholes muy concentrados. Y así, para realizar las extracciones de las plantas se sustituía el agua por un alcohol muy concentrado, con el que se lograría extraer de aquellas la quintaesencia. Lo que significó una gran mejora en los remedios medicinales.
Un problema químico muy simple para nuestros conocimientos científicos de hoy, pero que en aquellos momentos se atribuyó a ese espíritu de la quintaesencia.

Todas estas ideas fueron plasmadas por Rupescissa en su tratado *De Consideratione Quintae Essentiae* (*Consideraciones sobre la Quintaesencia*). Otra de sus obras es *Liber Lucis* (*El Libro de la Luz*), interesante, entre otros aspectos, por su descripción de los hornos alquímicos y por la combinación que realiza entre la doctrina del joaquinismo y la alquimia, al hacer una profecía afirmando que para lograr la liberación del espíritu era necesaria la Piedra Filosofal.

Otros alquimistas

Dentro de los alquimistas franceses destaca el dominico **Vicente de Beauvais** (ca.1190-ca.1264), de cuya vida se sabe muy poco. No obstante, fue célebre por haber escrito la enciclopedia **Speculum Majus** (*Espejo Mayor*), que en su mayor parte no es original, sino una compilación basada en traducciones latinas de textos árabes. Esto no resta nada a su interés, ya que él añade sus propios comentarios (como ocurría también en gran parte con las obras de Alberto Magno y Tomás de Aquino), y contiene multitud de citas de autores latinos, griegos, árabes e incluso hebreos. Esta obra se divide en tres partes, una de las cuales es *Speculum Naturale* (*Espejo Natural*), resumen de los conocimientos de historia natural de su tiempo, con una sección dedicada a la alquimia.

En Gran Bretaña el alquimista medieval más importante tal vez sea el enigmático **John Cremer**, abad de Westminster, al que se sitúa en los siglos XIII y XIV, y del que se ha dicho que vivió hasta una edad muy avanzada, muriendo durante el reinado de Eduardo III (1312-1377). Decimos enigmático porque se ha comprobado que no existió en esa famosa abadía nadie que se llamara así, por lo que muy posiblemente este alquimista ocultó su nombre y personalidad. Parece ser que durante un viaje que hizo a Italia conoció personalmente a Llull, con el que tuvo incluso lazos de amistad. Juntos desde Italia viajaron a Inglaterra, donde fue el mismo Cremer quien le presentó en la corte, dando involuntariamente lugar al desgraciado episodio del encarcelamiento de Llull. Mucho después, en el siglo XVII, se publica en Alemania una obra atribuida a Cremer, *Testamentum Cremeri* (*El Testamento de Cremer*), escrita en primera persona y en la que el autor narra este episodio con Llull.

A través de todos estos alquimistas hemos podido comprobar cómo casi todos estaban ligados a la Iglesia. Predominaban los dominicos y los franciscanos (de una manera u otra, ya que Arnaldo de Vilanova era simpatizante de los jesuitas). Por otra parte, a pesar del gran prestigio de muchos de ellos y de sus sobresalientes aportaciones a la alquimia, el más famoso de los alquimistas medievales fue tal vez Nicolás Flamel, de vida y trabajo muy particulares. De él y de otra importantísima figura de la alquimia medieval, Basilio Valentín, se tratará más adelante, ya que sus legados no fueron conocidos hasta mucho después.

Evolución cultural y científica en los últimos siglos de la Edad Media

La evolución cultural y científica toma un ritmo acelerado en los últimos siglos de la Edad Media. Se incrementa el número de universidades, y en todas se emplea el latín como lengua común. En ellas se conocen, enseñan y comentan textos clásicos de muchas materias, tales como matemáticas, medicina o filosofía (sobre todo los de Aristóteles), si bien a través de sus traducciones del árabe.

Por otra parte, va aumentando la navegación y con ella, las redes comerciales y el contacto con nuevas razas y culturas. Tal es el caso de Marco Polo (1254-1324) y sus famosos viajes por China y otros países del lejano Oriente, de los que trae consigo hasta Europa muchas de sus mercancías y de sus conocimientos, descritos en su libro de viajes *Il Milione*, titulada en español *El Libro de las Maravillas* o *El libro del Millón*. También en los aspectos técnicos se iban consiguiendo mejoras, alcanzando a finales del Medievo un desarrollo considerable, promovido sobre todo por la habilidad y experiencia de los artesanos que, agrupados por gremios, iban perfeccionándose en su trabajo. Tintoreros, tejedores, sederos, ceramistas, curtidores de pieles, caldereros, perfumeros, orfebres, herreros, mineros y trabajadores de los metales... asientan las bases de una industria incipiente. Este progreso va unido a la utilización práctica de algunos inventos que, aunque anteriores y de origen chino, son redescubiertos en Europa, perfeccionados y "reconvertidos" algunos de ellos con nuevos objetivos. Un buen ejemplo es el papel, traído por los árabes y cuya utilización estaba ya bastante extendida en el siglo XIII, con lo que se incrementa la producción de copias de manuscritos, que empiezan a hacerse en papel en lugar de pergamino. O la brújula o "aguja de marear", de la que ya habla Alfonso X el Sabio y que revolucionó la navegación. O la pólvora, utilizada por los chinos en sus fuegos artificiales, pero empleada en Europa con fines bélicos, con lo que ocasionó una verdadera revolución en la organización militar y en el tipo de armamento.

Capítulo 8
CIENCIA, QUÍMICA y ALQUIMIA EN EL RENACIMIENTO

Una nueva etapa histórica, la Edad Moderna
Las ciencias en el Renacimiento
Actividades relacionadas con la química
Aspectos doctrinales y prácticos de la alquimia

Una nueva etapa histórica, la Edad Moderna

Terminada la Edad Media comienza lo que en la historia se conoce como Edad Moderna. Es un punto de ruptura, un brusco y fuerte cambio en el ámbito cultural y social que tiene lugar en el mundo europeo. El porqué de ese cambio se analizará seguidamente.

A mediados del siglo XV, concretamente en 1453, Constantinopla (Estambul, según su nombre actual), capital del Imperio Romano de Oriente, cae en manos de los turcos y con esto el poder otomano se apodera de todo lo que quedaba del Imperio. Esta fecha marca un punto de inflexión en la historia de la humanidad, al abrirse un nuevo camino en cuanto a la forma de pensar, de actuar y de enfrentarse a la vida. Y esto trasciende no sólo al ámbito de lo social, como son la política, la economía, la religión o las costumbres mismas, sino también al de la cultura y sus distintas manifestaciones, como el arte o la literatura. Y, por tanto, también afecta al ámbito de las ciencias.

Tradicionalmente los historiadores señalan, a partir de ese momento, el comienzo de una nueva etapa, la Edad Moderna, que termina a finales del siglo XVIII con la Revolución Francesa. Y entre ambas edades, el primer periodo de la Edad Moderna, de aproximadamente siglo y medio de duración (desde mediados del siglo XV hasta finales del XVI), es lo que se conoce como Renacimiento. Para algunos historiadores este periodo supone una verdadera revolución, una ruptura con el pasado medieval y sin ningún tipo de vínculo con este. Pero para otros, y en una acepción mucho más extendida, significa la continuidad, la culminación de un dilatado y lento proceso que ya se habría iniciado en los últimos siglos medievales, sobre todo a partir del XII, con lo que ya en los siglos XIII y XIV empieza a haber indicios de un movimiento que podría calificarse de pre-renacentista. Como ya se ha comentado, desde finales del siglo XI se fueron creando universidades en las ciudades más importantes de Europa (Bolonia, París, Oxford, Viena, Praga, Salamanca, Padua...), donde se estudiaban los textos clásicos a través de traducciones del árabe. Nace un afán por saber más, iniciándose así una tradición de profesores y estudiantes itinerantes por todas las universidades europeas, en las se utiliza siempre el latín como lengua que traspasa todas las fronteras. Los cambios no ocurrirían, pues, de forma brusca, sino a lo largo de una lenta transición, con lo que ese punto de inflexión sería tan sólo más bien aparente. Cambios en los que, por otra parte, se había anticipado Italia en casi un siglo.

Pero, en cualquier caso, la fecha tomada como punto de partida de la Edad Moderna sigue siendo válida. ¿Por qué? Porque en esos momentos confluyen diversos factores, agentes esenciales de ese cambio. Ante todo, con la conquista del Imperio Bizantino muchos sabios griegos se ven obligados a huir del dominio turco y se refugian en la Europa Occidental, llevando consigo, además de su conocimiento, gran cantidad de textos griegos y latinos de sus bibliotecas, en los que se encerraba gran parte del saber y de la cultura del mundo clásico. De ahí el nombre de ese periodo de transición, Renacimiento, porque la sociedad occidental pensaba que *renacía* a la cultura clásica, a su visión del mundo y a sus ideales.

Por otra parte, deben considerarse también otros factores, si bien ahora de carácter tecnológico. En primer lugar, la imprenta de tipos móviles, inventada hacia 1450 por el alemán Johannes Gutenberg (1397-1468), será un agente fundamental en la difusión de esa cultura reencontrada, a lo cual también contribuirá la amplia utilización del papel, cuya calidad de va mejorando, igual que la de las tintas. La imprenta marcará una profunda revolución en todos los campos por las posibilidades que abrió de divulgar el conocimiento a través de los textos impresos. De esta manera, se conocen y leen los textos clásicos de la cultura grecolatina. Y uno de los primeros libros que se imprimen tras este invento es el *De Rerum Natura* (*De la Naturaleza de las Cosas*), de Tito Lucrecio Caro (Capítulo 1), debido a que se habían logrado preservar algunas copias manuscritas. Gracias a ello las ideas atomistas de Demócrito y Epicuro pudieron difundirse, lo cual resultó fundamental para el desarrollo científico.

> Los **tipos móviles** eran caracteres individuales, bien letras u otros signos (en su imagen especular) en relieve metálico, cada uno en el extremo de una especie de paralelepípedo. Con ellos se componía el texto de una página, que a continuación se entintaba y se imprimía sobre papel. Los tipos eran reutilizables (de ahí el término de "móviles"), lo que permitía imprimir páginas de una forma rápida, barata y a gran escala.

La brújula seguirá favoreciendo la navegación, y con ella el comercio y el descubrimiento de nuevos territorios, de los que el más significativo fue sin duda alguna el de América, en 1492, a su vez otro factor que incidirá en gran manera en los profundos cambios de ese periodo. El descubrimiento del continente americano repercutió profundamente en todos los aspectos sociales. Se amplían las fronteras geográficas y también las del saber. Y, si nos referimos en concreto a las ciencias naturales, es fácil imaginar el impacto provocado por los numerosos minerales, vegetales y animales encontrados en esas nuevas tierras.

Pero sobre todo, este periodo va a suponer un cambio radical en la forma en que los seres humanos se enfrentan al mundo y a la vida. En la Edad Media todo conocimiento se basaba en la idea de Dios, y en el Renacimiento, por el contrario, en la razón. Su racionalismo, opuesto al dogmatismo medieval, conduce a un espíritu crítico. Se ha roto así la unión del individuo con Dios y lo humano se independiza de lo divino, produciéndose una exaltación del ser humano y de la naturaleza. Es el *humanismo*, llamado así porque se considera a aquel como ser intelectual e independiente, capaz por sí mismo de pensar, interpretar y hacer. En el plano científico ese espíritu crítico provoca el libre examen de la naturaleza. Y en el plano religioso, conduce con **Martín Lutero** (1483-1546) al libre examen de las Escrituras y, como consecuencia, a la Reforma

Protestante. Precisamente, el trabajo más conocido de Gutenberg es la edición de la Biblia de 42 líneas (llamada así por el número de líneas impresas en cada página), que fue después un factor clave en la propagación de las ideas de Lutero. Por otra parte, la imprenta también fomentó el auge de la alquimia, ya que el enorme aumento de publicaciones alquímicas dio lugar a que se difundieran sus ideas en mayor extensión.

En suma, cuando llega el Renacimiento, su nuevo espíritu repercute en todos los ámbitos de las ideas. ¿Y en las ciencias...?

Las ciencias en el Renacimiento

Si nos referimos concretamente a las ciencias, ocurre algo similar. La situación y tendencias de las diversas ramas de las ciencias durante el Renacimiento son el resultado de la evolución del pensamiento medieval. La filosofía natural de Aristóteles, como todo su pensamiento en general, había regido el ideario de la Europa Occidental especialmente a partir del siglo XII, si bien desde la perspectiva cristiana que le dio Tomás de Aquino con su lógica escolástica, o desde la de Averroes. De una u otra manera, se había hecho ya sentir el ideario aristotélico basado en el razonamiento *a priori*, pero lentamente va surgiendo una reacción contra este tipo de razonamiento para defender el progreso de la ciencia fundamentado en la observación y en la experimentación.

En el Renacimiento esto trajo sus frutos, sobre todo en astronomía y en física, disciplinas en las que ya en ese tiempo se produjo una "revolución científica", su conversión en ciencia. **Nicolás Copérnico** (1473-1543), **Johannes Kepler** (1571-1630), **Galileo Galilei** (1563-1642), astrónomos y matemáticos, protagonistas de ese cambio, dan prueba de ello. Arranca con el polaco Copérnico, quien propone el *heliocentrismo* (de "helios", sol, y "kentron", centro), según el cual la Tierra, los demás planetas y la Luna girarían alrededor del Sol, que ocuparía el centro del universo, opuesto al *geocentrismo* (de "geo", tierra, y "kentron", centro), la teoría admitida desde la Antigüedad, en la que la Tierra sería el centro del universo, y todos los cuerpos celestes, incluido el Sol, giraban a su alrededor. Recordemos (Capítulo 1) que fue el astrónomo griego Claudio Ptolomeo quien en el siglo II d.C. explicó el sistema geocéntrico mediante un modelo matemático. Volviendo a

Copérnico, la suya fue una idea rompedora, que marcó lo que se conoce como "revolución copernicana". Después esta fue reafirmada por el alemán Kepler con el enunciado de sus tres famosas leyes *(leyes de Kepler)*, en las que describe matemáticamente el movimiento de los planetas y propone órbitas elípticas en lugar de circulares, basándose principalmente en las observaciones astronómicas del danés **Thyco Brahe** (1546-1601). Y finalmente por el italiano Galileo, al confirmar la teoría copernicana con sus observaciones telescópicas. Por otra parte, él —como físico que también era— enunció en física las primeras leyes del movimiento. De esta manera, la revolución científica del Renacimiento tuvo su punto de arranque con Copérnico y su heliocentrismo, para culminar un siglo después con la mecánica de Newton. No obstante, su máximo representante es Galileo, a quien se debe además la introducción de la metodología experimental: mediante el análisis de experimentos controlables y medibles se construirán, con los datos obtenidos, unos modelos teóricos. Con ello asienta las bases del método científico en la investigación, logros por los que a Galileo se le ha considerado como "padre de la ciencia moderna".

La idea de que la Tierra era la que giraba alrededor del Sol fue propuesta ya en el siglo III a.C. por el astrónomo y matemático griego **Aristarco de Samos** (ca.310 a.C. - ca.230 a.C.), pero no recibió apoyo de otros astrónomos de la Antigüedad. Por ello, el único sistema admitido era el geocentrismo. No será hasta mucho después, en el siglo XVI, durante el Renacimiento, cuando Copérnico presenta un modelo matemático completamente predictivo sobre un sistema heliocéntrico. El geocentrismo y el heliocentrismo también influyeron en la obra de algunos alquimistas, como George Ripley o Robert Fludd (Capítulos 10 y 11).

En toda esta trayectoria no puede olvidarse el papel que jugó Brahe, considerado el astrónomo más importante en el periodo anterior a la invención del telescopio. Diseñó instrumentos que le permitieron medir las posiciones de las estrellas y los planetas con gran precisión, muy superior a la de su época, tarea realizada además de una manera sistemática. Hacia 1599, se estableció en Praga, requerido por el emperador del Sacro Imperio Romano Germánico, Rodolfo II (1552-1612), quien le nombró matemático imperial. Poco después, Brahe contactó con Kepler para trabajar juntos en esa ciudad. Tras la muerte de Brahe, Kepler pudo acceder a todos los datos de las observaciones astronómicas de aquel, gracias a los cuales le fue posible terminar las *Tablas Rudolfinas* (que consistían en un catálogo estelar y unas tablas planetarias) y, sobre todo, formular sus tres famosas leyes. A propósito de Brahe, también hay que incidir en que estaba interesado en la alquimia y que dedicó parte de su tiempo a hacer experimentos alquímicos, lo cual muy probablemente fuera causa de su muerte: parece ser que esta fue debida a envenenamiento por mercurio, ya que era muy frecuente el empleo de esta sustancia en la preparación de medicinas alquímicas.

En medicina, concretamente en anatomía, se produce asimismo una ruptura con el pasado en cuanto a la forma de estudiar nuestro cuerpo. La protagoniza el médico flamenco **Andreas Vesalio** (1541-1564), famoso por sus demostraciones públicas en las que analizaba la anatomía mediante la disección de cadáveres humanos, y no como se venía haciendo desde la época de Galeno (siglo II d.C.), por estudios comparativos en los que se empleaban monos, perros y cerdos muertos. Y por otra parte, el gran y polifacético **Leonardo da Vinci** (1452-1519), artista y también hombre de ciencia, será otro gran ejemplo del gran cambio que supuso el Renacimiento.

En lo que a la química se refiere, esta revolución se produjo con un retraso de más de cien años con respecto a las otras ciencias. Y ello debido fundamentalmente a que entonces en química se hacía un trabajo meramente empírico. Los oficios artesanales relacionados con la química o con la farmacopea buscaban, sin más, encontrar nuevos productos y mejorar los métodos de obtención de los ya existentes. Así fue durante mucho tiempo, antes del Renacimiento y también durante esta etapa, y hubo que esperar casi un siglo para que la situación empezara a cambiar y se convirtiese en ciencia —es decir, lo que hoy conocemos como química moderna— a finales del XVIII.

En cuanto a la alquimia, sus propios objetivos, la búsqueda de la Piedra Filosofal y la transmutación de los metales, la encerraban dentro de un saber en sí mismo. Y si se producía algún avance o descubrimiento, era de modo casual o por la curiosidad del alquimista que ejecutaba ese trabajo, pero no porque se realizara la labor experimental desde la perspectiva de una nueva teoría.

A continuación, se analizará esto último más detalladamente.

Actividades relacionadas con la química

Ya en la Edad Media, conviviendo con la alquimia existían otras actividades estrechamente conectadas con el hacer químico, aunque a menudo se solapaban con aquella, pues frecuentemente sus agentes eran los mismos. Podemos considerar así tres líneas en las que, de una forma u otra, la química está implicada: ciertos oficios tecnológicos, la medicina junto con la farmacia, y la alquimia.

Durante la Baja Edad Media se habían mejorado ciertas técnicas artesanales relacionadas con la química pero que, a diferencia de la labor de los alquimistas, tenían como denominador común su carácter práctico, en cuanto a que resultaban útiles para la sociedad en su vida cotidiana. Podemos calificarlas, pues, como oficios tecnológicos de química práctica. Tales eran el tinte de tejidos, la obtención y coloreado del vidrio, la producción de perfumes, cerámica o pólvora... y, sobre todo, la extracción y los trabajos con metales. En este sentido, desde los primeros tiempos de la química (química primitiva o protoquímica) se reconoció el valor de los metales y su aplicación en múltiples usos. Ya de la etapa de la alquimia greco-egipcia, como testimonios escritos recordemos los papiros de Leiden y de Estocolmo, de finales del siglo III d.C., donde se dan numerosas recetas, principalmente de joyería, muy anteriores incluso muchas de ellas a la escritura de estos documentos. Como ya se ha comentado en el Capítulo 4, son sumamente interesantes las relativas a lo que podría considerarse una "joyería de imitación": empleo de técnicas para colorear piedras y para dorar metales con el fin de conseguir la apariencia de piedras y metales preciosos. En la misma dirección estaban las recetas para escribir con letras de oro... o que lo pareciera (lo que solía hacerse mediante finas láminas de estaño recubiertas de una capa de sulfuro de arsénico). De ahí la importante contribución de joyeros y orfebres a la historia de la química, en la que también participaron los iluminadores de los códices miniados y los pintores con sus trabajos con pigmentos en su búsqueda del color. A pesar de la importancia de estos trabajos, en los tiempos medievales no hay casi documentos sobre ese saber de gran contenido empírico (a no ser la obra enciclopédica *Schedula Diversium Artium*, ya comentada en el Capítulo 7), dado que los artesanos que realizaban esos trabajos, de forma anónima además, en general no sabían escribir y lo transmitían oralmente.

Respecto a la segunda de estas tres líneas, la medicina y la farmacia, hay que destacar que siempre se desarrollaron en estrecho contacto con la química y con la alquimia. Así lo atestiguan los textos escritos más antiguos encontrados hasta el momento. Se trata de los papiros egipcios de Smith y sobre todo el de Ebbers (ca.1550 a.C.). En este último se mencionan gran cantidad de productos químicos utilizados con fines curativos o para otros usos (por ejemplo, algunos aparecen en recetas de cocina). En primer lugar, puede citarse el *natrón*, producto salino constituido básicamente por carbonato de sodio y que los egipcios empleaban en técnicas de embalsamamiento, así como para fabricar vidrio. También el *kohol*, que no es otra cosa que sulfuro de antimonio o estibina (término del que curiosamente proviene la palabra "alcohol"), empleado como cosmético en la pintura de los ojos pero que, en realidad, tenía fines terapéuticos contra las infecciones oculares (hoy en día se conoce su carácter de antiséptico y se sigue utilizando, como puede comprobar todo aquél que haya viajado por países árabes o por la India). En la Edad Media, los productos medicinales en su inmensa mayoría tenían origen vegetal y se conseguían mediante extractos acuosos de plantas. El descubrimiento del poder disolvente del alcohol, preparado por destilación del vino, ayudó enormemente a mejorar la obtención de esos extractos. Estas labores de extracción tenían lugar preferentemente en conventos y monasterios, aprovechando la variedad de plantas aromáticas y medicinales cultivadas en sus huertos, de lo cual viene también la tradición de los famosos licores de hierbas monacales (como el benedictino o el chartreuse, entre otros). En esto hay que recordar la actividad de enorme importancia del monje alquimista de Joannes de Rupescissa (Capítulo 7). Y pensemos asimismo en las alquimias china e hindú y su gran conexión con la medicina y la farmacia.

Por otra parte, refiriéndonos a la alquimia medieval y de cara a sus aspectos químicos, proporcionó recetas para la obtención de sustancias químicas y datos sobre sus propiedades. Pero ante todo su máxima aportación fue idear y perfeccionar ciertas técnicas de laboratorio, preferentemente las relativas a la separación y purificación y, entre todas ellas, la destilación.

Centrándonos ahora en la nueva etapa histórica, la Edad Moderna, a lo largo de la misma continúa la actividad de esas tres líneas conectadas con la química. Constituyen así los tres pilares sobre los que se asentará el desarrollo de lo que luego será la química en el concepto actual de este término. Hay que insistir que, aunque puedan considerarse como saberes y trabajos independientes, en la realidad estaban conectados entre sí, como ya ocurría en la Edad Media. Por ejemplo, muchos médicos o boticarios practicaban la alquimia, pero también se dedicaban a la metalurgia o tenían trabajos relacionados con las minas u otros oficios similares.

En relación a los **oficios tecnológicos de química práctica**, en la Edad Moderna la minería y la metalurgia siguen siendo, con notable diferencia, los de mayor importancia. Con los nuevos tiempos se iban precisando cada vez más metales para construir máquinas (como las hidráulicas) y armas con las que pudiera utilizarse la pólvora, así como metales preciosos para acuñar moneda.

En este sentido, en *minería* y *metalurgia* durante el Renacimiento aparece una serie de obras sumamente interesantes sobre estas técnicas, cuyos autores son los siguientes:

En primer lugar, el alemán **Georg Bauer** (1494-1555), más conocido por **Agricola** (otro caso de latinización del nombre, ya que "Bauer" en alemán significa campesino). Nace en Sajonia, estudia en Leipzig y enseña en la universidad de Bolonia y, a pesar de ser médico y también alquimista, se dedica fundamentalmente a la técnica minera y al arte de la fundición. Realizó un profundo estudio práctico del tratamiento de minerales, separación de metales preciosos y purificación del azufre, estudios que ha dejado plasmados en sus escritos, que por ello resultan una fuente de gran valor para conocer la historia de la tecnología. Por lo cual se le tiene como el "padre de la mineralogía". Es autor de varios libros sobre minería y metalurgia interesantísimos, de un carácter eminentemente práctico. El más famoso de todos ellos es *De Re Metallica* (*Sobre los Metales*), publicado en 1556, es decir, en pleno Renacimiento, que contiene abundantes grabados sobre distintos aparatos (desde hornos, balanzas o martillos a matraces, crisoles o alambiques) y sobre procesos relativos a la extracción y tratamiento de las menas.

En este campo destacó también el italiano **Vannoccio Biringuccio** (1480-1539), supervisor de minas en el norte de Italia, que realizó un tratado del mismo estilo que el anterior, *De la Pirotechnia* (*Sobre la Pirotecnia*), de 1540, relacionado por tanto con la metalurgia pero, además, con otros aspectos técnicos vinculados con la química (por ejemplo, contiene la primera descripción del método para aislar el antimonio), y en el que incluye trabajos sobre la fundición de cañones y campanas. Por ello ha sido considerado por algunos como el "padre de la industria de la fundición". Respecto a la alquimia, Biringuccio aceptaba la teoría tradicional del crecimiento de los metales en el interior de la tierra, si bien acerca de la transmutación era bastante escéptico, por lo que decidió dedicarse a la metalurgia y no a la alquimia, según declaró él mismo.

Otros textos importantes son los realizados por el inspector general de minas del Sacro Imperio Romano Germánico durante el mandato de Rodolfo II, el alemán **Lazarus Ercker** (1530-1594). Algunos de ellos han llegado a considerarse como los primeros manuales de química analítica y metalúrgica, sobre todo el conocido con el título en latín de *Aula Subterranea*, publicado en 1574 en Praga (ciudad en la que murió). Aquí recopila de manera sistemática las técnicas empleadas en su tiempo para ensayar aleaciones y minerales, y para obtener metales a partir de dichos minerales.

Todas estas obras tratan fundamentalmente de la clasificación de las menas de metales de mayor interés económico, como son las de metales preciosos, de la separación de estos de sus impurezas más frecuentes (cobre y plomo) y del ensayo y obtención de metales. Y es interesante el hecho de que van introduciendo en sus análisis aspectos cuantitativos. Asimismo, en esa época se reconocen como metales nuevas sustancias: el arsénico, el antimonio (que en realidad no lo son), el zinc y el bismuto, siendo Agricola el primero en mencionar este último metal.

El **ensayo de metales** consistía en determinar la proporción de plata o cobre (u otros metales) en las monedas de oro, o también en determinar la presencia de un metal precioso (oro o plata) en una aleación o en ciertos minerales. Esta técnica analítica implicaba una serie de operaciones e instrumentos de laboratorio, como las copelas y las balanzas de precisión.

También a España le ha correspondido llenar una brillante página en la historia de este capítulo de la química. La ocasión le fue brindada por el descubrimiento de América y de sus riquísimas minas de metales preciosos. Y no debemos olvidar aquí el papel que en esta línea representaron algunos españoles. Tal es el caso del sevillano **Bartolomé de Medina** (ca.1503-1585), con sus técnicas de amalgamación con las que trabajó en las minas de plata mexicanas en 1555, técnicas que se extendieron hasta el virreinato del Perú y se han seguido empleando durante más de 300 años. Este proceso de amalgamación se aplicó a escala industrial, lo que supuso una innovación tecnológica importantísima, por lo que en su honor se ha llamado "método de Medina", aunque más comúnmente se conoce como "método o beneficio del patio". Este nombre se debe a que el mineral de plata se mezclaba con el mercurio y otros productos, con lo que se formaban unas tortas que se colocaban en grandes patios y allí se iban tratando. Asimismo, debemos recordar a **Álvaro Alonso Barba** (ca.1569-1662), metalúrgico y eclesiástico, y que dio nombre a uno de los Institutos de Investigación del CSIC (Consejo Superior de Investigaciones Científicas). Marchó a Perú para ejercer como párroco, y es allí donde empezó a interesarse por las minas y a realizar sus primeras investigaciones sobre la amalgamación. Es así como ideó otras técnicas metalúrgicas para la obtención también de la plata, el llamado "método de los cazos" para extraer este metal precioso en caliente, en este caso en las minas de Potosí (Perú entonces, hoy Bolivia). Todo ello quedó reflejado en su magnífico libro *Arte de los Metales* (1640). Por otra parte, **Juan de Arfe Villafañe** (1535-1602) fue un orfebre especializado en platería, muy apreciado en su época, sobresaliendo sus custodias de asiento de diversas catedrales españolas. También recibió una cierta formación humanista, lo que le permitió escribir varias obras. La más destacable es *Quilatador de la Plata, Oro y Piedras*, publicada en 1572, donde recoge los importantes análisis cuantitativos que en su trabajo como ensayador tuvo que realizar para determinar la ley de las monedas (o sea, la proporción de metal precioso que contuvieran).

Aunque estos sean los de mayor importancia, también hay que tener en cuenta otros oficios relacionados con las técnicas químicas y que son, principalmente, la cerámica, la fabricación de vidrio, la preparación de pólvora de cañón y la de sales y ácidos minerales.

En *cerámica* sobresale la figura del francés **Bernard Palissy** (1510-1589), que partiendo de su oficio de alfarero destacó enormemente en cerámica y esmaltes. Tras grandes dificultades, esfuerzo y tiempo (unos 16 años), descubrió la técnica de fabricación de unos esmaltes blancos, brillantes y resistentes, base de los esmaltes policromados que después él mismo consiguió. Resultaba así una cerámica de aspecto parecido al de las porcelanas chinas. A Palissy se debe el desarrollo y perfección que alcanzó esta fabricación en Francia, lo cual le valió la protección de la reina Catalina de Medici (1519-1589) y le permitió llegar a impartir la enseñanza en las Tullerías, convirtiéndose así en el primer profesor de química que hubo en su país. Aunque, como reformista hugonote (nombre con el que antiguamente se designaba en Francia a los protestantes calvinistas), después muriera prisionero en la Bastilla. Pero Palissy no se quedó en ceramista: aunque carecía de instrucción formal, gracias a sus grandes inquietudes y esfuerzos, con el tiempo alcanzó profundos conocimientos científicos, sobre todo en química. Estudiaba la naturaleza en solitario, guiado tanto por sus razonamientos como por la importancia que siempre concedió a la experiencia y a la inducción. Unía a sus dotes de observador una gran perspicacia y sentido crítico, que redundó en favorecer el buen hacer de los químicos prácticos que le sucedieron. Fue un modelo del genio universal del Renacimiento.

El **calvinismo** es una doctrina teológica protestante que se basa fundamentalmente en las ideas del reformador Juan Calvino (1509–1564). Uno de sus puntos centrales es el de la *predestinación*, según la cual la salvación sólo puede conseguirse a través de la fe y no por las buenas obras, y la fe sólo la da Dios a los que ha elegido: se salvarán únicamente los que Dios ha seleccionado para ese destino. Desde Ginebra se extendió a diversos países, uno de ellos Francia, donde a sus seguidores se les conocía con el apodo despectivo de "hugonotes", que fueron perseguidos por los católicos, dando lugar a las guerras de religión francesas.

Por otra parte, en lo que concierne a los procesos de la fabricación de *vidrio*, uno de los capítulos de mayor interés corresponde al alemán **Christoph Schürer** (ca.1500-ca.1560), cuando para conseguir vidrio de color azul, introdujo la utilización de unos minerales que contenían cobalto en su composición, aunque en aquellos momentos no se supiera que eran de este metal, ya que el cobalto en cuanto a elemento no fue descubierto hasta dos siglos después, en 1735, por el químico y minerólogo sueco Georg Brandt (1694-1768). Precisamente ese desconocimiento es el origen de su nombre y comentarlo ahora puede resultar curioso. Los mineros de esa región creían que esos minerales eran menas de cobre, con lo que intentaban una y otra vez obtener este apreciado metal. Lógicamente nunca lo conseguían y persistiendo en su error llegaron a pensar que tales minerales estaban embrujados por los duendes de las montañas. Y como la palabra duende en alemán es "Kobold", es fácil deducir que de aquí derivarían las palabras de Kobalt, cobalt, cobalto... con las que se llama al metal en diversas lenguas. Schürer había instalado una fábrica de vidrio en Bohemia, muy cerca de la localidad sajona donde él vivía (próxima a la frontera, en la región de los Montes Metálicos), y allí tras muchos experimentos consiguió entre 1540 y 1560 un vidrio de color azul. Gracias a su hallazgo logró hacer de su fábrica el centro vidriero de toda esa región, impulsando con ello la industria bohemia del cristal. La producción se mantuvo desde entonces hasta el principio de la Guerra de los Treinta Años (1618-1648). Para obtener el color azul, el llamado "azul esmalte o esmaltín", Schürer trabajaba con un mineral de los yacimientos de esa zona, del que ahora se sabe que estaba constituido por un arseniuro de cobalto, con un pequeño porcentaje de níquel y hierro. Aunque se le atribuye el invento de este vidrio azul, probablemente los vidrieros venecianos del siglo XV ya lo conocieran, pero puede decirse que al menos Schürer lo "redescubrió".

> Desde el **punto de vista químico**, lo que ocurría es lo siguiente: el mineral de partida estaba constituido por un compuesto de arsénico y cobalto, por lo que al tostarlo, es decir, al calentarlo a elevada temperatura en presencia de aire, se descomponía en distintos óxidos. Uno era un óxido de cobalto y otro, de arsénico: el responsable del color azul era el de cobalto, mientras que al de arsénico se debía la toxicidad de estos procesos.

En cuanto a la *pólvora*, aunque era un invento chino transmitido a Occidente, se buscaban los medios de mejorar su calidad variando las cantidades de sus componentes (recordemos en este punto a Roger Bacon, en el Capítulo 7). Su empleo en armas de fuego ya desde la Edad Media había ido transformando sustancialmente la forma de hacer la guerra. Además, tenía otra importante aplicación, porque en minería la pólvora se utilizaba para provocar mediante explosiones derrumbamientos de rocas, haciendo así más fácil la extracción del interior de las minas. Por ello, muchos de los tratados sobre minería anteriormente citados daban recetas para su preparación, lo mismo que también incluían otras para preparar distintas sales, como soda (carbonato de sodio), alumbre o vitriolos, y ácidos minerales.

Centrándonos ahora en la *medicina* y en la *farmacia*, el Renacimiento va a significar una verdadera revolución en cuanto al origen y obtención de los medicamentos, en lo cual a su vez vuelven a unirse estrechamente alquimia/química y medicina, siguiendo una tradición iniciada en la Edad Media. Este hecho está representado por Paracelso, gran personaje renacentista, con la preparación de medicamentos de origen mineral por procedimientos alquímicos y el inicio de la iatroquímica, como se tratará en el Capítulo 9.

Y con respecto concretamente a la *alquimia*, ¿qué ocurre?, ¿cómo repercute ese cambio social y cultural en esta disciplina?

Aspectos doctrinales y prácticos de la alquimia

En la primera etapa de la Edad Moderna, el Renacimiento, si bien existe un predominio del pensamiento alquímico, en todos estos trabajos relacionados con la química se inicia una lenta pero constante transición hacia el razonamiento, lo cual no ocurre con la alquimia, estancada por el freno impuesto por sus propios objetivos. Sin embargo, de una manera u otra la alquimia estará presente, al menos en cuanto a muchas de las técnicas de laboratorio, aunque no siempre en cuanto a su filosofía, rechazada cada vez más por muchos de los químicos prácticos.

Hasta el momento se ha hecho un recorrido de la alquimia desde sus orígenes, discutiendo cómo y dónde nace. Ese saber va pasando de unos pueblos a otros, moviéndose en el sentido literal de la palabra de unas a otras regiones geográficas más o menos distantes, con lo que se va enriqueciendo con las aportaciones de los pueblos con los que entra en contacto. Pero en este caso, en el tránsito de la Edad Media a la Edad Moderna, cambia el momento histórico, pero no cambia el lugar, Europa. Hay que eliminar, pues, el factor geográfico, y dejar sólo el factor cultural para analizar los cambios que, a su vez, en la alquimia pudieran producirse.

Como se observará en los siguientes capítulos, la alquimia se ve muy poco afectada en lo referente a sus *aspectos doctrinales*. Sus objetivos son invariables *per se*, como no podría ser de otra manera. Los puntos centrales de la doctrina alquímica continúan siendo la creencia en la generación de los metales y su transmutación hasta oro, así como la búsqueda de la Piedra Filosofal y del elixir de la vida. Los cambios más palpables son sólo los relativos al perfeccionamiento de ciertas técnicas o al surgimiento de nuevas disciplinas (como la ya comentada iatroquímica), que derivan de la alquimia, pero que ya en realidad no son exactamente alquimia.

Sin embargo, a partir del siglo XV comienza a darse un hecho novedoso. Hasta el momento, el alquimista en general había trabajado en su laboratorio, buscando activamente, de forma experimental, el logro de sus objetivos. Pero a partir de ese siglo comienzan a aparecer lo que podríamos llamar alquimistas "teóricos", ciertos alquimistas que rara vez o nunca pisaban un laboratorio y que, no obstante, escribían de alquimia. Su objetivo se convierte en lograr no la transmutación de los metales innobles, sino más bien la transmutación del individuo. Y en caso de alcanzar ese objetivo, el adepto llegaría a su propia perfección, al ser perfecto en lugar de llegar al metal perfecto, al oro. El proceso alquímico se convierte en un verdadero proceso iniciático, en el que el alquimista "muere" y "renace" a un nuevo individuo, al "individuo despierto", como a veces se le llama. A este nuevo tipo de alquimista es al que se puede hacer principal responsable del auge de la alquimia esotérica.

El carácter místico inherente a la Gran Obra alquímica, y con ello a la misma alquimia, se hace más patente y con el tiempo se agudiza, marcando una separación cada vez más divergente entre esas dos caras de la alquimia, la práctica o técnica y la esotérica (aunque en muchos alquimistas coexistan esas dos caras). En definitiva, en la Edad Moderna este sería el rasgo más notable respecto a la evolución de la alquimia. En este sentido es muy importante tener en cuenta la influencia del neoplatonismo. Recordemos que dejó de impartirse en el mundo clásico a partir del edicto de Justiniano, en el 529 (Capítulo 2). Pero en el Renacimiento vuelve a florecer, si bien teniendo también en cuenta ideas atribuidas a Hermes Trimegisto y otras de la cábala judía. Frente a las ideas del aristotelismo que domina en la Edad Media a través de la escolástica, dentro del contexto intelectual del humanismo renacentista se recupera el platonismo —o mejor dicho, el neoplatonismo—, debido fundamentalmente al contacto con los intelectuales bizantinos que asistieron al Concilio de Florencia (1431-1445). Por ello, su resurgir se inicia precisamente en esta ciudad, donde Cosme de Medici (1389-1464) fundó la Academia Platónica Florentina, encabezada por **Marsilio Ficino** (1433-1499), sacerdote, filósofo, filólogo y médico florentino. Gran figura del Renacimiento italiano, fue uno de los máximos representantes del neoplatonismo renacentista, junto a su discípulo y amigo **Giovanni Pico della Mirandola** (1463-1494).

En cuanto a los *aspectos prácticos* de la alquimia, las tareas de laboratorio del alquimista implicaban, como siempre, entre otras operaciones aquellas en las que era necesario procesar minerales y metales (calcinar, fundir, mezclar, etc.) mediante el fuego, insuflando más o menos aire a la llama con un fuelle. Por esta razón seguía siendo imprescindible el atanor, así como los crisoles y copelas (Capítulo 7).

Los **crisoles** se utilizaban para tratar (procesar: fundir, calcinar, mezclar, etc.) metales u otras sustancias a altas temperaturas. Por ello se fabricaban con materiales que resistiesen temperaturas elevadas, como son ciertas arcillas a las que a veces se añadían otros materiales. Desde finales de la Edad Media su forma solía ser triangular, con tres picos en los bordes para facilitar el vertido de su contenido.

Las **copelas**, por su parte, tenían forma de un tronco de cono invertido y se empleaban siempre con el objetivo de refinar metales nobles a pequeña escala, por lo que su tamaño era menor que el del crisol. Este proceso de refino debía realizarse sometiendo el metal a muy altas temperaturas en presencia de aire: los metales no nobles se oxidaban, formando compuestos que eran adsorbidos en la superficie porosa de la copela, pero los metales nobles no se oxidaban, por lo que quedaban en el fondo como una bolita brillante del metal fundido.

Era tan importante conseguir que estos recipientes soportasen altas temperaturas, que en el caso de los crisoles se creó una verdadera industria para producirlos mediante materiales cerámicos y procesos tecnológicos que aumentasen su resistencia ante las enérgicas condiciones térmicas y químicas a que eran sometidos. Se sabe que los dos centros de fabricación de los mejores crisoles de la Edad Moderna se encontraban en Alemania (Hesse y Baviera), desde donde se exportaban a toda Europa e incluso a América, en la que existían riquísimas minas de metales preciosos. En lo relativo a las copelas, se empleaban sobre todo para refinar (purificar) metales nobles, separándoles de los metales no nobles por calefacción a altas temperaturas en presencia de aire. Pero también eran muy útiles para llevar a cabo la técnica analítica de ensayos al fuego. En este sentido, se empleaban en el laboratorio alquímico tanto para comprobar, por ejemplo, si se había llegado al oro "alquímico", como en cecas para dilucidar la composición de monedas, o en distintas actividades de las minas, como es determinar la riqueza de los minerales. En cualquier caso, debían resistir fuertes condiciones térmicas. De forma similar a la Edad Media, se confeccionaban con cenizas de huesos o cenizas de madera, pero resultaban tan frágiles que hacía su transporte prácticamente imposible y, en consecuencia, era el alquimista quien frecuentemente fabricaba las copelas en su mismo taller o laboratorio.

Con otros aparatos del laboratorio alquímico de esta época ocurría algo similar: bien son de origen comercial, procedentes de talleres de artesanos especialistas en ese trabajo, o bien están preparados por el alquimista en su propio laboratorio, aunque poco a poco va predominando la primera vía. Por otra parte, se sigue mejorando la *destilación*, técnica estrella de los alquimistas para purificar las sustancias y, posiblemente, la más antigua de todas. Se iban ideando aparatos que superasen al alambique clásico y proporcionaran mejores separaciones. Tradicionalmente se empleaba el alambique conectado (a modo de caperuza) a un recipiente donde se calentaba el material a destilar, la *cucúrbita* (o matraz de destilación, como diríamos hoy): al calentar el material, se emitían vapores que ascendían por el alambique, se condensaban parcialmente en él y mediante una pestaña lateral de este se conducían fuera a un recipiente colector, que recogía el líquido destilado (podía haber hasta dos o tres pestañas laterales, recordemos el *dibikos* y el *tribikos* del Capítulo 3). Pero a partir de finales del siglo XVI, aproximadamente, se comienza a unir el alambique y la cucúrbita en un solo instrumento, la *retorta* (figura 8.1a).

Seguía siendo fundamental llegar a un alcohol lo más

concentrado posible, a fin de mejorar su capacidad como disolvente y por tanto aumentar su poder extractor, sobre todo para conseguir la quintaesencia por sus poderes curativos. En la Edad Media, como ya se ha comentado, se introdujo la utilización del serpentín, con el que se favorecía la condensación del destilado, lo cual supuso una sensible mejora.

En la Edad Moderna se sigue en la misma línea, con distintas innovaciones. Tal es el curioso aparato de destilación de la Figura 8.1b, llamado *Rosenhütte*, en el que los alambiques eran unos conos metálicos donde se condensaba mejor el vapor de destilación.

Con todos esos sistemas se iban obteniendo destilados de alcohol de elevada concentración, es decir, con menos contenido en agua, de gran importancia en medicina y farmacia. Estos destilados, a los que se conocía tradicionalmente como *aqua ardens* y *aqua vitae*, a partir del siglo XVI se renombran con la palabra "alcohol", usada actualmente (aunque para ser más correctos, químicamente hablando, deberíamos decir alcohol etílico).

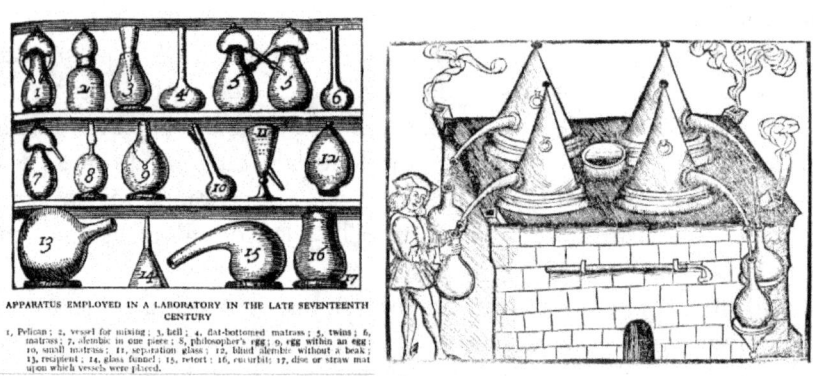

Figura 8.1. Representación de diversos aparatos de laboratorio en un tratado alquímico del siglo XVII: pueden observarse, entre otros: un pelícano (1), un alambique (7), una retorta (15) o una cucúrbita (16) - Aparato para destilar con conos metálicos (siglo XVI)

Capítulo 9

PARACELSO: MEDICINA Y ALQUIMIA

Paracelso y el Renacimiento
Paracelso como médico
Paracelso como alquimista
Iatroquímica: alquimia para la medicina
Obra escrita de Paracelso

Paracelso y el Renacimiento

Continuando con el estudio de la alquimia, se analizará ahora un interesante y muy particular personaje, médico y también alquimista. Se trata de **Philippus Theofrastus Bombast von Hohenheim** (1493-1541) o más bien **Paracelso**, como él mismo se hacía llamar. Resulta ser una de las figuras más sobresalientes y también más controvertidas de su tiempo. Pocos hombres de "ciencia" habrán sido objeto de tantos estudios, ensayos y textos biográficos, en los que muy a menudo se mezclan leyenda y realidad. Y, en general, puede afirmarse que no se le suele tratar de manera imparcial. Para unos es un ser sublime, un revolucionario de la ciencia, precursor de la farmacología y de la medicina moderna, brillante alquimista. Para otros, es simplemente un iluminado, un hombre extraño y pintoresco, rodeado de misterios, más próximo al mundo de la magia que al de la ciencia. Realmente, es una mezcla de ambas visiones, un típico reflejo de la corriente cultural e intelectual de su momento histórico, primeros tiempos del Renacimiento, con características de la nueva etapa que se va abriendo camino, la Edad Moderna, pero también con reminiscencias de la época medieval. Contradictorio, extravagante, pero en cualquier caso, singular e importante figura de la medicina y de la alquimia.

Según la mayoría de los historiadores Paracelso nace en 1493, primeros tiempos de la Edad Moderna, si bien en unos años aún no muy lejanos a la Edad Media. Es decir, en el Renacimiento. Vino al mundo en un pequeño pueblo suizo cercano a Zurich, Einsiedeln, cuando esos territorios estaban dominados por los austriacos y formaban parte del Sacro Imperio Romano Germánico. El nombre de Bombast pertenecía a una antigua familia procedente del castillo de Hohenheim, localidad próxima a Stuttgart, en el antiguo estado alemán de Wurttemberg. Su padre, al parecer, era hijo natural de un Caballero de la Orden de San Juan y, aunque originario de Alemania, en 1492 se traslada a ese pueblecito suizo para ejercer su profesión, la medicina. Allí muy pronto se casa con la administradora del hospital perteneciente a la abadía del lugar. Al año siguiente nace Paracelso y al poco tiempo tiene lugar la muerte de su madre. Cuando Paracelso contaba sólo siete años se trasladan a la región minera de Carintia, al pueblo de Villach en el Tirol, donde el padre trabaja como médico en las minas de cobre propiedad de los Fugger, la importante familia de empresarios y banqueros alemanes. Esta nueva ubicación va a tener una enorme trascendencia en la futura obra de Paracelso, cuya inclinación científica comienza ya en su primera juventud. Así, ayudando y observando a su padre se va interesando por la medicina, la minería y la metalurgia, y recibe directamente de él instrucción sobre los fundamentos de alquimia, medicina, cirugía y mineralogía, así como conocimientos sobre plantas. Su formación a partir de entonces la va completando a lo largo de una continua vida itinerante. Primeramente, en la abadía benedictina de San Pablo en la región de Carintia, donde los monjes le enseñan latín. Luego, permanece en un monasterio de Würzburg para estudiar astrología, magia, conocimiento hermético y cábala con un personaje muy conocido en la época como gran maestro en estas materias, el monje benedictino **Johannes Trithemius** (1462-1516), lo cual influirá enormemente en su pensamiento y actividad, ya que siempre sentirá gran atracción por las ciencias ocultas. Se sabe que poco después le envían a la Universidad de Basilea y que en 1509 acude a Viena a estudiar en este caso con un famoso humanista suizo y amigo del reformador religioso Zwinglio (1484-1531), quien le introduce en la lectura de los textos de Platón, Plotino, Pico de la Mirándola y Hermes Trimegisto.

Y con todo este saber, en 1511 obtiene el grado de bachiller. Tras lo cual, sus viajes se hacen aún más incesantes, característica que va a ser casi una constante en su existencia. En esta etapa puede decirse que recorre prácticamente toda Europa: estudia en Alemania y en Italia, en ciudades como Tübingen, Heidelberg, Munich o Ferrara. En la universidad de esta ciudad italiana aprende las teorías de la medicina clásica, de la que fue un gran conocedor —si bien tuvo siempre una actitud muy reticente y crítica hacia ella— y también allí obtiene, si no el grado de doctor en medicina como muchos opinan, al menos algún grado intermedio. Siguiendo esa tradición claramente medieval de viajar por las universidades de diversas ciudades y países, continúa su desplazamiento por muy distantes zonas europeas (aunque su presencia real en muchas de ellas no está totalmente probada), desde España, Portugal y Francia, hasta Holanda, Inglaterra, Escocia, Irlanda, Dinamarca, Hungría, Polonia, Rusia... Y aquí fue hecho prisionero por los tártaros durante ocho años, aunque muy probablemente forme parte de sus leyendas. Parece ser que después viajó a Constantinopla, donde amplió sus conocimientos en la ciencia hermética y recibiría la Piedra Filosofal de manos de un importante alquimista. Por esta razón, y continuando con la leyenda, se decía que poseía la panacea universal (por lo que algunos aseguraron haberlo visto vivo a finales del siglo XVII) y que llegó incluso hasta la India, donde habría tenido contacto con la filosofía hindú.

Es así que durante más de diez años viaja, trabaja, enseña y, asimismo, aprende sobre todo de alquimia y magia. Y va recogiendo recetas, secretos y trucos —muchas veces del saber popular, de curanderos, brujas y barberos— que contribuyeron en gran manera a los espectaculares éxitos de sus tratamientos. Dentro de este periodo, parece ser (aunque no es totalmente seguro) que entre los años 1521 y 1524 viaja por las regiones del Danubio, deambulando siempre por tabernas, hosterías y posadas, entre vagabundos, nigromantes y gentes de vida marginal. Este continuo viajar obedece a su afán por aprender porque, según él mismo afirma, cada tierra posee unos saberes: tendríamos que ser capaces de leer el "libro de la naturaleza", a fin de desvelar los secretos que encierra y ampliar así nuestros conocimientos.

Lo que sí se conoce con más certeza es que después, en 1524, vuelve a Italia y trabaja como cirujano militar en el ejército imperial, en Venecia, ya que anteriormente, hacia 1522, había empezado a practicar la cirugía, entonces separada de la medicina y relegada a un segundo plano por ser considerada como una simple actividad manual. Por este motivo estuvo presente en muchas campañas militares. Se sabe también que permaneció cierto tiempo en Salzburgo y en Estrasburgo y que, tras este largo periodo itinerante, en 1526 se traslada a Basilea, donde el conocidísimo editor Johann Froben o Johannes Frobenius (ca.1460-1527) —como también se le llamaba, según la costumbre ya comentada de latinizar los nombres— acude a él como paciente a causa de padecer una grave enfermedad en una pierna. Con este influyente personaje, entre cuyas publicaciones se encontraban las obras de su amigo Erasmo de Rotterdam (1466-1536), Paracelso ejecuta una de sus maravillosas curaciones al evitar que se le amputara la pierna, y gracias a este hecho logra uno de los momentos más brillantes de su carrera y de su vida. Le proponen para el cargo de médico municipal y también para el de profesor de medicina en la Universidad de Basilea, y los consigue ambos. Como esto último suponía que impartiera asimismo enseñanza en alquimia, se ha llegado a decir que ocupó la primera cátedra de química del mundo. Sus lecciones alcanzaron una enorme fama, con gran cantidad de discípulos y seguidores, introduciendo además innovaciones muy significativas. Por una parte, daba sus clases no en latín, sino en la lengua del pueblo, el alemán en este caso. Por otra, atacaba duramente la medicina académica, que seguía las doctrinas médicas clásicas de Galeno, Avicena y al-Razi. Y llegó a quemar públicamente los escritos de estos el día de san Juan de 1527, en sus tradicionales festejos con hogueras. Además, podríamos matizar que lo hizo por un procedimiento muy químico, arrojando esas obras a un caldero de cobre y echando después sobre ellas nitro (es decir, nitrato de potasio) y azufre, precisamente los componentes principales de la pólvora.

Estos violentos ataques a la medicina oficial le granjearon obviamente el odio y la enemistad de los otros médicos, los que sí la seguían. Y estos sentimientos fueron aguijoneados por los brillantes éxitos de sus tratamientos, que con tanta frecuencia le proporcionaban curaciones casi milagrosas. Todo ello, unido al hecho de la muerte de Frobenius, condujo a que no sólo perdiera su trabajo en la universidad, sino a que le expulsaran de la ciudad de

Basilea al año siguiente, en 1528. Y aquí se abre en su existencia una nueva etapa errante. Entre ese año y 1530 anduvo por Colmar, Esslingen, Nürenberg, Munich, Regensburg, Amberes, Merano... Probablemente en esa época empezó a tomar el sobrenombre de *Paracelsus* o *Paracelso,* "semejante a Celso", elegido tal vez por él mismo en alusión a Celso, el famoso médico romano del siglo I d.C. También añadió a su nombre el de *Aureolus* (derivado de la palabra latina "aurum", oro) en referencia al oro alquímico, aunque parece ser que ya su padre de niño le dio este apelativo por el color dorado de sus cabellos. En Nürenberg precisamente le acusan de charlatán y prohíben la publicación de sus trabajos sobre la sífilis. Y sigue por Saint Gall y Zurich, llegando hasta Hungría en 1535. Es por entonces cuando el príncipe-arzobispo de Salzburgo, Ernst de Wittelsbach (1500-1560), gran aficionado a la alquimia y a las artes ocultas, le invita a esa ciudad, iniciándose para él un periodo de estabilidad y reconocimiento público. Poco tiempo le quedó, desgraciadamente, para gozar de esta nueva situación de calma y prosperidad, ya que le llega la muerte en 1541, cuando tenía 48 años. Este hecho, como tantos aspectos de su vida, está rodeado de misterio y también, como casi siempre, sumergido en la leyenda. Lo encontraron muerto, acurrucado en un banco, según se dice, en una posada de Salzburgo al lado del río, llamada "El Caballo Blanco". ¿Envenenamiento? ¿Muerte por herida? Nunca, al menos hasta ahora, se ha llegado a conocer toda la verdad. Lo que sí se sabe con certeza es que fue enterrado con los máximos honores en el cementerio de la iglesia de San Sebastián de Salzburgo, haciendo en su tumba un túmulo en forma de pirámide. Su epitafio es fiel también a esta su última etapa de brillante fama: cuenta cómo sanó gran número de enfermedades y cómo dejó su dinero a los pobres.

Si nos detenemos a analizar su físico, hay que decir que era de aspecto frágil y enfermizo, bastante bajo de estatura —de un metro cincuenta, aproximadamente— grueso, imberbe y calvo (figura 9.1), con el cráneo que por su forma correspondería más al de una mujer que al de un hombre. Por ello se ha dicho que siendo muy pequeño había sido castrado, bien por un accidente fortuito, bien a manos de un soldado borracho. Pero esto, como tantos otros aspectos, cae dentro del terreno de sus leyendas. Lo mismo que el calificarle de impotente e, incluso, de homosexual, motivado por el hecho de que no se le conoció ninguna relación femenina. También se decía de él que llevaba siempre una gran espada, en cuya empuñadura escondía píldoras de láudano, producto elaborado a base de opio. Y en cuanto a sus costumbres, su temperamento contestatario y provocador le llevaba a mantener siempre una postura casi extravagante que acabó por llevarle a una vida aventurera y un tanto desordenada, rodeado lo mismo de alquimistas, boticarios y médicos, como de campesinos, astrólogos, mineros, gitanos y gentes dedicadas a la magia y al ocultismo. Su constante errar no se detuvo ni después de muerto, pues sus restos fueron desenterrados gran número de veces y en parte saqueados.

Figura 9.1. Paracelso en un grabado, a los 47 años, donde se aprecia su calvicie y su gran espada (1540)

Paracelso como médico

Antes de tratar este aspecto de Paracelso, es importante analizar las características de la medicina de esos tiempos. Durante el Medievo la medicina seguida y practicada era la clásica, sobre todo la del médico griego Galeno, y así se enseñaba en las universidades. Se aceptaba de forma dogmática, tal y como aparecía descrita en los textos, pero sin intentar su análisis experimental. Por esta razón las recetas médicas se iban haciendo cada vez más complicadas y extrañas. Al llegar el Renacimiento surge la posibilidad de leer los textos clásicos de medicina directamente de sus versiones originales y no como ocurría en la Edad Media, a través de sus traducciones del árabe, que frecuentemente contenían deformaciones y errores de transcripción.

Y con esa lectura, algunos comienzan a reestudiar estos textos y aplicar la razón, en lugar de aceptarlos automáticamente, sin cuestionarlos. Entre estos "algunos" destacó, y con mucho, Paracelso. Eran tiempos de rebelión: rebelión en cultura, rebelión en religión y rebelión también en medicina, con Paracelso. Por ello, no sin razón, se le ha llegado a llamar el Lutero de la medicina.

En la revisión de las principales ideas de esa medicina grecorromana, hay que citar en primer lugar la medicina hipocrática. El griego **Hipócrates** (ca.460-ca.370 a.C.) postulaba una teoría de los elementos adaptada a la medicina: de forma análoga a los cuatro elementos de la naturaleza, existirían cuatro humores en el cuerpo humano: sangre, flema, bilis amarilla y bilis negra. De sus acciones combinadas resultaría la vida, existiendo siempre un equilibrio entre ellos, roto por la enfermedad. Para él esta última era un esfuerzo de la naturaleza tendente a la curación, por lo que el médico ayudaría a la misma si intensificaba esa reacción. Así, por ejemplo, la tos se curaría con algo que produjera tos. Es decir, *lo semejante se cura con lo semejante*. Para Hipócrates una determinada enfermedad tendría su origen en un desequilibrio de todo el organismo, desequilibrio ligado a su vez a una concatenación de circunstancias estrechamente relacionadas con la vida del paciente. Según este médico griego, sería pues necesario atender siempre al estado general del enfermo. Se trataba así de una visión en conjunto de los problemas, siendo por lo mismo una teoría medica sintética.

Galeno (ca.130-ca.210 d.C.), médico de origen griego pero ya de época romana, muy posterior a Hipócrates, tiene una visión muy distinta de la enfermedad, aunque continúa con la teoría de los humores. Rechaza la idea de aquel de la similitud y lo que hace es combatir las enfermedades con medicamentos de naturaleza opuesta a la misma (*contraria contrariis curantur*). Para Galeno la enfermedad estaría producida por una disminución local de la resistencia, y sus medicamentos irían destinados a combatir los síntomas. La causa de la enfermedad será ahora local, accidental y su concepción es pues analítica, frente a la sintética del individuo como totalidad, propia de Hipócrates. De ahí surgieron dos corrientes divergentes de la medicina, la *hipocrática* y la *galénica*, en oposición, que dieron lugar a grandes controversias y conflictos. Estos son reflejo, en realidad, de algo mucho más profundo que simples discrepancias en teorías médicas: revelan una actitud espiritual ante la enfermedad totalmente diferente.

La práctica médica romana se va separando cada vez más de la visión sintética hipocrática y así **Celso** (ca.25 a.C.-50 d.C.) —de quien nuestro Teofrasto von Hohenheim toma precisamente su famoso sobrenombre, como ya se ha comentado— continúa con la idea de la terapéutica de los contrarios. Este distanciamiento de la visión sintética se acentúa con la medicina árabe, de la que son claros ejemplos la práctica terapéutica de Avicena y de Averroes, quienes proclaman la importancia de los humores, pero sus recetarios carecen de una cohesión general. Sin embargo, el espíritu de síntesis hipocrático va a perdurar en cierto modo, aunque de forma más bien oscura, en los médicos de Alejandría durante toda la Edad Media, para resurgir plenamente a finales de esta entre los llamados médicos hermetistas. Lo cual está en íntima conexión con la alquimia, por lo que es aquí cuando hay que volver hacia Paracelso.

Paracelso fue el propulsor del llamado arte espagírico o *ars spagyrico*, cuyo nombre tiene su origen en los términos griegos "spao", separar, y "ageiro", juntar. La *medicina espagírica* o *espagirismo* suponía que de la materia se podía separar una materia sutil o energía. Una vez que esa energía se separaba de las sustancias curativas (minerales, vegetales o animales) podía unirse a la energía propia del ser humano y producir su curación. De ahí, pues, ese nombre de "espagírico", término con el que se conocía a aquellos alquimistas que utilizaban las técnicas y materiales alquímicos para preparar medicamentos.

Por otro lado, hay que tener en cuenta el hermetismo o doctrina hermética, que concebía al mundo como una unidad, estando todas sus partes en gran armonía, en una relación perfecta entre el individuo (microcosmos) y el universo u orden superior (macrocosmos). Aplicando esta doctrina a la medicina, Paracelso sostenía que, lo mismo que en el universo existen los cuatro elementos, en el ser humano habría cuatro elementos o *humores*, y también su evolución sería análoga. La enfermedad sería un accidente en esa evolución que le haría tomar una dirección equivocada, consistiendo la curación en una vuelta al camino correcto mediante la aplicación del remedio adecuado. En su terapia seguía el principio de la similitud, es decir se regía por la máxima de que "*lo similar cura lo similar*". Además, aplicaba dosis mínimas, según expresaba en una de sus famosas frases: "Nada es veneno, todo es veneno. La diferencia está en la dosis", *dosis sola facit venenum*. Es decir, ciertos venenos en pequeñas dosis pueden ser buenos medicamentos, por lo cual se le considera el antecedente más directo de la homeopatía.

Por otra parte, como en los tiempos de Paracelso no se conocía prácticamente nada del mecanismo de acción de los medicamentos, se recurría a la *teoría de las signaturas*, según la cual ciertos signos externos de aquellos, tales como color, forma o aspecto, eran signo de su adecuación para determinadas dolencias. Así, los granos de café serían buenos para las enfermedades del cerebro, o las sales de hierro, por su color rojo, lo serían para las de la sangre. Además, la medicina oficial de esa época recurría con frecuencia a las sangrías y purgas como procedimientos curativos, a lo cual él era totalmente contrario, de lo que venía su rechazo a esas prácticas de barberos y cirujanos, aunque él mismo practicara la cirugía si bien en el sentido que se entiende actualmente.

Paracelso propugnaba que el conocimiento sobre las enfermedades se conseguía no por medio del estudio en los libros, sino por la observación y la experiencia que proporcionaba el permanecer al lado del lecho del enfermo. Pero el ser médico era un don dado por la naturaleza, por Dios. Puesto que, por mucho que se estudiara, la naturaleza sería la que mostrase el proceso de curación: el médico constituiría, pues, un mero instrumento en cuanto a descubridor de las relaciones ocultas que rigen el organismo. Para él la medicina estaba sustentada sobre cuatro pilares: la filosofía, la alquimia, la astronomía y la virtud. Y en esto último, con su idea de que ante todo está el amor al prójimo, predicó con el ejemplo: prefirió siempre permanecer al lado de los enfermos más desfavorecidos por la fortuna antes que estar con los ricos y poderosos. Incluso esto lo cumplió después de muerto, ya que legó la mayoría de sus bienes a los pobres de la ciudad, según se escribió en su epitafio. Y siempre defendió los derechos de los campesinos en sus frecuentes levantamientos contra la nobleza opresora.

Es también interesante su *teoría del tártaro* sobre el origen de ciertas enfermedades. La llamaba así porque creía que, lo mismo que en los vinos se forman unos depósitos (el "tártaro", debido a los tartratos), en el organismo se crearían también unos depósitos mórbidos que provocarían la enfermedad. Tal sería la causa de la gota o de los cálculos en el riñón o en la vesícula. Estas ideas están recogidas y explicadas ampliamente en algunos de sus escritos dedicados a este tema. Por otra parte, pensaba que cada órgano estaba gobernado por un principio o ser espiritual, al que llamaba *arqueo* (del griego "archeus", origen, principio) y que actuaba como una fuerza vital. Así, en el proceso de la digestión, como según Paracelso los alimentos constaban de una parte venenosa y otra sana, la función del arqueo era la de separar una de otra, tras lo cual la parte venenosa era eliminada por el intestino. Si el arqueo estaba alterado, el veneno no se eliminaba y originaba la enfermedad. Por ello el médico debía actuar sobre el arqueo para que recuperara su actividad normal. También opinaba que el entorno del enfermo y su actitud y fe ante la enfermedad (así como las del médico) eran tan importantes para sanar como las mismas medicinas. En ese sentido, abogaba por la influencia de la sugestión, del factor psicológico, tanto en la forma de la enfermedad como en su curación. Identificó las características de muchas enfermedades, entre ellas la gota, el bocio, la sífilis, la lepra, el llamado baile de San Vito o la peste. En su lucha solía emplear, y frecuentemente con éxito, remedios minerales, aunque no es cierto que utilizara sólo este tipo de medicamentos, como se dice en algunos textos, ya que también hizo un profundo estudio sobre plantas medicinales y las usaba muy a menudo, como por ejemplo el opio (en general en forma de láudano, como ya se ha comentado).

Precisamente es aquí donde toma protagonismo su saber en alquimia. En la medicina espagírica, el punto central estaba no en los síntomas, sino en el propio individuo y en sus interacciones con el mundo externo, con el macrocosmos. Las fuerzas cósmicas podían ejercer una influencia beneficiosa sobre el organismo humano, por lo que había que descubrir los secretos cósmicos. Por ello, las mayores aportaciones de Paracelso a la medicina sean tal vez en su condición de alquimista, en cuanto a que la tendencia final de la alquimia es llegar al conocimiento del secreto íntimo de la naturaleza. Para él cualquier producto de la naturaleza podría constituirse en un fármaco, pero era necesario descubrir cuál podría ser su acción sobre el organismo, ya que cada enfermedad sería curada por un medicamento específico, un *arcano*. El arcano sería, pues, la parte más pura de las sustancias (ya fueran plantas, animales o minerales) que tendría propiedades curativas, y equivaldría en gran manera a lo que hoy conocemos como principio activo. Y de aquí el papel que jugaban la observación y las técnicas apoyadas en el conocimiento alquímico.

Paracelso como alquimista

A pesar de su ataque a las ideas clásicas y escolásticas sobre la naturaleza de la materia, Paracelso sigue adoptando la teoría de los cuatro elementos aristotélicos (tierra, fuego, aire y agua), a los que suma tres elementos alquímicos: el azufre y el mercurio, en lo que se aprecia la influencia directa de la alquimia árabe, a los que él añade la sal. Introduce de esta manera la doctrina llamada de los *tria prima* o tres principios. Estos principios eran cualidades universales que al ser depositadas sobre los elementos aristotélicos —los cuales hacían las veces de receptáculos— conferían la forma y propiedades características de cada sustancia, fueran estas metales o no, orgánicas o inorgánicas. Y los tres principios eran, pues, el *azufre* o alma, el *mercurio* o espíritu y la *sal* o cuerpo. Azufre o principio de inflamabilidad; Mercurio o principio de fusibilidad y volatilidad; Sal o principio de incombustibilidad y no volatilidad. El ejemplo paradigmático de Paracelso era el de la "destilación de la madera": el mercurio equivaldría a los humos y la parte volátil; el azufre correspondería a la luz y el destello del fuego, y la sal, a las cenizas y demás residuos sólidos. O de otra manera, el mercurio era el principio de lo líquido y de lo volátil; el azufre sería el principio de la combustión y del calor, y la sal, el de la solubilidad en el agua y la resistencia al fuego. Creía en la vieja idea alquimista de la transmutación, aunque en su sentido más amplio, ya que todo en la naturaleza sufría una transformación, desde los alimentos en la cocina a cualquier proceso químico o fisiológico (como la digestión). Pero, además, para él el fin último de la alquimia no sería lograr la transmutación a oro, sino la obtención de remedios para curar las enfermedades.

Aunque no siempre sea fácil comprender la distinción que hace Paracelso entre todos esos elementos, dado su lenguaje complicado y un tanto oscuro, lo esencial es que continúa con la idea de principios generales de la naturaleza: es decir, de elementos presentes en todos los cuerpos, pero variando su proporción de unos a otros. Puede afirmarse que si bien en medicina Paracelso fue un heterodoxo, como alquimista estuvo dentro de la ortodoxia.

Su teoría de los *tria prima* le proporcionó su idea sobre las medicinas minerales. Al estar siempre presentes esos tres principios, cuando en un organismo humano la proporción entre ellos (es decir, su equilibrio) se alteraba, se producía entonces la enfermedad y la curación venía por la administración del producto químico adecuado. De ahí que utilizara medicamentos de origen inorgánico. Tales eran los compuestos de metales pesados, como los de mercurio, que resultaron muy eficaces para combatir la sífilis (tratada hasta entonces con el guayano o "palo santo", planta americana) y la hidropesía (en este caso porque conocía las cualidades diuréticas de esos compuestos). O el azufre, para el tratamiento del bocio. Descubrió el éter y sus propiedades narcóticas, por lo que lo usaba en ciertas preparaciones para disminuir el dolor y para luchar contra procesos epilépticos o para mitigar las convulsiones espasmódicas del "baile de San Vito". También demostró la precipitación de los ácidos mediante la orina y que las aguas de los balnearios, ácidas, prevenían la formación de cálculos en la vesícula y eran beneficiosas para la digestión. En otros tratamientos curativos empleó asimismo compuestos de antimonio, arsénico, zinc, cobre o hierro. Por otra parte, hay bastantes aspectos innovadores en la práctica química debidas a Paracelso. Tales son, entre otros, que en sus experimentos con metales aprendió a utilizar "agua regia" para disolver muchos de ellos; aisló el hidrógeno; tuvo la idea de concentrar el alcohol de su contenido en agua mediante un proceso de congelación, o fue el primero en sugerir que el aire no era un elemento simple.

En cuanto a la naturaleza y evolución de los metales, seguía las ideas clásicas de Aristóteles sobre su gestación y crecimiento en el interior de la tierra, que ya hemos comentado en diversas ocasiones. Los alquimistas pensaban que todos los metales irían perfeccionándose allí lentamente, hasta alcanzar el estado de perfección, el del oro (o el de casi perfección, la plata). Y creían también que esta evolución podía ser acelerada o incluso provocada de manera artificial por la mano del adepto, que en su laboratorio debía descubrir el secreto que ocultaba los procesos eficaces para lograrlo. De ahí el gran número de operaciones y técnicas desarrolladas durante toda la Edad Media para alcanzar esa meta, la conversión de los metales en oro (la famosa "proyección" para conseguir la transmutación). Pero, según Paracelso, esa evolución sólo podría hacerla la naturaleza, en las profundas capas del interior de la tierra, gobernadas por fuerzas cósmicas desconocidas por el ser humano. Y lo único que podría hacer este era extraer muestras de los filones metálicos del subsuelo y aislar de ellas el metal, que sería utilizado en el estado de evolución en que se encontrase en el momento de su extracción de la mina. Es por ello que la "impaciencia" del minero era la causante de que el metal no tuviera tiempo de alcanzar la dignidad de oro, por lo que se empleaba como metal grosero en muy diferentes usos. Se requería gran habilidad para realizar en el laboratorio esas operaciones, y basándose en estas ideas los seguidores de Paracelso consiguieron realizar gran número de ellas con compuestos metálicos, tales como disolución, oxidación, calcinación, sulfuración, reducción, ataque por agentes corrosivos, fusión alcalina, aleaciones... Y fueron operaciones que proporcionaron evidencias que a la larga resultaron fundamentales para la llegada de la química moderna.

No obstante, a pesar de sus interesantísimos aciertos y observaciones, Paracelso era un ser contradictorio, lleno de fantasías, con un mundo mágico propio. En sus escritos alude a que mantenía relaciones con el mundo del interior de la naturaleza través de su contacto con seres de las aguas, como las ondinas, del fuego, como las salamandras, de la tierra, como los gnomos, y del aire, como los silfos. También admitía la posibilidad de fabricar artificialmente un ser humano, el *homúnculo*, en lo cual se percibe claramente su instrucción en los principios de la cábala, pues sería un reflejo de la figura del *golem* de la tradición de la cábala judía centroeuropea. En cuanto a la astrología, creía en ella y, en relación con su medicina, asociaba con los astros las distintas partes del cuerpo: así, el cerebro con la luna, el hígado con el planeta Júpiter o el corazón con el sol. Para él el ser humano tenía una triple dimensión: un cuerpo físico, que le haría pertenecer al mundo visible; un cuerpo astral (su espíritu), que le haría pertenecer al mundo sideral, y un alma inmortal, por la que estaría también en el mundo espiritual. Suponía que el universo sería un flujo y reflujo de vida, constante y eterno, que pasaría de Dios a los hombres y a todas las cosas, y de todos estos a Dios, por lo que su doctrina ha sido a veces calificada como una especie de panteísmo. Pese a este mundo mágico, Paracelso, poseía también cierto racionalismo y desde luego empirismo, si bien un empirismo controlado por la doctrina cristiana, ya que el universo sería la obra de un químico y se regiría por unas leyes químicas. Por ello, la descripción de la creación del mundo según aparece en el escrito bíblico del Génesis la interpretaba asimismo como una alegoría química.

Iatroquímica: alquimia para la medicina

Según Paracelso, el objetivo de la alquimia no era la transformación de los metales en oro, sino crear remedios para las enfermedades. Porque fue ante todo un médico y su actividad en la alquimia ha sido por y para la medicina: probablemente su mayor aportación a esta última disciplina haya sido a través de la alquimia, con sus medicamentos de origen mineral. Siempre se sintió atraído por la observación de los fenómenos naturales, tanto de los organismos vivos como de los distintos productos del mundo mineral. Todo lo cual le condujo a importantes hallazgos en medicina y también en alquimia. Así, a través de su trabajo en las minas, cuando aún era un adolescente, comienza su conocimiento acerca de procesos metalúrgicos, reforzado por la enseñanza directa de su padre sobre la alquimia. De ahí probablemente su interés por las minas y también por los manantiales de aguas termales, como laboratorios de la naturaleza donde podía analizar los procesos químicos que allí tenían lugar. En su estudio acerca de metales y compuestos minerales, cuyo objetivo inicial era conseguir obtener los medicamentos inorgánicos que tan famoso le hicieron, mucho de su conocimiento empírico lo recibió directamente de la práctica de mineros y fundidores. Y tal vez constituya esto su mayor aportación a la química y también a la medicina, es decir, la obtención de sus *medicamentos de origen mineral*. Hay que recordar en este punto a Rupescissa, con su idea del poder medicinal de la quintaesencia extraída por destilaciones del vino, así como de las plantas. Pero lo que le interesaba a Paracelso era el residuo de sales inorgánicas que quedaba tras la destilación, más que la destilación en sí misma.

Consideraba que la medicina debía apoyarse en la química y en este sentido es el fundador de la llamada *iatroquímica* (del término griego "iatros", médico), que podríamos definir como una especie de química médica, química farmacéutica y toxicología. Fue una verdadera revolución en el campo de la medicina, y también en el de la química, y muy pronto tuvo gran número de seguidores, de lo cual se tratará más ampliamente en el Capítulo 10.

Obra escrita de Paracelso

Paracelso era un ser contradictorio. Esta misma contradicción se refleja en los sentimientos que provocó en los demás. Fue perseguido y ridiculizado, aunque también ensalzado y admirado. Pero lo que es innegable es que su impacto ha sido enorme, tanto en su época como en épocas posteriores. Entre médicos y alquimistas, pero también entre personajes, y algunos muy ilustres, de todas las esferas. Tuvo muchísimos y fervientes seguidores, a veces convencidos, sinceros, a veces movidos más bien por el afán de llegar a apropiarse de sus secretos de sanación. Y asimismo se granjeó grandes enemigos y detractores, con frecuencia poderosos. Erasmo de Rotterdam al principio contó entre sus defensores, aunque luego lanzara contra él severas críticas. Ha influido también en filósofos y científicos, como Francis Bacon (1561-1626), si bien Robert Boyle (1672-1691) atacó sus ideas sobre los *tria prima* en su libro *El Químico Escéptico*. También entre escritores está presente su figura: Rabelais (ca.1494-1553) le ridiculiza en sus escritos, mientras que Goethe (1749-1832) siente por él gran admiración, presentando al Doctor Fausto, el personaje de su famosa novela *Fausto* (1808 y 1832), como creador de un homúnculo. Paracelso ha inspirado también textos rosacrucianos, y su efigie aparece en la simbología masónica. Y asimismo fue retratado, tanto en pinturas como en grabados, por importantes artistas, como Alberto Durero (1471-1528) y el mismo Pedro Pablo Rubens (1577-1640). En épocas muy posteriores su gran influjo se sigue sintiendo. Puede decirse que es el directo inspirador de la homeopatía, y el prestigioso psiquiatra Carl Gustav Jung, también suizo (del que se trató en el Capítulo 1), en sus estudios sobre la alquimia dedica a Paracelso un considerable espacio para estudiar su obra y personalidad, reflejado en su texto *Paracélsica*. Reconoce en él al iniciador no sólo de la medicina química, sino también de la medicina psicosomática y de la psicología del subconsciente.

En cuanto a su obra escrita, es muy amplia, constituida por textos autógrafos de Paracelso y por manuscritos de sus discípulos, dictados por él o tomados de sus lecciones. La mayor parte se publicaron después de su muerte: tras ser cuidadosamente recopilados y revisados, aparecieron en una edición única de los años 1589 y 1590, en la ciudad de Colonia. Esa colección recoge un total de ciento seis obras: cincuenta sobre medicina, veintiséis sobre magia, nueve sobre filosofía e historia natural, siete sobre alquimia y catorce sobre temas varios. Entre sus escritos autógrafos hay que destacar el *Paramirum* y el *Opus Paragranum*, ambos de medicina, lo mismo que los textos dedicados a la peste o su magnífico tratado sobre la sífilis. Asimismo es importante su *Chirurgia Magna*, acerca de procedimientos quirúrgicos. Aunque las obras de Paracelso en su mayoría versan sobre medicina, contienen muchas e interesantes notas de alquimia. Entre las dedicadas a esta última hay que señalar su *Archidoxis*. Además, tiene el mérito de haber realizado el primer texto sobre enfermedades profesionales al escribir acerca de las enfermedades de los mineros, con los que mantuvo tanto contacto. Según su criterio, esas enfermedades estarían producidas por la inhalación del polvo de las minas (se refería a la antracosis y silicosis). Y también parece ser que fue el primero en emplear la palabra *chemie* en lugar de alquimia en algunos de sus escritos.

El lenguaje de sus obras es en general bastante oscuro y confuso, característica que por otra parte suele ser común a los escritos alquímicos y a la simbología cabalística. Pero también pudiera haber contribuido a ello su muy frecuente estado de embriaguez (aunque esta opinión tal vez sea sólo fruto de las maledicencias de sus detractores). Sus obras se publicaron en alemán, si bien después se tradujeron a otros idiomas, con lo que muy pronto se extendieron por toda Europa sus nuevas ideas en medicina. Incluso, apareció también una edición en latín.

Y a modo de recapitulación, recordemos que Paracelso creó una rama de la química, la *iatroquímica*, con la que dio un vuelco a la medicina y a la farmacopea, al contribuir a que fueran desapareciendo en ellas los rasgos alquímicos para tomar un sesgo científico. En cuanto a la alquimia, su papel en este campo ha sido probablemente sobrevalorado. No obstante, gracias a él se dio un giro al trabajo experimental, al abogar no sólo por la observación sino también por el razonamiento. Pero también hay que considerar la dimensión esotérica de Paracelso, que marcó de forma notable sus ideas y su comportamiento.

Capítulo 10

ALQUIMIA A LO LARGO DE LA EDAD MODERNA

Alquimistas de la Edad Moderna
Los iatroquímicos, seguidores de Paracelso
Binomio alquimia-química

Alquimistas en la Edad Moderna

Hemos estudiado a Paracelso como figura de la alquimia perteneciente a la primera fase de la Edad Moderna, el Renacimiento. Pero, evidentemente, la actividad alquímica no quedó reducida a este personaje, de quién por otra parte el aspecto de médico fue más importante que el de alquimista.

Durante el Renacimiento y todo el resto de la Edad Moderna la alquimia sigue la misma trayectoria que en los tiempos medievales, aunque con notables variantes. En cuanto al secretismo y al lenguaje oscuro, tan característicos de la alquimia, continúan siendo requisitos básicos del buen alquimista, comprometido a no divulgar sus avances hacia la Gran Obra, conocimiento sólo en posesión de los iniciados. Pero como ya se ha comentado anteriormente, tiene comienzo una tendencia que va tomando fuerza: la del alquimista que escribe de alquimia pero que no experimenta en el laboratorio, y que busca ante todo la transmutación del individuo. Con este alquimista teórico va incrementándose el carácter esotérico de la alquimia, con lo que los tratados se hacen más crípticos, de tal manera que su lectura llega a ser casi ininteligible. Esto a la larga será sumamente negativo, pues impedirá la comunicación de los resultados de sus investigaciones, tan imprescindible para progresar en el conocimiento de toda disciplina.

Seguidamente se hará una revisión de los tratados alquímicos más significativos de esta etapa y de sus autores:

En primer lugar citaremos uno de los escritos de alquimia más interesantes, *El Carro Triunfal del Antimonio* (*Carrus Triumphalis Antimonii*), que es en realidad la primera monografía dedicada a un elemento químico, en el sentido actual de este término. Se atribuyó por mucho tiempo a un alquimista alemán del siglo XV, llamado **Basilio Valentín**, nacido hacia 1394 en Alsacia y que fue monje benedictino en Erfurt. Se dijo que esta obra (como todas las que escribió) fue encontrada por azar en la abadía donde vivió este monje, al derrumbarse parte de la iglesia donde estaban emparedadas. Por ello no apareció publicada hasta mucho después de morir Valentín. Contiene todo lo que se sabía sobre las propiedades de muchos compuestos de antimonio, concediendo especial atención a la aplicación de sus sales con fines curativos (por ejemplo, en enfermedades venéreas). También se llegó a decir que fueron sus mismos compañeros de congregación, con los cuales a veces experimentaba empleando estas sales, los que les dieron irónicamente el nombre de "anti-moine", es decir, antimonje (de la palabra "moine", monje en francés), de donde derivaría la palabra *antimonio* —también esto, según se dice— para el elemento correspondiente, que sustituyó al nombre latino de *stibium*. Pero esta versión no resulta muy fiable, por lo cual se han dado otras más creíbles, como que vendría de "anti", contrario, y de "mono", sólo, único, ya que siempre se le encontraba en la naturaleza formando parte de compuestos, pero nunca aislado. Otros le dan un origen árabe, de la palabra "ithmid", opción que parece más probable.

Otro importantísimo tratado de este alquimista es el titulado *Las Doce Claves de la Filosofía* (*Duodecim Claves Philosophiae*), en el que se explican las doce etapas o *doce claves* necesarias para la preparación de la Piedra Filosofal, es decir, para lo que es la Gran Obra (*Opus Magnum*) de los alquimistas. La Figura 10.1 corresponde a la ilustración de la duodécima clave: aquí se observa a un alquimista al lado del fuego de su atanor y a un león con una serpiente entre las fauces. Según la simbología alquímica, el león representaría lo volátil, mientras que la serpiente significaría lo terrestre, lo fijo. Si ahora pensamos en los elementos alquímicos de mercurio (volátil) y azufre (fijo), ya tendremos más clara la simbología: esto expresaría que lo volátil, el león (es decir, el mercurio), se fija gracias a que devora al elemento fijo y terrestre, la serpiente (es decir, el azufre). También aparecen el sol y la luna a través de la ventana.

Figura 10.1. Duodécima clave de *Las Doce Claves de la Filosofía*, de Basilio Valentín.

En alquimia el término ***fijar*** significa el proceso mediante el cual una sustancia volátil se transforma en una forma sólida, que ya no lo es. Esto es lo que hacía el azufre, sólido que no se volatiliza, sobre el mercurio: el azufre lo "fijaba", evitando que este, líquido y volátil, desapareciese. En el *lenguaje químico actual* diríamos que el mercurio reacciona con el azufre para dar una nueva sustancia, que ya no es volátil.

Otra de las obras más sobresalientes de Basilio Valentín es el *Tratado del Azoth*, escrita en latín y en alemán (las dos anteriores se publicaron inicialmente sólo en latín). Sin embargo, hay muchas dudas sobre la existencia real de este alquimista y parece ser, con bastante seguridad, que estos textos fueron creados —lo mismo que ese personaje ficticio— mucho después, hacia 1600, por **Johann Thölde** (también **Thöldius** o **Toeltius**, ca.1565-1614), alquimista, autor, editor y propietario de unas salinas, asimismo alemán. Y fue en esos años cuando Thölde, como editor que era, publicó los textos de Basilio Valentín. Por otra parte, hasta entonces no se había encontrado mención alguna de este monje. Por estas todas razones, se ha incluido aquí a este alquimista y no en la Edad Media, como le hubiera correspondido a Valentín. Pero el hecho de que sea uno o sea otro el verdadero autor de estas obras, no excluye que sean de un enorme valor para la historia de la alquimia. Por otra parte, recordemos que en esta disciplina era un hecho bastante frecuente encubrir el nombre del autor real bajo el de otro.

Hubo gran número de alquimistas en esos siglos, pero muchos de ellos no dejaron aportaciones dignas de mención. No obstante, hay algunos que no deben olvidarse. A continuación, se hará una revisión de las figuras más significativas, agrupadas por regiones geográficas y en orden cronológico. Comenzaremos por los territorios de lo que actualmente es el *Reino Unido*:

En primer lugar, citaremos a **George Ripley** (ca.1415-1490), alquimista y canónigo agustino, nacido en una localidad de Yorkshire (Inglaterra). Estuvo en varios países del continente europeo para ampliar sus estudios, y se ha dicho que en Italia permaneció durante veinte años y que entabló una gran amistad con el papa Inocencio VIII (1432-1492), aunque esto último parece ser sólo una leyenda. Tras volver a Inglaterra escribió en 1471 su más famosa obra, la titulada *The Compound of Alchymy* (*El Compendio de la Alquimia*), o también *The Twelve Gates leading to the Discovery of the Philosopher's Stone* (*Las Doce Puertas que conducen al Descubrimiento de la Piedra Filosofal* o simplemente *Las Doce Puertas*), dedicada a Eduardo IV de Inglaterra (1442-1483), rey que admiró profundamente a Ripley. Otras de sus obras son la *Cantilena Riplaei*, una de las primeras composiciones poéticas sobre alquimia; la llamada *Los Pergaminos de Ripley*, y *Medullae Alchymiae* (*La Médula de la Alquimia*), escrita en 1476, donde también se describen los secretos de la Piedra Filosofal.

John Dee (1527-ca.1608), nació en Londres durante el reinado de Enrique VIII (1491-1547) y llegó a ser uno de los hombres más eruditos de su tiempo, formado en importantes centros educativos de la Universidad de Cambridge. Matemático, astrónomo, experto en navegación, astrólogo y ocultista, seguidor del neoplatonismo renacentista de Marsilio Ficino. Su enorme interés por la astrología hizo que se adentrara en el mundo de la magia y también le llevó al estudio de la alquimia, la filosofía hermética y la adivinación. Y fueron sobre todo sus conocimientos en ciencias ocultas los que le valieron su fama como mago y la protección de los monarcas ingleses de la época. Así, Eduardo VI (1537-1553) le concedió una pensión para que siguiera con sus estudios y experimentos sobre magia, y su sucesora, María Tudor o María I (1516-1558), le encargó los horóscopos de ella y de su prometido, Felipe II de España ante su próxima boda. En 1558, al de subir al trono la que iba a ser Isabel I (1533-1603), le pidió que estudiara el día más propicio para su coronación, y por muchos años Dee fue su consejero y astrólogo, gozando de la confianza e incluso de la amistad de la reina. Hacia 1580 se inició un largo periodo de su vida, en el que intentó comunicarse con los ángeles para conocer el lenguaje universal de la creación. Dentro de esa etapa se enmarca su relación con el alquimista inglés **Edward Kelly** (1555-1597), también investigador de lo oculto, si bien se le ha considerado como un impostor y un charlatán. Dee le conoce en 1582 y le toma como médium entre él y los ángeles, dando así una serie de "conferencias espirituales". Juntos viajan por Europa, donde tienen audiencias con el emperador Rodolfo II y con el rey de Polonia, pero su relación termina y Dee vuelve a Inglaterra en 1589. Todo ello le llevó a ser considerado uno de los ocultistas más brillantes del Renacimiento. Pero aparte de esto hay que recordar sus profundos conocimientos en materias científicas, tan importantes en unos momentos de gran actividad náutica necesaria para la intensa expansión imperial británica y, en este sentido, formó a muchos navegantes. Por otra parte, influyó en muchos alquimistas y tuvo contacto directo con algunos.

También inglés era **Robert Fludd** (ca.1574-1637), o Robertus de Fluctibus, prestigioso médico paracélsico, astrólogo, místico, alquimista, musicólogo, matemático y filósofo, sobre todo conocido por su investigación en el campo de la filosofía oculta y del saber hermético. Para analizar su legado, hay que considerar que ante todo era un espiritualista. Muy joven, emprendió un viaje de estudios por el continente europeo, estudiando medicina, alquimia y ciencias ocultas. En 1604 regresó a su país, donde en la Universidad de Oxford obtuvo su doctorado en medicina. Fue defensor del pensamiento alquímico y del Rosacrucismo (aunque nunca llegara a ser miembro de esta sociedad, como se ha llegado a decir), basándose en muchas de sus doctrinas para describir al ser humano, la naturaleza y el universo. Posiblemente fue durante su estancia en Alemania cuando Fludd entró en contacto directo con el movimiento rosacruz, reforzado este hecho por su amistad con Michael Maier, que sí era rosacruciano, como se tratará posteriormente. En su vertiente de médico y alquimista, se interesó por las ideas de Paracelso y también estuvo influido por el pitagorismo y el neoplatonismo, adoptando su fusión paganismo-cristianismo y la idea macrocosmos-microcosmos. Todo lo cual le llevó a una concepción armónica del mundo y del ser humano, tan característica de su época, el Renacimiento. En medicina fue un precursor, especialmente por ser el primero en estudiar la circulación de la sangre, y lo hizo a través de la analogía del macrocosmos-microcosmos, teoría según la cual todo cuanto acontece en el microcosmos (ser humano) está bajo la influencia del macrocosmos (cielo). En este sentido plantea la idea de que la sangre circula porque el corazón sería como el Sol, y la sangre, como los planetas (hay que tener en cuenta que en esa época ya se había aceptado el heliocentrismo, según el cual los planetas giran alrededor del Sol, y no alrededor de la Tierra, como se pensaba en tiempos anteriores). Y lo curioso es que con esta teoría llegó a una conclusión correcta, si bien después fue el también médico inglés William Harvey (1578-1657) quien explicara este fenómeno fisiológico, aunque ya en términos experimentales. Fue célebre la intensa discusión que mantuvo con Kepler sobre el enfoque científico o hermético del conocimiento. Es autor de gran cantidad de tratados abordando temas muy diversos, desde música e instrumentos musicales, geometría, arte... a alquimia y sabiduría hermética, astronomía, anatomía, adivinación, quiromancia, la creación del mundo o la constitución del ser humano. Puede afirmarse que abarcó casi todos los saberes de su tiempo. Sus escritos, voluminosas obras herméticas, son casi todos de carácter compilatorio, y van acompañados de excelentes grabados que ilustran sus ideas. Su obra cumbre es la que abreviadamente se conoce como *Utriusque Cosmi Historia* (1617), en la que está expresada gran parte de su filosofía (Capítulo 11), y que fue incluida en el Índice de los Libros Prohibidos de la Santa Sede en 1625. Hay que destacar asimismo *Amphitheatrum Anatomicum*, publicado en 1623, donde hace su descripción místico-cosmológica de la circulación de la sangre.

Asimismo puede incluirse en este apartado al alquimista escocés **Alexander Seton** (¿?-ca.1604), de vida rodeada de misterios y leyendas, de lo que se tratará más adelante, en el Capítulo 12. Y también al irlandés **Richard Stanihurst** (1547-1618), poeta, historiador y también alquimista, aunque en esta última faceta sea menos conocido, debido a la escasa información que hay hasta el momento. Nacido en Dublin (por lo que también se le conocía como "el Dublinés"), estudió en Oxford y se estableció después en los Países Bajos. Hacia 1590 fue llamado a la corte de Felipe II, al laboratorio que este mandó construir en el Monasterio de El Escorial. Precisamente escribió un pequeño tratado en castellano, *El Toque de Alquimia* (1593), que dedicó al monarca y en el que daba una serie de indicaciones y consejos para distinguir a los alquimistas verdaderos de los falsos, y donde citaba entre otros a Llull, Paracelso y Ripley.

Hubo muchos alquimistas pertenecientes a lo que hoy conocemos como *Alemania* (grupo en el que debe incluirse a Johann Thölde, del que ya se ha tratado).

Tal es **Heinrich Cornelius Agrippa von Nettesheim** o simplemente **Cornelius Agrippa** (1486-1535), natural de Colonia, escritor experto en ocultismo, filosofía, cábala, medicina, alquimia…, verdadero personaje renacentista por sus variados y profundos conocimientos. Una de sus obras más importantes es *De Occulta Philosophia Libri Tres* (*Los Tres Libros de la Filosofía Oculta*), un tratado de magia y ocultismo (Colonia,1533), incluido en el Índice de los Libros Prohibidos.

Heinrich Khunrath (ca.1560-1605), natural de Dresde, fue médico, filósofo hermético y alquimista. Se mostró adepto de la alquimia espiritual, como lo demuestra en su obra más famosa, *Amphitheatrum Sapientiae Aeternae* (*Anfiteatro de la Sabiduría Eterna*), un clásico alquímico. Discípulo de Paracelso, ejerció la medicina en varias ciudades. En sus frecuentes viajes conoció a importantes alquimistas, como John Dee y Johann Thölde, y permaneció por un tiempo en la corte de Rodolfo II en Praga. Desarrolló una magia natural cristianizada, con una visión hermética siempre dentro de su compromiso con la teología luterana. Buscaba así encontrar la prima materia secreta que llevase al ser humano a la sabiduría eterna. Pero también sostuvo que la experiencia y la observación eran esenciales para la investigación alquímica práctica. Algunas de sus ideas eran de naturaleza cabalística y presagiaron el Rosacrucismo.

Otra importante figura alemana es **Michael Maier** (1568-1622), médico y alquimista que nació en una localidad cercana al mar Báltico. Estudió filosofía y medicina en varias universidades europeas, y obtuvo su doctorado en medicina en la Universidad de Basilea, tras lo cual ejerció la profesión médica en varias ciudades alemanas. Comenzó por entonces a interesarse por la alquimia, y cuando en 1608 llegó a Praga, se ganó el aprecio de Rodolfo II, en tal grado que al año siguiente Maier se convirtió en médico y consejero imperial. Sin embargo, su posición en la corte se fue deteriorando, con lo que se vio obligado a marcharse en 1611. Se abre así un periodo, hasta 1616, en el que visitó varios estados del Sacro Imperio, así como Inglaterra, permaneciendo una temporada en Londres en la corte de Jacobo I (Jacobo IV de Escocia y I de Inglaterra, 1566-1625). A su regreso a Alemania sirvió a varios príncipes alemanes, algunos de ellos protectores de la alquimia. Es autor de numerosas obras, así como de un número considerable de trabajos que dejó al morir sin publicar. Sus escritos más importantes son dos, ambos publicados en Frankfurt en 1617: *Symbola Aurea Mensae Duodecim Nationum* y sobre todo *Atalanta Fugiens* (*La Fuga de Atalanta*), sumamente interesante, de la que se tratará con más detalle posteriormente. Fue siempre un devoto luterano y se le considera dentro del movimiento espiritual de los Rosacruces, que surgió en las primeras décadas del siglo XVII.

También alemán es **Johann Kunckel** (1630-1703), químico experimental muy hábil, boticario y también alquimista, que estuvo en las cortes de Dresde y de Berlín, y tal fue su fama por los conocimientos que poseía que fue requerido por el rey de Suecia, Carlos XI (1655-1697), para que se instalara en su corte de Estocolmo, donde le concedió un título de nobleza. Como alquimista creía en la transmutación, si bien denunció por fraude a muchos que pretendían haberla conseguido. Como químico, lo más destacable es que logró preparar en el laboratorio el fósforo blanco y descubrió la forma de cómo fabricar rubí artificial, que no era más que un tipo de vidrio rojo.

En *Polonia* la figura más sobresaliente es **Sendivogius** (1566-1646), nombre con el que se conoce a **Michał Sędziwój**, alquimista y médico, que también hizo importantes contribuciones en el terreno de la experimentación química, como es la purificación y la preparación de algunos ácidos y metales. En el aire hizo un descubrimiento muy importante, afirmando que no era una sustancia única y que contenía algo que daba vida, por lo que lo llamó "alimento de la vida". Identificó esta sustancia en 1604 al calentar salitre, pero realmente no era otra cosa que el oxígeno, que fue descubierto mucho después (hacia 1772) por el químico germano-sueco Carl Wilhelm Scheele (1742–1786). Esta idea de una sustancia como "alimento de la vida" ocupó una posición central en el esquema que hizo Sendivogius del universo y fue adoptada por Newton en sus trabajos de alquimia (Capítulo 12). De familia perteneciente a la nobleza, Sendivogius nació en una localidad próxima a Cracovia, en cuya universidad estudió, así como en las de otras ciudades europeas. Conoció a Dee y a Kelly, gracias a los cuales el rey de Polonia financió sus experimentos. Después, hacia 1590 acudió a Praga, donde permaneció unos años protegido por Rodolfo II, lo mismo que Maier, Khunrath y tantos otros. Durante los últimos años de su vida permaneció en Bohemia, comisionado por el emperador para el diseño de minas y fundiciones de metal. Su obra más famosa es *Novum Lumen Chymicum* (*La Nueva Luz Química*). Es un personaje sobre el que se han creado muchas leyendas, como se comentará en el Capítulo 12.

En cuanto a autores de recopilaciones, es notable el médico y alquimista bohemio (hoy República Checa) **Daniel Stolz o Stolcius**, según su apellido latinizado (1600-1660), discípulo en Praga de Michael Maier. Escribió *Viridiarium Chemicum* (*El Huerto Químico*), publicado en Praga en 1624 y que reúne más de cien ilustraciones alquímicas de grandes maestros, acompañadas de un breve poema de Stolcius. Es una obra de gran valor, en la que el autor realizó una cuidadosa labor de compilación de importantes tratados alquímicos con un criterio unificador, dando así sentido a lo escrito y representado por distintos autores acerca del proceso de la obtención de la Piedra Filosofal.

Y siguiendo con las recopilaciones sobre alquimia, no podemos dejar de mencionar una obra muy conocida en su tiempo, la llamada *Musaeum Hermeticum* (*Museo Hermético*), que es un compendio de tratados alquímicos, publicada inicialmente en alemán por el grabador y editor Lukas Jennis (1590-1630), en Frankfurt (1625), a la que siguió una edición en latín con material adicional (1678). Su objetivo era exponer de manera compacta una colección representativa de escritos alquímicos relativamente breves y no muy antiguos, a modo de suplemento de las grandes compilaciones o enciclopedias herméticas, como el *Theatrum Chemicum* (1602–1661) o la *Bibliotheca Chemica Curiosa* (1702). El *Musaeum Hermeticum* presentaba la ventaja de ofrecer una visión de una alquimia menos oscura que las obras de los maestros tradicionales. Constaba de una serie de capítulos, cada uno escrito por un autor distinto (un total de doce en la primera edición), entre los que destaca las *Doce Claves* de Basilio Valentín.

Sobre los aspectos experimentales de la alquimia y el laboratorio alquímico, hay un tratado muy interesante, el *Liber de Arte Distillandi de Simplicibus* (también llamado *Kleines Destillierbuch*), publicado en 1500 y cuyo autor es **Hieronymus Brunschwig** (ca.1450-ca.1512), cirujano, alquimista y botánico alemán. Como cirujano, alcanzó notoriedad por sus métodos en el tratamiento de heridas de bala y, en relación con la alquimia, por sus trabajos sobre técnicas de destilación, a las que hace referencia esa obra, la más conocida de todas las que escribió. En ella, entre otros aspectos, se hace una descripción detallada de los métodos y aparatos de operaciones de laboratorio, con interesantes dibujos (figuras 7.1a y 8.1b), y donde se puede percibir la influencia del tratado *De Consideratione Quintae Essentiae*, de Rupescissa. Tuvo gran difusión, ya que se hicieron muchas ediciones posteriores y también se tradujo a otros idiomas.

La alquimia no sólo se extendió por toda Europa, sino que traspasó el Atlántico, llegando a América. Ejemplo de ello es el alquimista y médico norteamericano **George Starkey** (1627-1665), que aseguraba tener una receta para obtener la Piedra Filosofal. Hijo de un calvinista escocés, estudió en Harvard y en 1650 emigró a Inglaterra, concretamente a su capital, donde pasados unos años murió de peste durante la Gran Plaga de Londres. Autor de importantes obras, que ejercieron gran influencia en personalidades tan destacadas como Boyle y Newton (Capítulo 12). A menudo se le atribuye el pseudónimo de **Ireneo Filaleteo** (o **Eirenaeus Philalethes**), aunque las últimas investigaciones han puesto en duda esta hipótesis. Este fue un alquimista británico de identidad desconocida y del que muy poco se sabe, pero que llegó a ser uno de los grandes maestros de la alquimia de mediados del siglo XVII. Autor de de numerosos escritos, siendo uno de los más destacados *La Puerta Abierta al Palacio Cerrado del Rey* (Londres, 1669). También escribió un interesante comentario sobre las obras de Ripley, *Visión de Ripley* (Londres, 1677). Sus obras fueron leídas por importantes figuras de esa época que han quedado para la ciencia, como son Boyle, Newton y Leibniz.

En España no puede dejar de mencionarse a **Diego de Santiago** (mediados s. XVI-mediados s. XVII), farmacéutico seguidor de Paracelso (aunque realmente no fue alquimista), que como destilador realizó importantes aportaciones, como son la destilación a vapor y el montaje de grandes torres de destilación. Todo ello está reseñado en su obra *Arte Separatoria*, escrita en castellano y no en latín, como solía hacerse entonces. Está constituida por dos libros y se la ha llegado a considerar a veces como uno de los textos de química más importantes de su tiempo. De Santiago nació en un pueblo de Cáceres, en el que trabajó, pasando después a San Lorenzo de El Escorial y a Sevilla, donde publicó su famoso libro en 1589. También en esta ciudad escribió un folleto sobre consejos prácticos para combatir la peste, *Preservativos contra la Peste* (Sevilla, 1599). Pero los trabajos por los que será más recordado están relacionados con su puesto de "destilador de su Majestad" (según él mismo se califica en la portada de su famosa obra). Anexo a la Botica del Monasterio de San Lorenzo el Real de El Escorial se había construido un laboratorio por voluntad del Felipe II, donde se instalaron una serie de aparatos de grandes dimensiones, tales como un horno y cuatro tipos de destiladores. Uno de éstos era el de Diego de Santiago, adosado a la pared y constituido por veintiséis vasos de vidrio, a distintas alturas y todos conectados entre sí, cuya finalidad principal era la destilación de aceites y esencias. Desgraciadamente no se ha conservado ese laboratorio de El Escorial.

Son más los alquimistas de estos siglos cuya obra ha quedado para la posteridad. No podemos incluirlos aquí a todos, aunque los trabajos de algunos de ellos serán comentados en capítulos posteriores.

Los iatroquímicos, seguidores de Paracelso

Paracelso abrió con su preparación de medicamentos de origen mineral un nuevo camino no sólo en la medicina sino también para la química, creando en esta una rama, la iatroquímica, como ya se ha tratado en el Capítulo 9.

El fundamento de la iatroquímica puede resumirse en esta idea básica: los *fenómenos psicológicos y patológicos son debidos a reacciones químicas*. La vida de los seres humanos era un proceso químico por lo que la enfermedad, o alteración de ese proceso, debía superarse por procedimientos también químicos. Tiene, pues, un sentido muy moderno que enlaza en cierto modo con la bioquímica, si bien según Paracelso esas reacciones estaban gobernadas por un espíritu vital, detrás del cual estaba Dios. En el macrocosmos existían los *astra*, estrellas visibles unas e invisibles otras que, al llegar al microcosmos, impregnaban la materia y le daban sus distintas formas y propiedades características de cada cuerpo. Las enfermedades podían ser superadas mediante una "esencia astral" específica, que debía ser determinada por el químico (es decir, por el médico alquimista) a través de la experimentación. Para obtener los medicamentos adecuados, el alquimista debía conseguir esa esencia y obtenerla pura, para lo cual la separaba de sus impurezas mediante el fuego y el proceso de destilación, principalmente, aunque también intervenían otras técnicas habituales (como filtración, extracción, sublimación...). Lo que importaba eran, precisamente, los restos de esa destilación: así, al destilar materiales orgánicos, como eran las plantas, quedaban unos residuos inorgánicos, lo más interesante para los iatroquímicos. Por esta razón, el conocimiento sobre la tecnología de la destilación aportada por los alquimistas medievales prestó una enorme ayuda a estos nuevos médicos. El concepto de la quintaesencia, heredado de Rupescissa y otros alquimistas medievales, fue también importante para Paracelso: sería una sustancia sumamente sutil que necesitaba ser separada de los productos impuros que la envolvían, considerando que podría obtenerse de todas las cosas de la naturaleza que tienen en sí vida.

La iatroquímica es, pues, una química útil, dirigida a conseguir nuevos medicamentos. En este aspecto puede decirse que la alquimia ha contribuido enormemente al desarrollo de la farmacología, más incluso que al de la química. Desde sus primeros momentos tuvo rápido desarrollo y gran número de seguidores, aunque paradójicamente muchos de ellos no compartieran todas las ideas de Paracelso, sobre todo en lo que concierne a los aspectos más esotéricos de la alquimia.

Por otra parte, no todos los iatroquímicos fueron también alquimistas, pero a pesar de esto revisaremos los más significativos. Entre los más destacados se encuentran los siguientes:

En primer lugar, **Jean Baptiste van Helmont** (1577-1644), el más importante de los iatroquímicos, gran médico, químico y, en este caso, también alquimista. Nació en Bruselas, durante el dominio español en los Países Bajos, en una familia perteneciente a la aristocracia flamenca. Estudió en varios centros de Lovaina, entre ellos el de los jesuitas, y llegó a graduarse en esa ciudad como doctor en medicina (1609). También viajó por varios países europeos para ampliar sus estudios y al volver a su tierra natal se instaló cerca de Bruselas.

Sin embargo, ejerció muy poco la profesión de médico, para dedicarse casi exclusivamente a la experimentación química. Fue tal vez uno de los científicos más señeros de su época, aunque su espíritu solitario y modesto le condujera raras veces fuera del laboratorio de su propia casa. Como médico fue contrario a la medicina oficial de los galenistas, lo mismo que Paracelso, del que era seguidor aunque no siempre estuviera de acuerdo con él. Así, rechazó su teoría de los *tria prima*. Estudió filosofía natural y tampoco aceptó la teoría de los cuatro elementos de Aristóteles, elaborando su propia teoría de la materia. Según su idea, el mundo de lo material sería debido a la materia, o sustrato de los cuerpos, y al fermento primitivo, o principio organizativo activo. Según van Helmont, la materia estaría compuesta de dos sustancias fundamentales, el agua y el aire. Pero el aire era un medio físico, independiente, mientras que el agua sí era la que intervenía en las transmutaciones, transformándose en todos los distintos objetos de la naturaleza (recordemos en el Capítulo 1 al griego Tales de Mileto, del siglo VI a.C.). La tierra sería así resultado de la acción de los fermentos sobre el agua, y el fuego tan sólo un agente transformador, pero no un elemento. Por eso también se le llamó "filósofo del fuego". En definitiva, las propiedades y formas de las sustancias eran debidas al agua y al fermento.

Era, en realidad, un místico y su misticismo le llevó en gran parte a esta teoría, que estaba influida por el *Génesis* —hay que recordar la influencia de esta lectura bíblica también en Paracelso—, ya que desde el primer día de la Creación ya se formó el agua. Asimismo, estuvo influido por el neoplatonismo.

Van Helmont fue también un gran químico experimental, que realizó multitud de experimentos muy cuidados, tanto con organismos vivos como con materiales inorgánicos. Su gran aportación es el control cuantitativo que llevó a cabo mediante la pesada con la balanza, en lo que fue un claro precursor de Antoine Lavoisier (1743-1794), el químico francés a quien se le adjudica el protagonismo de la revolución científica en química. Son famosos en este sentido los experimentos de van Helmont sobre el "crecimiento de un sauce" mediante la acción del agua, y el de la fusión de arena con álcali para formar vidrio o "agua de vidrio", como él decía, ambos para probar la conversión del agua en materia, o viceversa. Propuso también la existencia de un disolvente universal o *alkahest*, que trasformaba muchos objetos en agua.

También dio importancia a la disposición espacial de los elementos constitutivos de las sustancias para explicar las propiedades de estas, idea que fue un precedente de la estereoquímica. Además, se interesó por las "sustancias aéreas" o "aires" que se desprendían en muchas reacciones químicas y que para van Helmont no eran aire, paradójicamente. Él mismo las bautizó con la palabra *gases* (del griego "chaos", caos, desorden), debido a que no tenían forma, y los clasificó según ciertas propiedades físicas, puesto que químicamente no se podían distinguir en esa época por no haberse ideado aún aparatos para recogerlos y analizarlos (esto lo consiguieron los llamados químicos "pneumáticos", ya en el siglo XVIII). Así, mencionó distintas clases de gases. Tales son, entre otros, el gas que se desprendía al quemar el carbón vegetal (que no era otro que lo que hoy llamamos dióxido de carbono, CO_2, a veces también acompañado de monóxido de carbono, CO); el desprendido en las fermentaciones, como en la del vino, al que llamó *spiritus silvester* (espíritu o *gas silvestre*, también dióxido de carbono), aunque empleó este mismo nombre para designar otros gases; el producido al tratar conchas de moluscos con vinagre (dióxido de carbono); el de los pantanos (fundamentalmente metano, CH_4); el hallado en aguas minerales y en algunas cuevas, que apaga la llama (dióxido de carbono); el obtenido cuando el agua regia actuaba sobre determinados metales, como la plata (óxido nítrico)... Asimismo, reconoció la combustibilidad de ciertos gases, como ocurre en el caso del gas de los pantanos y el de las putrefacciones intestinales o gas pingue (constituido por metano y otros gases), por lo que consideró así dos clases de gases, los gases inflamables (como estos últimos) y los no inflamables (como el gas silvestre). También distinguió entre gases y vapores, estos últimos convertibles al estado líquido cuando se enfriaban, con lo que pensó que muchos de éstos serían agua que iba a la atmósfera y, al condensarse, caería después como lluvia.

Pese a estos aspectos tan innovadores en sus trabajos sobre química, van Helmont creía en la alquimia e, incluso, en uno de sus escritos explica haber sido testigo una transmutación de mercurio en oro mediante una pequeña porción de Piedra Filosofal, un polvo rojo que brillaba como el vidrio pulverizado y de olor a azafrán. Pero no pensaba que la Piedra Filosofal fuera también el elixir de la vida, en contra de Paracelso. Para van Helmont la materia tenía un alma de la que no se podía separar, defendiendo el carácter panteísta de la naturaleza. Además, consideraba que la iluminación personal tenía una importancia mucho mayor que la razón, en la que no tenía ninguna confianza. Ese aspecto atrajo a ciertos grupos religiosos en Inglaterra, concretamente a los puritanos: muy próximos al calvinismo, justificaron a través de esa iluminación personal su revolución político-religiosa, liderada por Oliver Cromwell (1599-1658) y que dio lugar a tres guerras civiles. Posteriormente, cuando los puritanos fueron derrotados y desaparecieron de la escena política, la idea de la iluminación personal fue atacada en Inglaterra y con ello las doctrinas de van Helmont y sus seguidores.

> Los **puritanos**, muy próximos al calvinismo, creían en la predestinación: como la salvación únicamente puede conseguirse a través de la fe, y esta tan sólo la da Dios a los que ha elegido, se salvarán únicamente los seleccionados para ese destino.
>
> Cuando se restauró la monarquía inglesa, los puritanos fueron perseguidos y la mayoría emigró a las colonias inglesas de América. Como *curiosidad* – Recordemos su travesía en el famoso barco Mayflower.

Van Helmont escribió muchísimo, aunque no publicó casi ninguno de sus trabajos en vida y fue su hijo quien realizó esta labor después de su muerte. Uno de los más importantes es *Ortus Medicinae* (*El Origen de la Medicina*), publicado en Amsterdam en 1668. Pese a ello, ejercieron una enorme influencia en la química de su época y en muchos filósofos de la naturaleza, como Boyle y Newton. Como iatroquímico, demostró que la digestión era, en definitiva, un proceso químico de fermentación, en el que intervenía un ácido. También demostró que los organismos segregaban unos productos de tipo alcalino, como la bilis. Pero con todo, estos procesos estaban impregnados de una esencia sobrenatural, ya que los ácidos de la digestión estaban gobernados por un proceso astral y espiritual, el "archeus" o *arqueo*, siguiendo la terminología de Paracelso, principio o ser espiritual que regula las funciones del organismo y determina la salud o la enfermedad (Capítulo 9). Todo ello explica que van

Helmont resulte un personaje contradictorio, en el que a una visión tan moderna de la química y de la fisiología se unen concepciones de fuerte anclaje a lo sobrenatural.

Con todos estos trabajos, van Helmont dio un gran impulso a la iatroquímica. Tal es el caso de su aportación a la *teoría ácido-alcalina*, de inestimable valor: ácido/base eran opuestos, en constante guerra, teoría dualista con claras reminiscencias de la teoría dualista de Empédocles y de Heráclito (Capítulo 1). Sus ideas fueron recogidas y perfeccionadas por su seguidor **Franciscus Sylvius**, como era conocido Franz de le Boë (1614-1672), médico, iatroquímico y anatomista alemán, si bien trabajó y murió en Holanda. Fue profesor de medicina en la Universidad de Leiden, donde se le tenía como un gran maestro. Allí hizo construir, en un rincón del jardín botánico, un laboratorio de iatroquímica, considerado el primer laboratorio de química de una universidad. Como se sabía que las sustancias ácidas producían efervescencia cuando reaccionaban con un álcali, pensó que la digestión era como una lucha entre ácidos y álcalis, lucha que terminaría con una neutralización, pero que ya sería un proceso completamente natural. Extendió la teoría de la digestión de van Helmont a la fermentación de alimentos, a la saliva, a los jugos pancreáticos y a la bilis, interpretándolos como procesos químicos naturales, pero desprovistos ya de la intervención del "archeus" y de mecanismos astrales. En este sentido, fundó la *Escuela Iatroquímica de Medicina*, según su creencia de que todos los procesos vitales y las enfermedades se basaban en reacciones químicas; es decir, interpretaba la medicina en términos de reglas universales físico-químicas. Su discípulo **Otto Tachenius** (1620-1690), médico y farmacéutico, también alemán, que estudió en Padua y después se instaló en Venecia, popularizó todas estas ideas, sobre todo a través de su libro *Hippocrates Chemicus* (1666). Y tan fuerte fue su aceptación por médicos y farmacéuticos que, incluso, se esbozó una especie de teoría de la materia, la teoría de los dos elementos, según la cual el carácter básico o alcalino de toda sustancia sería fundamental para justificar sus propiedades químicas.

Siguiendo con la lista de iatroquímicos, es destacable el alemán **Andreas Libavius** (1540-1616), nombre derivado del suyo original, **Libau**, otro ejemplo de latinización. Este médico y químico luterano que creía en la transmutación de los metales a oro, aunque recoge muchas teorías de Paracelso, le contradice en muchas otras. Así, vuelve a la teoría árabe sobre los metales del azufre-mercurio y no acepta la de los *tria prima* de Paracelso (los tres principios de azufre, mercurio y sal). Además, mientras Paracelso afirmaba que sólo era posible adquirir el conocimiento sobre química mediante la inspiración divina, Libavius (o también Libavio) mantenía que se podía enseñar y aprender como otras muchas disciplinas. Pero para ello se hacía necesario organizar sus contenidos, lo cual implicaba tres aspectos fundamentales.

- Clasificación de las técnicas y experimentos de laboratorio, incluyendo la descripción cuidadosa de aparatos.

- Elaboración de manuales con recetas sencillas y claras que facilitaran la preparación de remedios medicinales.

- Creación de un lenguaje sistemático y estandarizado de las sustancias químicas para que sus nombres no fueran confusos ni equívocos y permitieran reconocer fácilmente las sustancias.

Esto es lo que Livabius llevó a cabo. El último punto, el del lenguaje químico, constituye, en realidad, el germen de la nomenclatura química. Tuvo una enorme trascendencia para el desarrollo de la química como ciencia, ya que es el inicio del reconocimiento de la necesidad de una nomenclatura sistemática. Y Livabius fue el primero en darse cuenta de ello. También realiza una interesantísima clasificación de los metales en dos categorías: metales "verdaderos" (oro, plata, hierro, cobre, plomo, mercurio y estaño) y "semimetales" (arsénico, antimonio, cinc y bismuto). Además estudió las propiedades de algunos ácidos como remedios medicinales (tales son el canfórico y el arsenioso) y describió reacciones para el análisis de aguas minerales. Por otra parte, afirmaba que todas las experiencias debían analizarse con sentido crítico para determinar su fiabilidad y poder preparar así los fármacos y demás sustancias químicas, de tal manera que sus propiedades fuesen repetibles. Todo ello le llevó a escribir en 1597 su gran obra *Alchemia*, considerada con justicia el primer manual de química. Tuvo gran éxito, con lo que se fueron escribiendo después otros muchos manuales, plagiados incluso del texto de Libavius. Pero además de esta, es autor de otras muchas obras, más de cuarenta, sobre lógica, teología, física, medicina, química, farmacia y poesía. Asimismo escribió varios trabajos criticando abiertamente a los Rosacruces, a los que trataba de herejes y acusaba de emplear métodos mágicos y diabólicos (1615 y 1616). Esto fue motivo de que el inglés Robert Fludd le respondiera publicando una obra en defensa de esta orden.

Otro al que hay que mencionar es **Johann Rudolf Glauber** (1604-1670), asimismo alemán, nacido en Karlstadt. Fue farmacéutico y también un gran químico experimental, cuyas contribuciones más importantes fueron sus descripciones para preparar agua regia y muchas sales —sobre todo cloruros— de los tres ácidos minerales fuertes. Descubrió la utilidad en medicina como laxante de la sal sulfato de sodio, que había encontrado en aguas de manantiales austriacos y que logró después obtener en el laboratorio. La llamó por sus propiedades curativas *sal mirabilis* o "sal milagrosa", aunque después se la conoce en su honor como *sal de Glauber*. Además fue el primero en observar el valor del color de la llama y de los humos como indicios importantes desde el punto de vista del análisis cualitativo. Llegó a ser Jefe de Boticarios en la corte de Giessen (Alemania), ciudad que tuvo que abandonar a causa de la Guerra de los Treinta Años. Murió muy probablemente por el envenenamiento producido por los metales pesados, como el mercurio, con los que tanto trabajó. A pesar de ese carácter eminentemente de químico práctico, que le hizo ser considerado como el primer químico industrial, era partidario de las operaciones y teorías alquímicas, lo mismo que Paracelso. Fue además autor de numerosos textos, unos sobre la química de las sales y otros con recetas de productos químicos y farmacéuticos, escritos en su mayoría en alemán, su lengua de origen (también como Paracelso), aunque los títulos estaban generalmente en latín. Uno de los más conocidos es *Furni Novi Philosophici* (*Nuevos Hornos Filosóficos*) y también el de *Opera Chymica* (*Trabajos Químicos*).

El **sulfato de sodio** (fórmula química Na_2SO_4) puede obtenerse por reacción de la sal común, es decir, cloruro de sodio (NaCl), con ácido sulfúrico (H_2SO_4). Así lo sintetizó Glauber, quien se dio cuenta de que en esa reacción también se formaba ácido clorhídrico (o cloruro de hidrógeno, HCl).

A través de la enseñanza, la iatroquímica se extiende rápidamente por Europa, principalmente por Gran Bretaña y Francia, donde toma gran arraigo y prestigio. Con esta disciplina se forma un nuevo tipo de médicos —en realidad, híbridos de médico/químico/

boticario—, independientes de los médicos tradicionales de las universidades. Uno de los más destacados es el francés **Nicolas Lemery** (1645-1715), iatroquímico autor de la obra *Cours de Chemie*, publicada por vez primera en 1675 y que alcanzó gran difusión. De este libro se hicieron numerosas ediciones y se tradujo al latín y a casi todas las lenguas europeas, por lo que resultó ser durante mucho tiempo el manual tradicional para la enseñanza de la química. Este normando, hijo de un abogado protestante, inició su formación como aprendiz de farmacia y llegó a convertirse en la máxima autoridad en química en toda Europa. Alcanzó gran fama sobre todo en su calidad de profesor, al impartir una serie de conferencias de química, en las que incluía demostraciones experimentales y a las que asistían, además de médicos y boticarios, representantes de la nobleza parisina con un buen número de damas de la corte. Es por entonces cuando decide escribir su *Cours de Chymie*, a fin de dar a conocer en mayor extensión el contenido de sus lecciones (figura 10.2). Sin embargo, por su condición de protestante calvinista tuvo muchos problemas en su carrera y en el ejercicio de su profesión, como tantos otros hugonotes, por lo que finalmente estuvo avocado a convertirse al catolicismo.

Figura 10.2. Dibujo de Lemery para su *Cours de Chemie*: un horno con un equipo de destilación (cucúrbita, alambique, recipiente colector y un tonel lleno de agua para refrigerar el destilado)

Lemery fue farmacéutico y también doctor en medicina, con lo que pudo ejercer como médico durante una etapa de su vida. Pero, sobre todo, fue un gran químico, y no sólo desde el punto de vista experimental, sino también como teórico. En este último sentido, tenía una curiosa teoría mediante la cual relacionaba las propiedades de las sustancias con la forma que tenían sus partículas. Y así, por ejemplo, las partículas de los ácidos tenían unas puntas muy agudas mientras que los álcalis poseían zonas porosas donde esas puntas de los ácidos podían penetrar. Es así como justificaba la reacción, a veces violenta, entre un ácido y un álcali. Sin embargo, ya no se le puede considerar como alquimista: es más, Lemery se opuso abiertamente a la alquimia y reveló muchos de sus trucos, calificándola incluso de "el arte sin arte".

Binomio alquimia-química: el término de *chymia*

A lo largo de la Edad Media y parte de la Moderna la diferenciación entre alquimia y química, tal y como lo percibimos hoy, no tenía sentido. Muchos alquimistas realizaban también experimentos que no iban encaminados a la búsqueda de la Piedra Filosofal, y abundaban trabajadores en metalurgia u otras tareas relacionadas con la química, que se adentraban también en experiencias alquímicas e, incluso, existían médicos-químicos-alquimistas. Y muchos hicieron aportaciones sumamente valiosas a la química. Pensemos en van Helmont, Glauber o el mismo Paracelso. No existía, pues, esa separación entre un alquimista y un químico, que en realidad eran términos sinónimos y muchas veces se empleaban indistintamente. Pero con el transcurrir del tiempo la alquimia se va distanciando de la química: cuanto más se acentúa su cariz místico, la separación se hace más profunda. La química se nutre cada vez más con estudiosos que experimentan con las sustancias y sus cambios, convirtiéndose en una disciplina que se enseña a los demás. No hay más que recordar a los iatroquímicos que, como Libavius o Lemery, crean los primeros manuales para estudiar química. Muy al contrario de lo que ocurría con la alquimia, cuyo conocimiento seguía estando reservado tan sólo a los adeptos, pero nunca al gran público.

En definitiva, a medida que el concepto de "científico" va avanzando en el pensamiento y el hacer de los químicos, esa equivalencia empieza a debilitarse, para desaparecer prácticamente a mediados del siglo XVIII. Este es el siglo de las luces y de la Ilustración, plasmada en la "Enciclopedia Francesa", es decir, la *Encyclopédie ou Dictionnaire Raisonné des Sciences, des Arts et des Métiers* (1751-1772), de Diderot (1713-1784) y d´Alembert (1717-1783). Por ello, para evitar la ambigüedad alquimia-química y poder encuadrar muchos trabajos, sobre todo los del siglo XVII, los historiadores Newman y Principe han propuesto emplear el término de *chymia*, que englobaría ambas disciplinas.

Capítulo 11

COMUNICACIÓN SIMBÓLICA EN LOS TRATADOS ALQUÍMICOS

Aspectos fundamentales de la Gran Obra
Lenguaje simbólico e ilustraciones de los textos alquímicos
Peculiaridades de los tratados alquímicos

Aspectos fundamentales de la Gran Obra

Si se compara lo que se conoce como alquimia greco-egipcia con la alquimia medieval y la de épocas posteriores, se aprecia una notable diferencia. La primera tiene un carácter eminentemente operativo, práctico, teniendo como objetivo fundamental la transmutación de metales ordinarios a oro, el metal perfecto. Sin embargo, a partir de la Edad Media se introduce a través de los árabes la idea del elixir de la vida. El objetivo se torna, pues, en la búsqueda de la Piedra Filosofal, con la que se lograría la transmutación y también la inmortalidad (o al menos prolongar la vida y curar las enfermedades). Y, al mismo tiempo, esa búsqueda va tomando un carácter místico, convirtiéndose en un proceso mediante el cual el alquimista camina hacia su superación espiritual. Consiste, pues, en un proceso iniciático para llegar a una realidad superior, para lo que el adepto necesita realizar enormes esfuerzos a fin de conseguir entrar en el gran secreto alquímico. Esta cualidad espiritual de la alquimia, iniciada ya en los siglos medievales, se va acentuando a partir del Renacimiento. En un principio este hecho bien pudiera resultar paradójico, dado el dominio de la razón propio de esta época, pero para justificarlo no habría más que recordar el auge de la mística en muchos ámbitos, por ejemplo en el religioso, de lo que son ejemplo santa Teresa de Jesús (1515-1582) o san Juan de la Cruz (1542-1591). En este sentido, la alquimia compartiría también esa esencia mística con otros saberes herméticos, como la cábala, la astrología o la magia, si bien son disciplinas diferentes.

Se trata así de una alquimia más esotérica, en la que el principal objetivo del alquimista se convierte en conseguir su propia perfección, mientras que llegar a la Piedra Filosofal no constituiría sino la prueba de que finalmente el adepto ha culminado con éxito su proceso de iniciación.

Ante todo, y dado el simbolismo de los tratados alquímicos, para intentar comprender la Gran Obra o proceso para llegar a la Piedra Filosofal, han de tenerse claros una serie de aspectos fundamentales. Tales son:

Etapas de la Gran Obra alquímica

El camino que el alquimista ha de recorrer para llevar a cabo la Gran Obra (*Opus Magnum*) consta de una serie de etapas, cada una de las cuales deberá ir superando para pasar a la siguiente. El alquimista, siempre utilizando su atanor, partirá de lo que se denomina Prima Materia, la cual a través de esas etapas irá sufriendo transformaciones sucesivas, lo que simbólicamente se representa como muerte-putrefacción-resurrección de la materia, acompañadas siempre de una progresiva purificación, para llegar finalmente (en caso de tener éxito) a la Piedra Filosofal que hará posible la transmutación.

Los cambios sufridos por la prima materia se manifiestan en los consiguientes cambios de coloración: negro (nigredo) - blanco (albedo) - rojo (rubedo). El *nigredo*, etapa del planeta Saturno, corresponde a la putrefacción de la prima materia y se simboliza generalmente por un cuervo negro. El *albedo*, por su parte, corresponde al producto de la purificación de la materia putrefacta de la etapa anterior, y es la etapa de la Luna, teniendo por símbolos una paloma o un cisne de color blanco. La siguiente y última etapa, el *rubedo*, corresponde al Sol, a Horus, y se suele simbolizar por un león rojo: en ella la prima materia se ha transfigurado en la Piedra que otorga al alquimista la entrada a los misterios superiores. Algunos alquimistas consideraban antes del *rubedo* otra etapa, la de *citrinitas*, de color amarillo (transmutación de la plata en oro), aunque generalmente se incluyen ambas juntas.

Estas serían, en síntesis, las fases de la Gran Obra desde el punto de vista doctrinal. Pero en cuanto al número total de pasos o etapas que el adepto había de llevar a cabo en su laboratorio, de forma experimental, para algunos alquimistas serían seis, para otros, siete, ocho e incluso, catorce o doce, caso este último bastante frecuente. No hay más que recordar el título de algunos escritos alquímicos muy importantes, como son *Las Doce Claves de la Filosofía*, de Basilio Valentín, *Symbola Aurea Mensae Duodecim Nationum*, de Michael Maier, o *El Libro de las Doce Puertas*, de George Ripley.

> Así, para **George Ripley** las doce etapas serían:
> Calcinación – Solución (o disolución) – Separación –
> Conjunción – Putrefacción –
> Congelación – Cibación - Sublimación – Fermentación –
> Exaltación – Multiplicación – Proyección

Para muchos alquimistas serían, sin embargo, siete etapas (calcinación – putrefacción – solución – destilación – conjunción - sublimación - coagulación), puesto que cada una estaría influida por uno de los siete cuerpos celestes clásicos, aunque no coinciden todos en el orden o en la forma de llevar a cabo estas operaciones. Esta disparidad de opiniones en cuanto al número se debe a que las etapas fundamentales podían cumplirse por muy distintos caminos, para llegar después al mismo final.

Unión Azufre-Mercurio: las bodas alquímicas

En la Gran Obra es fundamental la fusión del azufre con el mercurio. Pero no se trata del azufre y mercurio al uso, sino del Azufre y del Mercurio "filosóficos", que significan ciertas cualidades de las sustancias: el Azufre, como elemento activo, simboliza lo fijo, lo masculino; mientras que el Mercurio, como elemento pasivo, simboliza lo volátil, lo femenino. Son el alma y el espíritu. Y, respectivamente, se representan por el Rey y la Reina, el Sol y la Luna (figura 11.1a), que se unen o funden en un proceso conocido como "coniunctio" o *conjunción* y también como *bodas alquímicas* (figura 11.1b), por el cual se logra la unión de los opuestos (de lo fijo y lo volátil).

De esa unión resulta una nueva sustancia, un nuevo ser, que posee cualidades de las dos que la originaron y que se forma en lo que llamaron *huevo alquímico*. Es el *andrógino*, un ser híbrido (representado muchas veces por una figura con dos cabezas), fundamental en la alquimia, ya que constituye un paso adelante en el camino de la Gran Obra (figura 11.1c). También se le llama *hermafrodita* o *rebis* (del latín "res bina", cosa doble), y debe ser purificado mediante operaciones sucesivas de disolver y coagular, *solve et coagula* (coagular: cuajar, pasar de líquido a sólido, lo que se podía hacer por distintos métodos). El andrógino representa el hijo que se desarrolla, purificándose más en cada etapa, lo cual se evidencia mediante esa gama de colores que va asumiendo progresivamente. A estos cambios de colores se alude por la "cauda pavonis", o *cola del pavo real*, por la variedad en su coloración.

(a)   (b)   (c)

Figura 11.1. (a) El Rey y la Reina (el Sol y la Luna), (b) Proceso de la "conjunción" y (c) Andrógino, hermafrodita o rebis (en *Rosarium Philosophorum*, Frankfurt, 1550)

En cuanto al huevo alquímico, representaría también el matraz donde el alquimista realiza sus operaciones, por lo que se le sitúa muchas veces en los grabados dentro del atanor.

Unidad de la materia: Todo es uno. Uno es todo

Por otra parte, el andrógino es una muestra de la composición unitaria de la materia, unidad de todas las sustancias, tanto las del macrocosmos (los cielos, el universo) como las del microcosmos (los seres humanos y el mundo). Así lo señala el famoso término alquímico de "Todo es uno. Uno es todo", expresado también en la

Tabla Esmeralda en uno de sus preceptos, "Lo que está abajo es como lo que está arriba, y lo que está arriba es como lo que está abajo", ya citados

Prima Materia

Para muchos alquimistas la Prima Materia sería la tierra, especialmente la tierra negra. De ahí el nigredo. Esta idea estaría relacionada con la creencia en una "madre tierra" que favorecía la fecundidad y sería origen de todo, base a su vez de las Venus paleolíticas, como la de Willendorf, y de la "diosa madre" en civilizaciones antiguas (la Isis egipcia, la Ishtar acadia, la Astarté fenicia…), así como de los mitos de muchas sociedades precolombinas. De ahí el culto a deidades en criptas o subterráneos, y muy probablemente este sería también el fundamento de la devoción cristiana a las Vírgenes Negras, que tanto proliferaron desde la Baja Edad Media.

Asimismo, recordemos cómo en esta idea de la tierra negra estaría la base del término *chem*, del que según algunos historiadores derivaría la palabra química (Capítulo 6).

La Sal y el Rocío

Un elemento muy importante también en la Gran Obra es la Sal, con la que se llevaría a cabo la purificación en las distintas etapas del proceso. Esta es la razón de que para realizar determinadas operaciones, sobre todo en el rubedo, el alquimista necesitaba recoger el *rocío* a fin de captar de él unas fuerzas universales que se le atribuían (por este motivo también lo utilizaban los espagiristas). El rocío, producido por condensación del aire húmedo, venía del cielo y contendría algo de la energía del cosmos, del espíritu vital. Al destilarlo, quedaba un residuo que era la *sal* alquímica. Pero tampoco valía cualquier tipo de rocío, sólo el de la primavera, cuando todo renace en la naturaleza, debiéndose recoger en consecuencia desde finales de marzo a finales de mayo, por lo que se recomendaba que las operaciones de la Gran Obra se iniciasen en esa estación del año, concretamente hacia el mes de abril.

El Fuego

El fuego, uno de los elementos aristotélicos, era fundamental en las operaciones alquímicas; de ahí la importancia del atanor, el horno alquímico (Capítulo 7). Pero no todas requerían igual aportación de calor, por lo que se describieron *cuatro clases de fuego*. Algunos autores las definen como:

- fuego de estiércol
- fuego de rayos de sol y luna
- fuego de los filósofos
- fuego de la llama

Y otros, como:

- fuego de calor de fiebre o de excrementos
- fuego de sol de mediodía de verano
- fuego de brasas o cenizas
- fuego en llamas

que equivaldrían a las temperaturas de 35-40, 50-70, 100-200 y 300-1000 °C, respectivamente.

Muerte-Putrefacción-Resurrección

Es la idea central del proceso alquímico. La materia muere y tras su putrefacción vuelve a renacer, pero necesita ser purificada en cada etapa, llegando así al final a la materia perfecta. También el adepto durante su proceso de iniciación "muere" y "renace" a un nuevo ser, al que ya le es permitido el acceso al saber.

La Gran Obra y el Camino de Santiago

Frecuentemente los alquimistas cuando se referían al proceso de la Gran Obra lo llamaban el "Camino de Santiago" y también "Vía Láctea". De hecho, las rutas jacobeas contienen muchos símbolos e imágenes alquímicas, señalando lo que se debe hacer para llegar a la siguiente fase de la Gran Obra. Algunos adeptos aseguraban haber llevado a cabo el Camino de Santiago, aunque tal vez haya sido en realidad un viaje simbólico a modo de una peregrinación interior. Tal sería el caso de Nicolás Flamel, como se comentará después.

Lenguaje simbólico e ilustraciones de los textos alquímicos

Los alquimistas empleaban en la escritura de sus textos un *lenguaje* plagado de alegorías, metáforas y símbolos, con lo que muy frecuentemente resultaban casi ininteligibles. Describían las etapas realizadas para llevar a cabo la Gran Obra y se da el caso relativamente frecuente de que, según aseguraba el mismo autor, esas etapas le habían sido reveladas en sueños. Esto en parte explicaría ese léxico con imágenes oscuras y extrañas, como si de una visión se tratara, justificando así su extraña simbología. Pero bien esta pudiera ser consecuencia del secretismo inherente a la transmisión de la Gran Obra. Por otra parte, para algunos investigadores de la alquimia el empleo de símbolos y el cripticismo de su lenguaje sería una forma de relacionar el mundo de lo trascendente con el mundo de lo inmediato. Incluso, los mismos títulos de los tratados son también simbólicos: no hay más que revisar los que se van citando aquí para constatar este hecho.

Sin embargo, muy probablemente la razón final de su lenguaje oscuro sea la propia naturaleza de la alquimia, en la que la verdad no ha de ser revelada a los demás, sino que es el adepto quien debe alcanzar por sí mismo, a través de su esfuerzo personal y entregado en cuerpo y alma, el saber necesario para ir cumpliendo las etapas de la Gran Obra. Como mucho, un adepto puede introducir a su discípulo en los principios de esta. Son, pues, libros dirigidos no al gran público, sino sólo a aquellos que sean capaces de entenderlos.

En los tratados de alquimia son sumamente importantes las *ilustraciones*, muy abundantes además, con figuras simbólicas en las que hay que mirar más allá de lo que se percibe a primera vista. Constituyen lo que se conoce como "emblemas", muy frecuentes a partir del siglo XV.

> Los **emblemas** son representaciones gráficas (grabados, dibujos...) que contienen una o más figuras simbólicas para transmitir una idea. Muchas veces el significado de un símbolo determinado puede ser distinto, dependiendo del contexto. Suelen ir acompañados de una frase (*lema*) y/o de un pequeño texto (*epílogo*), lo que ayuda a descifrar su sentido oculto.

Hay, pues, símbolos en las palabras y símbolos en los gráficos. No obstante, esas ilustraciones, lejos de hacer el lenguaje más críptico, ayudan a descifrarlo una vez que se conoce el significado de sus figuras. Y es así como, gracias a la labor realizada por los investigadores de la alquimia, se ha logrado comprender el significado de sus ilustraciones y con ello, transcribir a un lenguaje casi actual el texto de estos tratados. Se ha dicho también que la presencia de ilustraciones acompañando al texto podría tener la finalidad de preservar su contenido: una imagen es invariable, mientras que lo escrito puede ser tergiversado, bien por interés de los adversarios de la alquimia, bien simplemente por una mala traducción. Las figuras se repiten en los textos de diferentes autores y prácticamente en todos ellos su significado es el mismo. Pero también son polivalentes; es decir, su significado puede depender del contexto. Cuando se analiza mucho del simbolismo de los tratados alquímicos, es importante considerar todo lo anterior, en cuanto a las etapas y procesos de la Gran Obra alquímica. Pero, también, que en ese lenguaje alegórico, así como en las ilustraciones, se encuentra representado un gran número de sustancias y de procesos químicos. Así, veamos algunos ejemplos de todo lo anterior:

Analicemos en la Figura 11.2 cómo se ha simbolizado al *nigredo*.

Figura 11.2. Representación del *nigredo* (en *Tratado de Azoth*, de Basilio Valentín)

Entre otras imágenes destacaremos las siguientes: un círculo, que simboliza la unión o unificación, o sea, el huevo alquímico; dentro de él, se halla un cuerpo humano que se descompone, que significa la materia que se pudre; un cuervo, que representa el color negro, lo putrefacto; abajo, aparecen representados el fuego y el aire, elementos que ayudan a la putrefacción, y arriba el Sol (oro) y la Luna (plata), así como cinco estrellas, cada una con el símbolo alquímico de los otros metales conocidos en la Antigüedad: cobre (Venus), hierro (Marte), mercurio (Mercurio), estaño (Jupiter) y plomo (Saturno). Es interesante observar también esos dos pájaros que salen del cuerpo putrefacto, que representarían el espíritu y el alma que escapan del muerto.

Otro ejemplo interesante lo constituye un grabado incluido en el *Musaeum Hermeticum* (figura 11.3), en el que aparecen varios símbolos alquímicos característicos:

Figura 11.3. Grabado alegórico sobre la alquimia (en *Musaeum Hermeticum*, Frankfurt, 1678)

- en cada vértice, alegoría de los cuatro elementos (viento, agua, tierra y fuego)

- una franja circular que significa el cielo, donde están situados el Sol (oro preparado para la Gran Obra), la Luna (plata preparada para la Gran Obra) y entre ambos cinco estrellas o planetas, representándose así los cuerpos celestes asociados a cada uno de esos metales

- en el centro, parte inferior, los siete metales conocidos desde la Antigüedad en forma humana, sentados en un hueco que representa el interior de la tierra

- en el centro, parte superior, tres figuras: la de la izquierda con un triángulo con el vértice hacia arriba (símbolo del fuego y aquí también del aire); a la derecha, c on un triángulo con el vértice hacia abajo (símbolo del agua y aquí también de la tierra), y en el centro, con los dos triángulos unidos (símbolo del universo, donde se combinan todos los elementos)

Es muy frecuente que aparezcan pájaros (como los ya comentados en la figura 11.2) y otras aves (por ejemplo, el águila). Generalmente representan el fenómeno de la sublimación. Las aves significan así lo volátil, y el león también, mientras que con reptiles (dragones, serpientes) o batracios (como el sapo), se representa lo terrestre, lo fijo. Respectivamente, simbolizarían los elementos alquímicos de mercurio (volátil) y azufre (fijo). Recordemos en este punto lo comentado en el Capítulo 10 acerca del grabado de la duodécima clave de *Las Doce Claves de la Filosofía*, de Basilio Valentín (figura 10.1).

En otras muchas ilustraciones aparece un lobo, que representa bien la sal, bien un compuesto de antimonio. Tal es el caso del emblema correspondiente en este caso a la clave primera del tratado de Valentín (figura 11.4), que ha sido muy estudiado por suponer un ejemplo sumamente evidente de la simbología alquímica:

11.4. Primera clave de *Las Doce Claves de la Filosofía*, de Basilio Valentín.

En este grabado se pueden apreciar algunos de los símbolos alquímicos más frecuentes, como son, entre otros, un hombre y una mujer (el Rey y la Reina, en este caso), que representan al oro y a la plata, respectivamente; un lobo, cuyo significado aquí es el antimonio o, más bien, un compuesto del mismo, y un hombre anciano, que representa al dios Saturno de la mitología romana, que a su vez para los alquimistas es símbolo del plomo. Además, en la parte inferior izquierda del grabado aparece un crisol, y en la derecha, una copela. Y estos recipientes van a ser, precisamente, los que den las pistas para interpretar la simbología de esta escena y del texto que la acompaña.

> "Haz que la diadema del rey sea de oro puro, y permite que la reina, que está unida a él en matrimonio, sea casta e inmaculada (...). Toma un lobo gris y fiero, de los que se encuentran en los valles y montañas del mundo, por donde vaga salvaje y hambriento. Únelo con el rey, y cuando lo haya devorado, redúcelo a cenizas en un gran fuego. Mediante este proceso, el rey será liberado. Y cuando lo hayas repetido tres veces, el león superará al lobo, y no encontrará nada más que devorar en él. De este modo nuestro cuerpo estará listo para la primera etapa de nuestro trabajo."

Estas palabras de Valentín, aparentemente tan extrañas y confusas, pueden interpretarse en el sentido de la alquimia práctica, es decir, en lenguaje químico. En primer lugar, hay que tener en cuenta que, según muchos alquimistas, para llegar a la Piedra Filosofal se debía partir de oro puro; es decir, de un oro común, pero finamente purificado. De ahí, la frase "Haz que la diadema del rey sea de oro puro". Y con todos estos datos, se puede entender el mensaje del grabado y el de esas palabras. El oro de las minas frecuentemente se extraía impurificado por otros metales, sobre todo por la plata y, a menudo, también por el cobre. Por esta razón, había que "liberarle" de ellos (o sea, purificado). En ese tiempo el oro impuro se trataba con antimonita, un compuesto de antimonio cuyo color es gris oscuro de brillo metálico, lo que recuerda al pelo de un "lobo gris y fiero". De ahí su simbolismo. El proceso debía llevarse a cabo a altas temperaturas, lo que dicho en el lenguaje de Valentín resultaba: "Únelo (se refiere al lobo, es decir, la antimonita) con el rey (es decir, el oro impuro), y cuando lo haya devorado,

173

redúcelo a cenizas en un gran fuego. Mediante este proceso, el rey será liberado". Esta operación, para optimizarla, había que repetirla varias veces: en este caso, hasta tres, como señalan expresamente las palabras del emblema "Y cuando lo hayas repetido tres veces…", lo que asimismo se simboliza en el grabado mediante las tres flores que lleva la reina en su mano.

Si ahora lo expresamos en el **lenguaje químico actual,** en primer lugar hay que decir que la *antimonita,* llamada también estibina, es un sulfuro de antimonio (de fórmula Sb_2S_3); es decir, está constituida por azufre y antimonio.

La *purificación del oro* se llevaba a cabo en un crisol, ya que soporta las temperaturas tan elevadas que requiere esta operación. De esta manera, se formaba una aleación de antimonio y oro, mientras que el azufre con los otros metales daba lugar a los sulfuros correspondientes.

En cuanto al proceso de *purificación de la plata,* aunque Valentín no lo menciona aquí expresamente, sí se hace en el grabado mediante los dibujos de Saturno (plomo) y la copela. La plata generalmente iba acompañada por minerales de otros metales. Se purificaba tratando esa mezcla en una copela, en este caso, y calentándola en presencia de aire (es decir, tostándola). Pero era necesario añadir plomo, el cual reaccionaba con el oxígeno del aire y se oxidaba, y además promovía la oxidación de los demás metales que acompañaban a la plata. Sin embargo, esta no se oxidaba, debido a su condición de metal noble. Los óxidos metálicos quedaban absorbidos por el material poroso de la copela, y la plata, en estado metálico ya puro, aparecía como una bolita brillante en el fondo de ese recipiente (bolita que también se muestra en el grabado).

De todo este análisis se deduce que, frecuentemente, estas escenas de los grabados alquímicos representaban en realidad operaciones y técnicas de carácter químico. Y, en este caso en concreto, a lo que se hace referencia realmente es a procesos de refinado de metales nobles, en los que se empleaban crisoles y copelas. Por eso, antes se señaló que estos recipientes ayudan enormemente a esclarecer el lenguaje oculto transmitido por Valentín.

Continuando con el simbolismo de los animales, en ciertos grabados suelen dibujarse animales del zodíaco para indicar la época del año en que una determinada operación alquímica debe llevarse a cabo. Así, en la figura 11.5 se han representado (hacia la mitad del grabado) un carnero y un toro, símbolos de Aries y Tauro, respectivamente, para indicar los meses en que debe recogerse el rocío, entre finales de marzo y finales de mayo; es decir, en primavera como ya se ha comentado.

También se empleaban los signos zodiacales para representar determinadas operaciones, tales como Aries (calcinación), Capricornio (fermentación), Libra (sublimación), Cáncer (disolución), etc. En otras ocasiones, determinados aparatos de laboratorio (como retortas, matraces, alambiques) se simbolizaban con un animal, aprovechando el parecido de sus formas, como un pelícano (ya señalado anteriormente, en el Capítulo 7), una cigüeña, un avestruz, etc.

Figura 11.5. El alquimista y su mujer recogiendo el rocío (en *Mutus Liber*, lámina 4): obsérvese hacia la mitad del grabado un carnero, a la izquierda, y un toro, a la derecha

Aries: 21 de marzo al 20 de abril (carnero)
Tauro: 21 de abril al 20 de mayo (toro)

En cuanto a *palabras*, la de "mercurio" aparece mucho en los textos, ya que evidentemente era de suma importancia para el proceso alquímico, pero refiriéndose al mercurio filosofal (no al mercurio corriente, como ya se ha señalado). También es frecuente la palabra "puerta", incluso en los títulos, lo mismo que su representación, como símbolo indicando al adepto que es posible el acceso al gran secreto alquímico, al secreto iniciático. Tal es el título de la obra antes mencionada de Ripley, *El Libro de las Doce Puertas*, o el del tratado *La Puerta Abierta al Palacio Cerrado del Rey*, de Ireneo Filaleteo.

De todo esto se infiere que debe realizarse la lectura de palabras e ilustraciones en un sentido esotérico. Pero ha de analizarse asimismo su posible sentido técnico. Tras valiosos estudios llevados a cabo por investigadores de la alquimia, se ha llegado a la conclusión de que en muchas imágenes se describen procesos químicos (frecuentemente de refino de metales), perfectamente reproducibles a día de hoy en un laboratorio, como ya se ha discutido en la Figura 11.4.

Peculiaridades de los tratados alquímicos

El número de textos alquímicos es muy elevado, sumando manuscritos y libros impresos y, si se considera lo que sobre alquimia se ha escrito después, la cantidad aumentaría en gran manera. Ciñéndonos tan sólo a los tratados realizados por alquimistas, hay que tener en cuenta que muchos de ellos fueron escritos por adeptos practicantes, pero que existen otros cuyos autores son lo que podemos considerar como teóricos de la alquimia. Además, a este conjunto hay que añadir recopilaciones de obras de alquimistas, algunas de las cuales poseen un enorme valor para clarificar muchos aspectos de la alquimia que resultaban oscuros a los investigadores de este saber. Refiriéndonos a Occidente, la cantidad de escritos va aumentando desde finales de la Edad Media, alcanza un máximo en los primeros decenios del siglo XVII, coincidiendo con su época de mayor esplendor, y después comienza a decaer. Hay que incidir en que la invención de la imprenta jugó un papel decisivo en el aumento de publicaciones sobre alquimia, como en la de cualquier otro tipo de literatura. De cualquier modo, este gran número de publicaciones (parece ser que unos tres mil libros impresos a lo largo de la Edad Moderna) demuestra que era una disciplina que interesaba a la sociedad.

Se da la circunstancia de que en muchos de los tratados alquímicos el autor no aparece con su verdadero nombre. A veces llega incluso a cambiar totalmente su personalidad, atribuyendo a otro su trabajo. De esta manera, quedaba en el más completo anonimato. El primer ejemplo que se nos viene a la mente es el de Basilio Valentín/Johann Thölde, monje/fabricante de sal, muestra extrema de este caso, pues cambia incluso la época en que vivió. En otras ocasiones había un simple cambio de nombre, es decir, se empleaba un pseudónimo, de lo que hay una gran cantidad de ejemplos. Así, *El Cosmopolita*, pseudónimo empleado primeramente por el alquimista escocés Alexander Seton y después por el polaco Sendivogius. Otro ejemplo es el de Ireneo Filaleteo o Eirenaeus Philalethes, alquimista del que se ha llegado a suponer que se trataba en realidad del norteamericano George Starkey, pero que de todas formas ese nombre sería un pseudónimo, ya que en griego "philalethes" significa "amante de la verdad". En la alquimia medieval este hecho es menos frecuente, aunque también existen casos, como el de John Cremer, el abad de Westminster, puesto que muy probablemente se trate de un personaje y nombre ficticios (Capítulo 7).

El hecho de ocultar el nombre real podría obedecer a diversas razones. Bien por prudencia, debido a la persecución que a menudo sufrían los seguidores de la alquimia, o por el simple miedo de ser tachado de ridículo o extravagante por la sociedad de su tiempo. Aunque asimismo podría haber sido por la naturaleza misma del adepto, que no buscaba la gloria, sino su propia transmutación a través de un proceso iniciático de morir y renacer: al nacer a una "nueva vida" adoptaría un pseudónimo, es decir, un nuevo nombre. Pero de cualquier forma, los cambios que se acaban de citar no corresponderían a la pseudoepigrafía, ya comentada anteriormente, fenómeno relativamente frecuente en los primeros tiempos de la alquimia y sobre todo en la Edad Media, en la que un autor atribuye su obra a otro muy conocido y, en general, de acreditada solvencia, lo que no sucede en los ejemplos aquí expuestos.

Un texto emblemático de la alquimia mística, como emblemático es también su autor, es el titulado *Libro de las Figuras Jeroglíficas*, de **Nicolás Flamel** (ca.1338-1418), que incluimos aquí por ser ya relativamente próximo al Renacimiento y sobre todo porque su publicación tuvo lugar mucho después, a principios del siglo XVII.

Flamel nació en un pueblecito próximo a París, ciudad en la que vivió y murió, hijo (parece ser) de un judío converso que era copista, del que aprendió el oficio, y se hizo así escribano público, copista y librero. Según cuenta él mismo en su libro, un buen día llegó a sus manos el manuscrito de un alquimista, cuyo contenido era incapaz de descifrar. Por este motivo, decidió hacer el Camino de Santiago, buscando en España algún experto en cábala que le ayudase en esa tarea (aunque muy posiblemente se trate de un viaje tan sólo simbólico). Al fin lo encuentra: es un médico judío converso, el Maestro o Maese Canches, quien le introduce en el lenguaje y simbolismo de la alquimia, con lo que ya puede entender el contenido del misterioso escrito. Y tras volver a París en 1382, emprende junto a su mujer, **Perenelle** (1320-1397), la tarea de buscar la Piedra Filosofal. Escribe su *Libro de las Figuras Jeroglíficas* en 1413, después de la muerte de Perenelle, pero no fue publicado hasta 1612. En él narra todos los avatares de su peregrinación a Santiago de Compostela y de su proceso de iniciación, y explica cómo realizó una transmutación a oro en 1382. Describe asimismo su búsqueda de la Piedra y del elixir de la inmortalidad, siempre ayudado por su mujer. Y... parece que consiguió lo primero, o al menos así se pensó en su tiempo, pues se enriqueció enormemente: mandó construir en París su propia casa, así como numerosos asilos y hospitales para beneficiar a los más desamparados. No así el elixir, ya que queda clara constancia tanto de su muerte como la de Perenelle.

Sin embargo, se da la paradoja de que la figura del Flamel alquimista como tal es más que dudosa, a pesar de ser uno de los más famosos. Es cierto que ese personaje existió en la realidad, con ese nombre y en la misma época, que vivió en Paris (aún se conserva el edificio en el que residió, en la calle de Montmorency 15, uno de los más antiguos de esa ciudad), y que se casó con una mujer llamada Perenelle. También se conserva la lápida de su tumba, ricamente grabada (Museo de Cluny, París). Y asimismo se tiene constancia firme de que Flamel era un acaudalado escribano. Pero en cuanto a alquimista, no se han encontrado pruebas, y dado que transcurrieron prácticamente doscientos años desde que escribiera su libro hasta que apareció publicado, se ha atribuido su autoría a otro escritor muy posterior, también francés. Bien pudiera ser que tomara el nombre del famoso personaje medieval, quedando así el autor verdadero en el anonimato. Y a propósito de Perenelle, hay que comentar algo que no deja de ser curioso sobre su nombre: en francés antiguamente correspondía a Petronelle o Petronila, que derivaría de la palabra latina "petra", cuyo significado es "piedra". En honor de ambos, en Paris hay dos calles con el nombre de cada uno.

Volviendo a la Edad Moderna, y comenzando por George Ripley, se ha propuesto que su famosa obra *El Compendio de la Alquimia* o *Las Doce Puertas* debe ser leída a través del dibujo conocido como la "Rueda", realizado asimismo por Ripley. En esencia, dicho dibujo consiste en una analogía realizada a través de los planetas (o, mejor, cuerpos celestes) de nuestro sistema solar, del cual el centro sería la Tierra, como se consideraba en aquel tiempo. Y el autor describe gráficamente sus recetas alquímicas de forma codificada, ya que como en ellas intervienen distintos metales, los representa mediante planetas girando alrededor del Tierra, cada uno de los cuales simboliza un metal determinado. Recordemos en este punto la correspondencia cuerpo celeste-metal: Sol, Luna, Mercurio, Venus, Marte, Júpiter y Saturno se corresponden, respectivamente, con oro, plata, mercurio, cobre, hierro, estaño y plomo. Por otra parte, se le ha atribuido también —aunque no hay totales evidencias de que sea cierto— el manuscrito conocido como *Ripley's Scroll* (literalmente "El rollo de Ripley", del inglés "scroll", rollo) o también *Los Pergaminos de Ripley*, llamado así porque está constituido por siete pergaminos unidos en una tira de casi seis metros de largo (por lo que se tenía que enrollar), con un rodillo en la parte superior y una barra de madera en la parte inferior. El autor expone, de una manera simbólica y prácticamente incomprensible, los pasos necesarios (siete en este manuscrito) para la adquisición de la Piedra Filosofal, a través de una secuencia de imágenes y emblemas, con textos en latín de frases y poemas alquímicos. El original del siglo XV se perdió y sólo quedan unas veintitrés copias posteriores, del siglo XVI.

Un clásico alquímico a destacar es *Amphitheatrum Sapientiae Aeternae (Anfiteatro de la Sabiduría Eterna)*. Publicado en Hamburgo (1595), en él su autor, Heinrich Khunrath, combina cristianismo y magia para ilustrar el camino, intrincado y de múltiples etapas, hacia la perfección del alma, mostrándose así seguidor de la alquimia espiritual. Contiene el famoso grabado "La primera etapa de la Gran Obra", más conocido como "El laboratorio del alquimista" (figura 11.6), en el que se observa a un alquimista orando (para que su alma sea purificada, lo mismo que la materia) y en primer plano, en el centro, una mesa con instrumentos musicales para hacer referencia a la armonía del universo. En este punto conviene recordar la idea de Pitágoras de la armonía del universo (Capítulo 1), según la cual el movimiento de los cuerpos celestes se rige según unas proporciones musicales. El término "armonía" se entiende aquí como un acuerdo entre elementos discordantes, es decir, como las buenas proporciones entre las partes y el todo, teniendo así un sentido matemático pero también esotérico, de acuerdo con el misticismo pitagórico.

Figura 11.6. Grabado del "El Laboratorio del Alquimista", en *Amphitheatrum Sapientiae Aeternae*, de Heinrich Khunrath (Hamburgo, 1595)

En 1599 se publica un libro titulado *De Lapide Philosophico* (*Tratado sobre la Piedra Filosofal*), de un alemán que firmaba con el pseudónimo de **Lambsprinck**, de cuya vida prácticamente no se conoce nada. Sin embargo, este tratado, aunque muy breve, está considerado como uno de los más interesantes textos alquímicos, escrito en verso y que contiene una serie de láminas de gran belleza. Constituye así una de las más hermosas alegorías del proceso de la Gran Obra, pieza clave para comprender la iconografía alquímica.

El tratado *Atalanta Fugiens* (*La Fuga de Atalanta*), de Michael Maier y publicado en 1617, resulta ser uno de los tratados más originales de alquimia, ya que además de parte escrita y de imágenes (de las mejores ilustraciones en este tipo de textos), el autor incluye cincuenta piezas de música a modo de fugas. Por esta razón se le ha calificado en variadas ocasiones como el primer libro "multimedia" de la historia. Su título juega también con el personaje de la cazadora Atalanta de la mitología griega:

> **Atalanta** es una heroína de la mitología griega, una joven que había decidido no casarse y permanecer virgen. Todos sus pretendientes corrían tras ella, pero Atalanta siempre les adelantaba. Y así hasta que llegó Hipómenes, quien la venció gracias a su ingenio: durante su carrera le iba lanzando manzanas de oro, que Atalanta se entretenía en recoger, y de esta manera fue cómo logró alcanzarla.

Por ello, según algunos estudiosos simbolizaría la posibilidad que todos tenemos de superar las dificultades, si bien su autor da otra explicación.

> Según señala el propio Michael Maier en el "Prólogo al Lector" de su obra, esta virgen representaría al mercurio filosófico, fijado y retenido en su "huída" por el azufre, de color amarillo como el oro de las manzanas.

También Maier, pero esta vez en calidad de editor, publica en 1618 *Testamentum Cremeri*, que primeramente había traducido del inglés al latín. Su autor es John Cremer, personaje posiblemente ficticio, como ya se ha comentado, quien por lo que cuenta él mismo en esa obra habría vivido en la época de Ramón Llull y del rey Eduardo II (Capítulo 10). Sin embargo, hay serias dudas de los orígenes medievales de este texto.

Una obra interesantísima de estos años es *Utriusque Cosmi, Maioris scilicet et Minoris, Metaphysica, Physica, atque Technica Historia* (*La Historia Metafísica, Física y Técnica de los dos Mundos, a saber el Mayor y el Menor*), publicada en Alemania en 1617, cuyo autor es el británico Robert Fludd, y que abreviadamente se conoce como *Utriusque Cosmi Historia*. En este tratado, considerado el más ambicioso y brillante de su extensa producción, está expresada toda la filosofía de Fludd, uno de cuyos ejes era su teoría de la relación macrocosmos-microcosmos. También establecía una distinción entre la parte física mortal y la parte anímica inmortal del ser humano, defendiendo la idea de la fuerza esencial de la vida o "fuerza vital", etérea, unida al alma y causa de todas las funciones vitales. Como en todas sus obras, incluye aquí grabados magníficos. Tal es la representación (figura 11.7) del "Espíritu Universal" o *Anima Mundi* (Alma del Mundo), de lo que se tratará en más detalle en el Capítulo 13. O también los grabados correspondientes a su explicación de la génesis del macrocosmos (incluida en el primer tomo de esa misma obra), que sería un proceso alquímico realizado por Dios: Dios como alquimista obtiene del caos los tres elementos primarios divinos, luz, oscuridad y aguas espirituales, siendo las aguas, a su vez, el principio de los cuatro elementos aristotélicos.

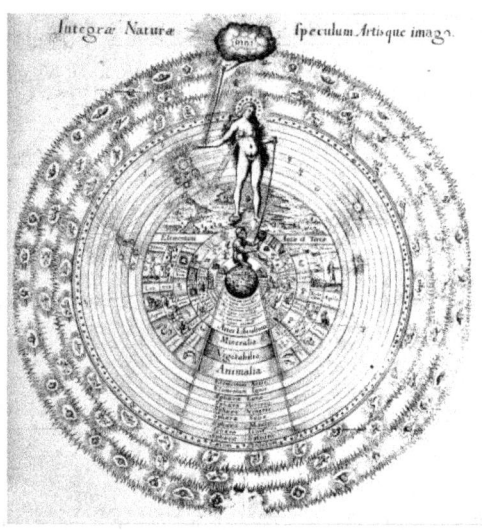

Figura 11.7. Representación del *Anima Mundi* en la obra *Utriusque Cosmi Historia,* de Robert Fludd, como unión entre Dios y todo lo que hay en la Tierra.

Un tratado muy importante para el estudio de la alquimia es el *Mutus Liber* (*Libro Mudo*), del siglo XVII, constituido casi íntegramente por ilustraciones, quince láminas en total, sin palabras, salvo algunas, muy pocas además, en las dos últimas láminas. De ahí la palabra "mudo" de su título. Pese a ello, es donde de forma más clara y completa se expresa, paso a paso, todo el proceso de culminación de la Gran Obra (figura 11.5). Se hicieron de él varias ediciones, siendo la primera de 1677, publicada en La Rochelle (Francia) e impresa en color sepia. En cuanto a su autoría, vale la pena que nos detengamos unos momentos en comentarla, a fin de analizar los mecanismos por los que muchas veces un autor ocultaba su identidad. En un principio esta obra se atribuyó a un tal Altus, basándose en que figura como autor en la portada de esta obra (figura 11.8) y en que en la última página aparece el nombre de un tal Jacob Saulat, con lo que el pseudónimo Altus (alto, elevado en latín) resultaba casi un anagrama (cambio del orden de letras) de ese apellido. Pero su identidad resultaba totalmente desconocida.

Figura 11.8. Portada del *Mutus Liber*, en la que hacia la mitad y a la derecha se distingue la palabra "Altus"; también aparece una escalera, que podría significar la subida al conocimiento, una elevación espiritual

Por ello algunos estudiosos siguieron investigando cuál sería el autor de este interesante libro. Revisando atentamente la última lámina, la número 15, se leen las palabras en latín *Oculatus Abis* (lo cual viene a significar "Te vuelves clarividente"), que al analizarlas resultaron ser prácticamente un anagrama de Isaac Baulot. Este nombre correspondía a un hugonote de gran notoriedad en los círculos intelectuales de La Rochelle, nacido en 1619 e hijo de un prestigioso cirujano. Por ello se ha propuesto que él sería el autor del *Mutus Liber*, lo que parece hasta el momento la hipótesis más aceptable respecto a esta incógnita. Es también interesante volver a detenernos en la portada, concretamente en la escalera que aparece en el centro, que sería la escalera de Jacob descrita en el Génesis, con dos ángeles que tocan la trompeta y un hombre durmiendo en el suelo, el mismo Jacob. Esa escalera representa la unión entre el Cielo y la Tierra, la ascensión a la Luz, es decir, a la Sabiduría. En clave alquímica se interpreta como el camino del adepto a su perfeccionamiento personal: por ella iría subiendo, paso a paso, peldaño a peldaño, hacia el conocimiento, lo que vendría a significar también la preparación de la Piedra Filosofal.

> **Anagrama** es un cambio en el orden de las letras de una palabra o frase que da lugar a otra palabra o frase diferente.

Otro libro que tuvo una enorme difusión en su época es *La Nueva Luz de la Química*, (*Novum Lumen Chymicum*) de Sendivogius. Publicado en 1604, trata principalmente de la preparación de Mercurio Filosófico. Por otra parte, lleva consigo una larga y compleja historia, o más bien leyenda, como se comentará en el Capítulo 12. Es destacable asimismo la obra *La Puerta Abierta al Palacio Cerrado del Rey*, de Ireneo Filaleteo, por su detallada descripción de las operaciones a realizar por el alquimista para conseguir la Piedra Filosofal, incluyendo los cambios en la coloración que se van produciendo.

Un texto de gran influencia, especialmente por sus imágenes alquímicas, fue *Rosarium Philosophorum* (*El Rosario de los Filósofos*), en cuyo título la palabra rosario no alude a lo que entendemos comúnmente como tal, sino a "grupo" o "reunión". Se publicó en Frankfurt en 1550 y, aunque su texto se ha atribuido a Arnaldo de Vilanova, realmente no se conoce el autor. Entre sus ilustraciones, que han sido reproducidas en múltiples ocasiones, sobre todo en el siglo XVII, son de destacar las que muestran al Rey y a la Reina, Sol y Luna, y su conjunción en sus distintas etapas, como las de la Figura 11.1.

Capítulo 12

AUGE Y DECLIVE DE LA ALQUIMIA

La alquimia de científicos ilustres
Alquimia y mecenazgo
La alquimia en el arte y en la literatura
Declive de la alquimia
Alquimistas de los últimos tiempos

La alquimia de científicos ilustres

En Occidente la alquimia empezó a cobrar mayor importancia ya hacia finales de la Edad Media, importancia que va aumentando para alcanzar un máximo hacia la mitad del siglo XVII, iniciándose así una "edad de oro" que llega hasta los primeros decenios del XVIII, a partir de lo cual comienza su declive. Durante largo tiempo muchos alquimistas alcanzaron respeto y admiración. Pero poco a poco surgió entre ellos una pléyade de charlatanes, de incompetentes e, incluso, de falsificadores, lo que indudablemente les fue desacreditando. Además, y esta es la razón más fuerte, la química va adquiriendo un carácter científico y aumenta su prestigio en detrimento de la alquimia, con lo que lentamente ambas disciplinas toman caminos separados.

No obstante, durante mucho tiempo la esencia de la alquimia siguió siendo valorada por muchos, incluso por figuras de indudable adscripción como científicos, y algunos muy ilustres además. Tales son los casos del químico Robert Boyle (1627-1691) y del físico y matemático Isaac Newton (1627-1691), ambos británicos. Es sorprendente para la mentalidad actual el hecho de que personalidades de tanta valía y que tan importante legado han dejado para la ciencia, creyeran en la alquimia e, incluso, la practicaran.

Prueba, pues, de que esta seguía siendo una disciplina digna de respeto.

La química debe a **Boyle** aportaciones muy importantes. Por la que tal vez sea más conocido es por la ley de compresión de los gases o *ley de Boyle*. Pero su papel como químico va mucho más allá, ya que su labor experimental fue enorme y en muy distintos campos, a lo que se une una extensísima obra escrita. Y, sobre todo, fue el primero en poner en duda la teoría de los cuatro elementos como principios universales de la materia, como expresó en su famoso libro *El Químico Escéptico*, publicado en 1661, donde hace una distinción entre "cuerpos mixtos", que se pueden descomponer en otros más simples, y "cuerpos simples", que ya no se pueden descomponer. Estos últimos serían para Boyle los verdaderos elementos, y no los que tradicionalmente se consideraban como tales. Este hecho significó un paso trascendental en la evolución de la química, en su camino hasta llegar a ser considerada una disciplina científica, porque Boyle adelanta la idea actual de elemento químico y rompe con la visión medieval, aristotélica, de elemento como principio universal de la materia. Sin esta nueva visión, la química no hubiera podido avanzar. Por ello se le suele considerar como el antecesor de la química moderna. Asimismo, dentro de la filosofía mecanicista, consideró que la materia estaba constituida por unos corpúsculos, cuya forma, tamaño y movimiento explicarían las propiedades de aquella.

Boyle nació en Irlanda, en una acomodada familia de la nobleza anglo-irlandesa de firme filiación anglicana. Desde niño recibió una sólida formación en su tierra natal, que después completó en Inglaterra, en Eton concretamente, y después en varios países del continente europeo. A los diecisiete años, en 1644, tras morir su padre retorna a Inglaterra, donde primeramente permanece unos meses en Londres, estancia que a pesar de su brevedad marcó profundamente el pensamiento y las inclinaciones de Boyle. Tuvo allí la oportunidad de contactar con muchos ilustres intelectuales de la sociedad londinense, desde políticos a los pertenecientes al mundo de la ciencia y de la filosofía. Fue por entonces cuando empezó a interesarse por la química; tanto es así que instaló un laboratorio en su propia casa, donde llevaba a cabo sus experimentos. Son unos momentos también en los que la influencia de van Helmont entre los llamados filósofos de la naturaleza —como entonces se decía a los que ahora conocemos como científicos— era muy importante, influencia que también sintió Boyle.

Pues bien, a pesar de la visión tan novedosa de Boyle en cuanto a la idea de elemento, así como de su experimentación, cuidada, rigurosa y guiada siempre por una atenta observación y por el razonamiento, siempre se mostró interesado por la alquimia. En este punto, hay que incidir en sus firmes convicciones religiosas, lo cual le influirá sensiblemente en su labor científica. De esta manera, cuando comienza a interesarse por la química, lo hace no tanto por el valor de esta en sí misma, sino porque le podía permitir comprender mejor a Dios y la naturaleza. El universo era de Dios y en ese universo las distintas materias no estarían aisladas, sino constituyendo un conjunto, un todo, como "una gran obra de reloj" en la que, para Boyle, Dios sería el gran relojero. Estas ideas tal vez contribuyeron también a su dedicación a la alquimia, y a no rechazarla, como hacían otros intelectuales. En este aspecto, debe considerarse asimismo que hacia 1650 había entrado en contacto con un grupo que se autodenominaba el "Colegio Invisible", muy interesado por el trabajo químico, entre cuyos miembros estaba el alquimista norteamericano George Starkey, lo que muy probablemente fuera decisivo para sus inclinaciones alquímicas.

Trabajó y escribió sobre alquimia durante mucho tiempo. Incluso, llegó a afirmar que había sido testigo de una proyección, y consideraba la intervención de fuerzas sobrenaturales en la transmutación. Entre otros muchos datos, parece ser que había mantenido correspondencia con George Starkey, quien le habría proporcionado la receta para obtener la Piedra Filosofal, descrita en una carta que envió a Boyle hacia mayo de 1651. En esa receta explica el proceso para amalgamar con mercurio ordinario una aleación de régulo estrellado de antimonio y plata. De esta manera se conseguía Mercurio Filosófico (o Mercurio Animado), primera etapa para obtener la Piedra Filosofal, ya que si seguidamente se amalgamaba oro con este Mercurio, tras calentar la mezcla cuidadosamente se podría llegar a la Piedra. Así, siguiendo estas directrices, Boyle trabajó en su laboratorio en todas estas operaciones, afirmando que en sus experimentos había obtenido una "tierra roja", que después hizo actuar sobre oro fundido. Como él mismo describió, ese oro perdía su aspecto metálico habitual, convirtiéndose en una masa de color "sucio", de apariencia vitrificada. Escribió varios artículos sobre estos experimentos, el primero de ellos en 1675 para la Royal Society (sociedad científica fundada en 1662, y de la que Boyle fue uno de los miembros fundadores).

Respecto a lo que se designaba con ese curioso nombre de "régulo estrellado de antimonio", hay que decir que no era otra cosa que la forma de denominar en aquella época al antimonio "metálico", que se obtenía a partir de la antimonita o estibina (trisulfuro de antimonio, de lo que ya hemos tratado en el Capítulo 11). Recordemos también en este punto el famoso tratado de Basilio Valentín *El Carro Triunfal del Antimonio*, en cuanto a la importancia del antimonio en los procesos alquímicos de transmutación.

En cuanto a **Newton**, en primer lugar se ha de destacar que su contribución a la ciencia es enorme. Su obra cumbre es *Philosophiæ Naturalis Principia Mathematica*, más conocida simplemente como los *Principia*, donde describe la ley de la gravitación universal y establece las bases de la mecánica clásica mediante las leyes que llevan su nombre. Además, son muy importantes sus trabajos sobre óptica y la naturaleza de la luz, realizando importantes descubrimientos, así como en matemáticas, donde desarrolló el cálculo infinitesimal. Llevó a cabo también el desarrollo del cálculo integral y diferencial, lo que comparte con Gottfried Leibniz (1646-1716). Pero mucho después de haber muerto se ha sabido acerca de su gran atracción por la alquimia. Hace relativamente poco tiempo, en 1936, se encontró un enorme número de manuscritos suyos sobre alquimia, más de cien, que sumaban un total aproximado de un millón doscientas mil palabras nada menos, dándose el hecho curioso de que fueron recopilados y estudiados por el prestigioso economista también británico John Maynard Keynes (1883-1943), que los había adquirido en una subasta. Y nunca fueron publicados por Newton.

De padres campesinos puritanos (aunque él no lo fue, sino oficialmente anglicano, pero de ideas arrianas), Newton fue siempre profundamente devoto, lo que le condujo a estudiar la Biblia casi con tanta atención como hizo con la ciencia, y a escribir obras de carácter teológico, como también hiciera Boyle. Desde niño demostró ya una gran inteligencia y un espíritu ingenioso, de gran habilidad para realizar construcciones mecánicas. A los dieciocho años inició sus estudios en la Universidad de Cambridge, y fue allí muy probablemente donde tuvo sus primeros contactos con la alquimia, hacia 1660, a través de la biblioteca con obras alquímicas de uno de sus profesores. O tal vez fue su interés por Boyle lo que le atrajo hacia la alquimia, lo mismo que hacia la filosofía mecanicista.

> Un aspecto importante de las doctrinas del **puritanismo** era que todas sus creencias debían basarse en la Biblia, por ser de inspiración divina. Por esta razón, los puritanos hacían énfasis en que ese texto sagrado se debía estudiar de forma privada, lo que condujo a fomentar la educación, a fin de que todos sus seguidores fueran capaces de leer la Biblia por sí mismos.

Estuvo asimismo muy influenciado por las corrientes neoplatónicas y por el hermetismo. Newton admitía también la teoría alquímica del crecimiento de los metales en el interior de la tierra, como crecen plantas y animales, y creía en la transmutación. Pensaba así, muy probablemente, que estas doctrinas podían darle la entrada al conocimiento de las energías ocultas de la naturaleza, de sus secretos, y a comprender la estructura de la materia, que él expresaba en términos de corpúsculos y de atracciones y repulsiones entre ellos, según la filosofía corpuscular de Boyle. Los corpúsculos estarían constituidos por partículas cada vez más pequeñas, hasta llegar a unas partículas básicas con una disposición geométrica determinada. Y esa especial disposición geométrica daría lugar a las distintas sustancias. Por ello esperaba que la transmutación le proporcionase las pruebas del carácter corpuscular de toda materia: lo que ocurriría en la transmutación sería un cambio en la disposición espacial, una reordenación, de las partículas básicas. Por tanto, habría una única materia universal, común a todos los cuerpos.

Tal era su interés por la alquimia, que leyó ávidamente los tratados de Sendivogius, sobre todo *La Nueva Luz Química*, impresionado tal vez por la transmutación que este afirmaba haber realizado ante Rodolfo II. Adoptó la idea del alquimista polaco de un "alimento secreto" que vivificaría tanto a las criaturas como a lo minerales; es decir, les daría vida. Sería un espíritu universal, un espíritu de vida, que impregnaría todos los cuerpos de la naturaleza y que provocaría sus transformaciones, análogo al *pneuma* de estoicos y neoplatónicos.

Por ello llamó "química vegetativa" a aquella que implicaba la acción de este agente vital sobre la materia, para distinguirla de la química vulgar. El hecho es que Newton consiguió un horno para su laboratorio y la compilación de tratados alquímicos *Theatrum Chemicum*. Tras su lectura, le impresionaron sobre todo las ideas de Ireneo Filaleteo (George Starkey, con gran probabilidad, aunque entonces no se sabía). Se interesó también por la "tierra roja" de Boyle y, sobre todo, por la descripción que hacía Starkey sobre el régulo de antimonio, llamándole la atención el aspecto de ese antimonio cristalizado en forma de estrella, con rayos que convergían en un punto central. De ahí que dijera del régulo que bien pudiera ser como un imán, con propiedades magnéticas representadas por esos rayos convergentes, lo que hizo que Newton lo asociara con el término "magnesia" (palabra relacionada con la de "magnetismo") que Sendivogius utilizaba para designar al agente vital. Consideró que bien pudiera ser que ciertas sustancias con esas características, como las del régulo, tuvieran la capacidad de atraer hacia sí al espíritu celeste y vivificante, que en consecuencia les daría vida. Por este motivo, Newton durante largo tiempo estuvo investigando en su laboratorio las posibles propiedades magnéticas del régulo de antimonio.

Pero hay que pensar que finalmente lo que Newton pretendía era llegar a una mejor comprensión de Dios y de su obra, a través del conocimiento de ese espíritu vital que animaba todas las cosas de la creación. Esa idea sería la que, en definitiva, estaría también en Boyle. Ambos eran sumamente religiosos: de educación puritana uno, anglicana el otro, con un profundo sentido de lo divino, espíritus tan devotos que les llevaron a pretender realizar un nexo entre ciencia y religión.

Científicos "serios" se interesaban por la alquimia e, incluso, llevaron a cabo un considerable trabajo experimental, dedicándole una buena parte de su tiempo, unos cuarenta años Boyle, unos treinta Newton. Pero manteniendo cierto secreto y distanciamiento, como si se avergonzaran de ello. Seguramente por miedo a las críticas de sus colegas, a ser tachados de ingenuos e insensatos. Y muy probablemente tenían fundadas razones para ese temor.

Esto son sólo dos ejemplos, muy llamativos además, dada la gran categoría científica de sus protagonistas. Pero es sólo una prueba de que la alquimia no era tan despreciada como a menudo pretende demostrarse.

Alquimia y mecenazgo

Dejando aparte la alquimia de los primeros tiempos y centrándonos en la de Occidente, es decir, en lo que se considera ámbito de la cultura cristiana, en los anteriores temas se ha discutido cómo en la Edad Media la alquimia fue adquiriendo creciente importancia a partir de que se conociera en el siglo XII. Se sabe incluso de casos de reyes aficionados a la alquimia, como Alfonso X el Sabio, rey de Castilla y León, a quien se atribuye la autoría del tratado *Lapidario*, sobre las propiedades mágicas de las piedras en relación con la astrología. Sin embargo, esta obra puede tratarse más bien de una traducción, con reorganización y corrección del texto original, dirigida y patrocinada por este rey. Asimismo, el rey francés Carlos VI (1368-1422) sentía gran atracción por la alquimia, y construyó un laboratorio en el castillo de Vincennes para el gran número de alquimistas que pululaban en su corte.

La alquimia se extendió por toda Europa y sus practicantes generalmente eran respetados. El prestigio de los adeptos, capaces de convertir en oro metales ordinarios, fue creciendo, despertando en muchos casos admiración e incluso temor. Tanto es así que se les empezó a considerar como un posible medio de producir riqueza. El oro alquímico, en definitiva, no dejaba de ser ese metal precioso de enorme valor.

Para poder llevar a cabo sus experimentos el alquimista, en primer lugar, necesitaba un espacio físico, es decir, un laboratorio donde instalar los aparatos y productos con los que trabajaría en sus experimentos. Además, tenía que adquirir libros para poder estudiar. Todo esto requería disponer de recursos económicos, algo de lo que muchos practicantes de la alquimia carecían, aunque fueran conocidos e incluso admirados. De ahí la necesidad de encontrar un protector capaz de costearles sus trabajos, lo que explica el errar de muchos alquimistas a través de las cortes europeas en busca de un mecenas. Este problema no lo tenían los poderosos atraídos por la alquimia: muchos de ellos llegaron a practicarla personalmente o, cuando menos, ayudaron a otros con su dinero y protección para que pudieran ejercerla.

Por otra parte, pensemos que en el Renacimiento, junto al cambio cultural, surgen también una serie de factores de tipo socio-político y económico a tener en cuenta. El más significativo es la consolidación de muchas nacionalidades europeas, en las que se constituyen monarquías absolutas, lo que va acompañado de una transformación de la nobleza feudal, que pasa así a cortesana. Al mismo tiempo, comienza tímidamente la apari ción de una clase media, un proletariado y un capitalismo rudimentario, así como el desarrollo de las riquezas nacionales, lo cual trae también consigo un auge del comercio. Esto a su vez da lugar a que la clase burguesa emergente, constituida básicamente por banqueros y comerciantes, crezca en poder económico y se haga más fuerte.

El florecimiento cultural y económico da lugar a la intensificación del mecenazgo, es decir, de la protección de los poderosos a las artes y a los artistas. Pero no queda reducido a reyes, príncipes o nobles de rango elevado, sino que también será protagonista una nueva aristocracia procedente de las familias de ricos burgueses y, por supuesto, las altas jerarquías eclesiásticas. Y tampoco queda limitada esta protección a las artes, ya que se extiende también a las ciencias… y a la alquimia.

En consecuencia, muchos reyes, príncipes y gobernantes empezaron a costear los experimentos de los alquimistas, con la esperanza de que llegasen a la ansiada Piedra Filosofal y pudieran proporcionarles oro con el que aumentar sus arcas o costear sus frecuentes guerras. Unos les protegen tan sólo por esta razón, pero hay otros que también lo hacen por sentir un sincero interés por las doctrinas alquímicas. Así, conocida es la afición a la alquimia de Cosme I de Medici (1519-1574), duque de Florencia y gran mecenas, amante del arte y las ciencias, especialmente las esotéricas. Y más aún su hijo y sucesor, Francisco I de Medici (1541-1587), que llegó a trabajar en alquimia en el laboratorio de su palacio.

Otros ejemplos son el del rey Felipe II, hijo de Carlos I de España y V del Sacro Imperio Romano Germánico (1500-1558), y más aún el de su sobrino el emperador Rodolfo II.

Ya se ha comentado que a instancias de Felipe II en el Monasterio de San Lorenzo de El Escorial se había instalado una botica, la Real Botica (que empezó a funcionar en 1573), y a su lado se construyó en 1589 un taller de destilación, la Torre de la Real Botica, con Diego de Santiago al frente. En un principio se creó para la producción de remedios medicinales según las teorías paracélsicas, tal vez motivado por la mala salud del monarca. Llegó a convertirse en un centro científico de gran prestigio para la formación de destiladores y boticarios, pero muy probablemente también para realizar trabajos de alquimia, ya que se sabe que Felipe II protegió a muchos personajes relacionados con esta disciplina. Tal es el médico, alquimista y hermético italiano, nacido en Bolonia, **Leonardo Fioravanti** (ca.1518-1588), muy famoso en su tiempo, aunque se le ha considerado a veces como un ser extravagante, siendo su postura intermedia entre la alquimia y la ciencia académica tradicional. En los años 1576 y 1577 estuvo en España y probablemente fue uno de los responsables de la difusión de las obras de Paracelso dentro del ambiente alquímico español. Después, en 1582, publicó en Venecia una obra dedicada a Felipe II, *Della Física*, constituida por cuatro libros, uno de los cuales está dirigido a la alquimia. Asimismo este monarca apoyó al dublinés Richard Stanihurst (Capítulo 10). Todo ello confirma la afición del rey por las ciencias esotéricas, así como su interés científico, lo que hizo de la Corte española una de las primeras en emplear técnicas destilatorias para la preparación de medicamentos.

En lo que se refiere a Rodolfo II, acogió a muchos célebres alquimistas de toda Europa. Uno de ellos fue el ya nombrado Michael Maier, que también fue médico en su corte de Praga (y que por sus conocimientos en alquimia fue protegido, asimismo, por algunos príncipes alemanes).

> **Rodolfo II** (1552-1612) fue emperador del Sacro Imperio Romano Germánico desde 1576 hasta su muerte. Hijo del también emperador Maximiliano II (1527-1576) y sobrino de Felipe II, estuvo muy influido por este último debido a que desde los once años se educó en la Corte española, donde permaneció durante ocho años. De ahí muy probablemente su afición a la alquimia. También le interesaban la astrología, la magia y el coleccionismo de manuscritos antiguos y de juguetes mecánicos. Residió en el Castillo de Praga desde 1583, donde protegió tanto a artistas como a alquimistas, matemáticos o astrónomos.

De todo ello queda como testimonio en el Castillo de esa ciudad el llamado "callejón del Oro" o "callejón de los Alquimistas" (aunque este último, en realidad, era otro muy cercano al primero, que era el de los orfebres), donde trabajaron el famoso alquimista polaco Michael Sendivogius o el inglés Edward Kelly, entre otros.

Por otra parte, del gran maestro de a lquimia británico Ireneo Filaleteo se dice que realizó varias proyeccione ante el rey Carlos I de

Inglaterra (1600-1649). También en este país George Ripley había trabajado para Eduardo IV, al que dedicó uno de sus escritos de alquimia. Por su parte, John Dee fue protegido por los monarcas ingleses de la época, el rey Eduardo VI y las reinas María Tudor e Isabel I, de la que llegó a ser consejero y astrólogo, gozando de su confianza y amistad. Y asimismo estuvo en la corte de Rodolfo II, junto con Edward Kelly. Por su parte, Robert Fludd recibió la protección del rey Jacobo I de Inglaterra así como la de su sucesor, Carlos I.

Hay otros casos en los que un alquimista protegido por un poderoso introduce a este último en los secretos de la Gran Obra. Tal es el caso muy anterior, de principios del siglo VIII, del monje eremita y alquimista Morienus y del príncipe árabe Calid (Khalid Ibn Yazid): el príncipe busca y protege al monje para que le inicie en los conocimientos alquímicos. Fruto de este episodio es la obra *Liber de Compositione Alchimiae*, primer texto de alquimia traducido del árabe al latín (Capítulos 6 y 7).

Existen, sin embargo, historias de alquimistas protegidos que acabaron trágicamente. Uno de ellos es el ya mencionado Alexander Seton (o Sethon), alquimista escocés que vivió desde finales del siglo XVI hasta principios del XVII. Hacia 1601 realizó un viaje por distintos y países del continente europeo, comenzando por Holanda. Afirmó en repetidas ocasiones haber logrado la transmutación de plomo en oro, gracias a un misterioso polvo que llevaba en una bolsita. Cuando llegó a Sajonia, el príncipe elector Cristian II (1583-1611) protegió a Seton con el fin de que transmutara oro, pero el alquimista no lo consiguió, por lo que sufrió prisión y durísimas torturas para que confesara la fórmula de la Piedra Filosofal. Naturalmente no pudo darla, puesto que realmente no la sabía. Aquí entró en escena Michael Sendivogius, que le salvó de prisión y le llevó consigo a su ciudad, Cracovia. Allí murió poco después Seton, quien entregó sus escritos a Sendivogius, que comenzó a adoptar el pseudónimo de Seton, *El Cosmopolita*. Por ello, y sobre todo en Escocia, se acusó a Sendivogius de plagio, especialmente como autor de su famosa obra *La Nueva luz Química*. Además, Sendivogius se casó con la viuda de Seton (hecho también relativamente frecuente entre los alquimistas, como el caso de Nicolás Flamel, ya que Perenelle era viuda por dos veces). Sin embargo, todos estos hechos referentes a la relación entre Seton y Sendivogius no están probados y seguramente haya que encuadrarlos dentro del terreno de las leyendas alquímicas.

Asimismo, tenían gran interés por la alquimia y ayudaron a muchos alquimistas Fernando III de Habsburgo (1608-1657) y su hijo Leopoldo I (1640-1705), ambos emperadores del Sacro Imperio Romano Germánico. Es así como este último protegió al químico y alquimista **Johann Joachim Becher** (1635-1682), al que se le considera precursor de la teoría del *flogisto*, y que llegó a ser su consejero en la corte de Viena en todo lo referente a la alquimia.

> **Johann Joachim Becher** intentó explicar los procesos de combustión: postuló que todo cuerpo que pudiese arder contendría un principio de inflamabilidad, el cual perdería cuando dicho cuerpo ardiese. Este principio de inflamabilidad fue llamado después *flogisto* (del griego "phlogistos", llama, fuego) por el médico y químico también alemán **Georg Ernst Stahl** (1659-1734), quien reelaboró estas ideas y las extendió a principios del siglo XVIII con el nombre de *teoría del flogisto*. Y fue la teoría dominante en química hasta finales de ese siglo, cuando el francés **Antoine Lavoisier** demostró que no era cierta.

Otro ejemplo es el de **Johann Friedrich Boettger** o **Böttger** (1682-1719), a quien se ha atribuido el invento de la porcelana europea. Era alquimista y en un principio trabajaba como asistente de un boticario de Berlín. Pero tuvo que huir de esta ciudad, al parecer por haber entregado una pieza de oro falso —obtenido supuestamente con sus artes alquímicas— a Federico I de Prusia (1657-1713), quien en principio le había protegido. En 1701 se refugió en Dresde, donde de nuevo fue protegido por el poder fáctico, el elector de Sajonia Federico Augusto I (1670-1733), rey también de Polonia (allí conocido como Augusto II el Fuerte), el cual le obligó a fabricar oro para las arcas reales, ya que estaba convencido de los poderes de la alquimia.

Por otra parte, el poder eclesiástico llevó a cabo asimismo este tipo de mecenazgo en la alquimia en algunas ocasiones. En España, sin ir más lejos, tenemos el caso de **Alonso Carrillo de Acuña** (1410-1482), primeramente Obispo de Sigüenza y después Arzobispo de Toledo, por lo que se le suele conocer como el **Arzobispo Carrillo**. Tuvo gran ascendiente sobre el rey Enrique IV de Castilla (1425-1474), de quien fue privado y ministro. Tenía tal afición a la alquimia que costeó las experiencias de un alquimista de Cuenca, llamado Alarcón, tratando de conseguir el ansiado oro alquímico. Pero este resultó ser un intrigante y falsario, por lo que Carrillo lo condenó, muriendo finalmente degollado en la plaza de Zocodover de Toledo hacia 1480.

12.3. La alquimia en el arte y en la literatura

En cuanto a la admiración que despertaban los alquimistas, buena prueba de ello es su papel protagonista en muchas pinturas y grabados, obras en las que generalmente se representa a un alquimista en su laboratorio, al lado del atanor, potenciando el fuego con un fuelle, con libros en su mesa de trabajo, con alambiques, redomas... Algunas de estas obras (figura 12.1) fueron realizadas por pintores tan famosos en aquellos tiempos como Pieter Brueghel el Viejo (1525-1569) o David Teniers el Joven (1610-1690), e incluso muchas se encuentran en importantes centros de arte, como esta última, en el Museo del Prado de Madrid. Pensemos también en el retrato de Paracelso pintado por Rubens.

Figura 12.1. *El Alquimista*, grabado de Pieter Brueghel el Viejo

Pero no ya sólo la figura del alquimista ha inspirado a los artistas, sino que también lo han hecho las ideas alquímicas. Desde su perspectiva hermética, esotérica, han influido en muchos aspectos artísticos. Dieron lugar así a catedrales construidas según medidas pitagóricas (recordemos a Pitágoras, para quien los números eran el principio de todas las cosas). O el mismo Monasterio de El Escorial (o mejor Real Monasterio de San Lorenzo de El Escorial), cuyo arquitecto Juan de Herrera (1530-1597), de origen judío, bien pudiera haber estado influido por la cábala.

No obstante, donde tal vez más se note esta influencia es en las figuras esculpidas de iglesias y catedrales medievales. A este respecto, Fulcanelli (de quien se tratará más adelante) realizó un interesantísimo estudio en su libro *El Misterio de las Catedrales*. Y también las esculturas eróticas en capiteles y canecillos de muchas iglesias, sobre todo románicas (por ejemplo, las de Cantabria y del norte de Castilla y León), estarían relacionadas con el pensamiento heterodoxo y hermético.

En pintura tenemos asimismo importantes muestras de las ideas alquímicas como inspiradoras de su temática, muy en especial entre los pintores de los Países Bajos. Muy posiblemente la causa de ello fue la gran cantidad de población judía que se instaló allí tras su expulsión de España, en 1492. Las ideas de la cábala habrían influido en las creaciones de muchos artistas, como es el caso del ya comentado Brueghel el Viejo y, sobre todo, el de Hyeronimus Bosch, El Bosco (1450-1516). Una excelente muestra de ello la tenemos en *El Jardín de las Delicias* de este último pintor, que se halla en el Museo del Prado. Para muchos este cuadro tendría una interpretación en clave alquímica y realmente se trataría de una escenificación de todo el proceso de la Gran Obra: entre otros detalles es muy clara la representación del huevo alquímico y de la fuente de la vida o fuente mercurial. Se da asimismo otra circunstancia de interés, la de que Felipe II fue mecenas de El Bosco, tal vez una prueba más de su atracción por el esoterismo.

Otros pintores renacentistas de Centro Europa también estuvieron en mayor o menor medida influidos por el pensamiento hermético, como el alemán Alberto Durero. Este artista solía firmar sus obras con el emblema AD, en el que esa "A" estaba dibujada de tal manera que bien pudiera recordar a una "puerta".

La alquimia inspiró también muchas obras literarias, en las que de una forma u otra se hace referencia a ella. Por ejemplo, el florentino Dante Alighieri (1265-1321) en su famosa obra *La Divina Comedia* sitúa en uno de los círculos del infierno a los alquimistas, formando parte del grupo de los falsificadores. Petrarca (1304-1374) en su libro *Remedios contra la Buena y la Mala Suerte* hace una crítica a los adeptos de la alquimia, como engañadores y tramposos. El inglés Geoffrey Chaucer (1343-1400) en el cuento *El Criado del Canónigo*, perteneciente a su libro *Los Cuentos de Canterbury*, describe con detalle los distintos trucos llevados a cabo por un alquimista, lo que demuestra su gran dominio del lenguaje alquímico. Él fue, por otra parte, quien tradujo al inglés el *Roman de la Rose*, romance francés del siglo XIII (que consta de dos partes, escritas entre 1225 y 1280), influido por las doctrinas alquímicas, sobre todo en su segunda parte, en la que se alude a la trasmutación, a la fuente de la vida y también al ocultismo. Recordemos la pieza teatral *The Alchemist*, del escritor también inglés Ben Johnson (1572-1637), que es una sátira sobre la fabricación de oro. El francés François Rabelais en sus novelas sobre *Gargantúa y Pantagruel* se califica a sí mismo como "extractor de la quintaesencia". Y Goethe, como ya se ha comentado, estuvo interesado por la alquimia y más concretamente por la figura de Paracelso, por el que sintió gran admiración.

La lista sería mucho más larga, y aquí nos detendremos. Pero en lo que hay que incidir es que tanto en sentido positivo como en sentido negativo (sobre todo por las acusaciones de fraudes y engaños de muchos alquimistas), de una manera u otra, la alquimia estaba muy presente en la sociedad de aquellos siglos.

Declive de la alquimia

A lo largo de toda la Edad Moderna, desde la perspectiva de la química se pueden distinguir tres etapas. Una primera, el Renacimiento, aún con vestigios medievales y con un claro influjo de la alquimia, que se extendería hasta la mitad del siglo XVI, aproximadamente, y en la que el hecho más importante es el surgimiento de la iatroquímica. Una segunda, de transición, en la que se va entrando en el dominio de la razón, por lo que podríamos denominarla como etapa del inicio de la química científica, y que llega hasta la segunda mitad del siglo XVII. Después, hay una tercera etapa en la cual la química continuará evolucionando a lo largo del XVIII, hasta alcanzar su revolución científica a finales de ese siglo. Y a medida en que la química científica va avanzando, la alquimia decae y sus seguidores cada vez son menos numerosos.

A partir del siglo XVII se va contando con un mayor dominio en la experimentación química y se descubren nuevas sustancias y sus propiedades. Se van conociendo más ácidos minerales importantes (incluso alguno, como el sulfúrico o aceite de vitriolo, se empezó a obtener comercialmente), más álcalis, numerosas sales empleadas con fines medicinales y para otros usos, así como algunos —aunque no muchos aún— compuestos orgánicos. Ese avance en los aspectos prácticos dio un enorme impulso al conocimiento de las reacciones químicas, lo que ocasionó que la transmutación, eje central de las doctrinas alquímicas, tuviera un rechazo creciente. No obstante, aunque la alquimia no contase ya con nombres importantes, de una manera u otra seguía teniendo adeptos. Por otra parte, desde el punto de vista teórico, domina la filosofía corpuscular, que permitía en principio la transmutación. Así que dejando aparte los fraudes, muchos de ellos fáciles de llevar a cabo entre una población bastante crédula ante determinados fenómenos, todo esto justifica, al menos en parte, la pervivencia de la alquimia si bien en un franco proceso de declive.

Respecto a los fraudes, hay que decir que hasta el Renacimiento la alquimia era una disciplina "pura", pero a partir de entonces empieza a contaminarse con la proliferación de charlatanes y falsificadores, con muy diversos trucos y fraudes. Uno de los métodos para llevar a cabo la falsificación consistía en colocar en un crisol los materiales que se querían transmutar a oro, se calentaban agitándolos con una varilla de hierro recubierta de oro tapado con cera. Así no se veía el oro, pero al calentarse la cera, esta se derretía, quedaba el oro al descubierto, y parecía que procedía de los materiales del crisol. En otro truco se preparaba previamente una moneda de una aleación blanca de oro y plata, y se presentaba al público incauto como si fuera de un metal ordinario. Se sumergía la moneda en ácido nítrico, el cual reaccionaba con la plata, con lo que en la moneda quedaba sólo el oro, dando la sensación de que se había conseguido transmutar el metal inicial de la moneda hasta oro. Otras veces se partía de una moneda mitad hierro y mitad oro (en la parte superior y en la parte inferior, respectivamente) y se recubría todo con algún producto negro. Después se introducía en un líquido hasta la mitad y se agitaba: el producto negro desaparecía al agitar y quedaba el oro a la vista. ¡Otra transmutación a oro!

Todo esto podría justificar el inicio de la decadencia de la alquimia. Pero hay otra razón aún más fuerte, ya desde el punto de vista científico. Hacia finales del siglo XVII la antigua idea de elemento en cuanto a cualidades o principios universales empezó a ser abandonada. Es un proceso que se inicia con Boyle (recordemos su libro *El Químico Escéptico*) y que culmina con el químico francés Lavoisier a finales del siglo XVIII, como ya se ha comentado.

> **Antoine Lavoisier**, gracias a sus trabajos experimentales realizados con gran precisión y control cuantitativo, demostró que el aire y el agua no eran sustancias simples: el aire era una mezcla de los gases oxígeno y nitrógeno, y el agua estaba constituida por oxígeno e hidrógeno. Rompió así, definitivamente, con la teoría clásica de de los cuatro elementos aristotélicos.

Con todo, la alquimia —sobre todo la esotérica— continuó teniendo una influencia considerable en ese siglo, principalmente en Europa Central, defendiéndose todavía la intervención de Dios como principio necesario en todas las operaciones alquímicas. Su espiritualidad, su misticismo, son las mayores razones de su pervivencia. Sin embargo, ya en ese tiempo la comunidad científica comenzó a negar la posibilidad de la transmutación, considerando a la alquimia como una pseudociencia. A pesar de ello, continuaron surgiendo seguidores de la alquimia. Unos que eran personajes enigmáticos, como el **Conde de Saint Germain** (1696?-1784?), del que se han hecho multitud de especulaciones y leyendas, como la de que era inmortal y que se le había visto por los salones europeos muchos años después de su muerte oficial. Otros que la defendían con entusiasmo, como **James Price** (1725-1783), miembro de la Royal Society, que financió con su propio dinero experimentos alquímicos

Asimismo surgieron asociaciones inclinadas a la alquimia, como es el caso de la **Orden** o **Fraternidad de Rosacruz**, cuya primera referencia histórica se encontró en Alemania, en unas publicaciones de principios del siglo XVII, si bien en ellas se afirmaba que se fundó tomando como base unos escritos muy anteriores de **Christian Rosenkreuz** (1378-1484). De ahí su nombre, aunque muy probablemente este sea tan sólo un pseudónimo o de nuevo un personaje irreal, sobre el que han circulado multitud de leyendas, como la de que reapareció más tarde como el mismísimo Conde de

Saint Germain. La Orden Rosacruz fue presentada en tres manifiestos: el primero llamado *Fama Fraternitatis Rosae Crucis*, apareció en 1614, y en él se introduce a su fundador como "Frater C.R.C."; el segundo, *Confessio Fraternitatis*, en 1615, y el tercero, *Die Hochzeit* (*Las Bodas*, conocido en español como *Las Bodas Químicas* o también *Las Bodas Alquímicas de Christian Rosacruz*), en 1616, en el que se revela por vez primera el nombre al que corresponden las siglas de su fundador, así como las fechas de nacimiento y muerte. El contenido de estos manifiestos ha sido interpretado simbólicamente, a semejanza de los textos herméticos y alquímicos, con cuyas doctrinas se asocia, así como con la cábala judía. Esta sociedad, estudiosa de los manuscritos alquímicos, publicó gran número de textos de esta disciplina (más que nada en su vertiente esotérica) y en ella se llegaron a realizar trabajos prácticos de alquimia. Recordemos aquí al gran alquimista alemán Michael Maier, miembro de esta Orden, o a Robert Fludd, que aunque no lo era, estaba estrechamente relacionado con ella, como ya se ha discutido. Importantes personajes de la historia también fueron rosacruces, como Federico Guillermo II de Prusia (1744-1797). Y algunas organizaciones esotéricas, normalmente denominadas fraternidades u órdenes, como la francmasonería, están relacionadas con esta orden, al menos en sus rituales y en sus formas.

Alquimistas de los últimos tiempos

Y esporádicamente han ido surgiendo otros personajes dedicados a la alquimia, que incluso aseguraban haber sido testigos de transmutaciones.

Esto ocurrió también en el siglo XX. Concretamente, en 1929 tuvo lugar un hecho de gran importancia para la alquimia: se publica en París *El Misterio de las Catedrales*, de **Fulcanelli** (¿?-¿?), pseudónimo de un autor desconocido, rodeado de misterios acerca de su verdadera personalidad, que representaría así un caso más de ocultación de la identidad, tan característico en los alquimistas. Este libro, en el que a través de las esculturas de las catedrales góticas se explican muchas de las operaciones y misterios de la alquimia, alcanzó una difusión extraordinaria, y aún hoy en día sigue despertando interés. Fulcanelli es autor también de otro libro, *Las Moradas Filosofales* (París, 1930), en el que describe tres tipos de Piedra Filosofal. De ambos escribió el prefacio su único discípulo, el francés **Eugène L. Canseliet** (1899-1982), otro alquimista de gran renombre, que dijo haber asistido en 1922 a una transmutación realizada por su maestro, y del que se ha llegado a especular que era el mismo Fulcanelli. Canseliet es autor, entre otras obras, de *Deux Logis Alchimiques, en marge de la Science et de l'Histoire* (Paris, 1945).

Otro alquimista de ese siglo, además de químico y astrólogo, es el también francés **Armand Barbault** (1906-1974), autor del libro *El Oro de la Milésima Mañana*, publicado en 1969. Se implicó durante treinta años, y junto a su mujer, en la búsqueda de un elixir que curara las enfermedades siguiendo fielmente los cánones alquimistas, como la recogida del rocío en primavera.

Con anterioridad a estos tres últimos autores, se publicó el libro *Voyage en Kaléidoscope* (París, 1919). Fue escrito por una mujer, la poeta **Irêne Hiller-Erlanger** (1878-1922), también francesa y de la que se ha dicho que era descendiente de reyes y rabinos. Gracias a esta obra alcanzó el mérito de ser citada con admiración por Fulcanelli. Tanto este como Canseliet advirtieron pronto las implicaciones alquímicas y cabalísticas del libro, que vio la luz en los comienzos del dadá parisino. En consonancia con este ambiente, la autora mantuvo un salón frecuentado por artistas, pintores y jóvenes surrealistas del momento.

Capítulo 13

PRESENCIA DE LA MUJER EN LA ALQUIMIA

Introducción: la alquimia y la mujer
Lo femenino en la simbología alquímica
Mujeres alquimistas
Análisis de María la Judía y de Marie Meurdrac
Recapitulación Final

Introducción: la alquimia y la mujer

Para terminar esta revisión de la alquimia y de los alquimistas más destacados, no puede obviarse el dedicar un capítulo a analizar el ¿posible? papel de la mujer en la alquimia. A un primer golpe de vista este papel podría entenderse como la actividad práctica llevada a cabo por mujeres. Es decir, la mujer como agente de las operaciones alquímicas, la alquimista. A ese interrogante marcado sobre la palabra "posible" hay que responder con un signo afirmativo, recordando simplemente la figura de María la Judía.

Sin embargo, la presencia de la mujer en la alquimia va más allá, en otros dos aspectos no menos importantes: por un lado, la figura femenina aparece repetidamente formando parte —y muy importante, además— de la oscura simbología de las doctrinas alquímicas y, por otro, como compañera del alquimista en sus trabajos hacia la Gran Obra.

Comenzaremos por estos dos últimos aspectos, que no por ser más crípticos resultan menos importantes.

Lo femenino en la simbología alquímica

En los capítulos anteriores ha podido apreciarse, tanto en el lenguaje como en las ilustraciones de los textos alquímicos, la aparición frecuente de referencias en lo relativo a la mujer. Su importancia queda expresada por alquimistas tan importantes como Basilio Valentín, quien afirma que en el proceso alquímico hay una parte femenina que es fundamental para llegar a su culminación. En cuanto al lenguaje, al contenido escrito de los textos, la idea de lo femenino juega en el proceso de la Gran Obra un papel tan importante como la idea de lo masculino: unión del mercurio (lo volátil, lo femenino) con el azufre (lo fijo, lo masculino). Y de esa fusión resulta la unidad alquímica, representada por el andrógino, que como su mismo nombre indica posee caracteres tanto de hombre como de mujer. Significa así la unidad del universo, que indefectiblemente ha de tener una parte femenina y, podríamos decir en el lenguaje actual, que sería a modo de nuestros cromosomas, con la parte femenina que todos tenemos.

De ahí también la importancia del factor amoroso, y la representación simbólica en las ilustraciones de los textos de algo tan fundamental para la alquimia como es la unión del Mercurio y del Azufre, simbolizados respectivamente por una mujer, la Reina, y un hombre, el Rey, etapa necesaria para llegar a conseguir la Piedra Filosofal. En este sentido, el Rey y la Reina se representan en distintas escenas, en las que aparece siempre la mujer al lado del hombre, uniéndose en matrimonio e, incluso, en algunas ocasiones en una explícita postura coital, la "coniunctio" o conjunción. De todo ello se han ido incluyendo diversos grabados a lo largo de los capítulos de este libro.

Pero la mujer a veces tiene un valor simbólico diferente, en cuanto a representación de algunos aspectos centrales de la propia doctrina alquímica. Y en estos casos aparece entonces sola, y no asociada a la figura masculina. Tal es el concepto del *Anima Mundi* (Alma del Mundo) o "Espíritu Universal", intermediaria entre el Cosmos y todo lo que hay en la Tierra, que se encontraba ya en Platón y en el estoicismo, idea reforzada por el neoplatonismo renacentista. Pues bien, es la figura femenina en solitario —y ya no en pareja— la que se ha empleado para representar simbólicamente este vehículo entre las fuerzas cósmicas y lo terrestre. Así, en la Figura 11.7 del Capítulo 11, donde según Fludd el *Anima Mundi* está representada como una virgen, desnuda y unida a Dios por una cadena en su mano derecha, mientras que en la izquierda otra cadena desciende hasta la existencia en sus distintos niveles. Fludd explica ese grabado con las siguientes palabras:

> "En su pecho está el verdadero Sol; en su vientre la Luna.
> Su corazón ilumina las estrellas y los planetas, cuya
> influencia, infundida en su útero por el espíritu mercurial
> (o Espíritu de la Luna), es enviada al centro mismo de la
> Tierra. Su pie derecho está sobre la tierra, el izquierdo en
> el agua, significando la conjunción del azufre con el
> mercurio, sin lo cual nada puede ser creado."

La figura femenina tendría asimismo su reflejo en la identificación
con la madre primigenia, la madre tierra, y con el culto a las Vírgenes
Negras, como ya se trató anteriormente (Capítulo 11). A modo de
ejemplo, veamos en la Figura 13.1 un grabado que corresponde al
segundo emblema de la obra *Atalanta Fugiens*, de Michael Maier, en
el que se observa la figura de una mujer amamantando a un niño.

Figura 13.1. Segundo emblema de *Atalanta Fugiens* (Michael Maier,
1671): *Nutrix ejus terra est*

En el lema o título del grabado aparecen las palabras en latín
Nutrix ejus terra est, o sea, "La Tierra es su nodriza". Acompaña
también a este emblema una corta explicación del mismo, diciendo
que la Tierra nutre con su leche a "la tierna prole de los sabios" (es
decir, filósofos o adeptos de la alquimia), lo que viene a significar
que la leche sería la propia sabiduría. Con lo cual, se emplea de

nuevo una figura femenina, representando en este caso a la Tierra, la cual, a modo de una madre, nutre a los adeptos con una sustancia que contiene la sabiduría del Creador.

Por otro lado, la presencia no ya de lo "femenino", sino de la mujer como tal, queda reflejada de forma evidente en la escritura de los libros de alquimia al señalar su papel activo en el proceso de la Gran Obra. Es decir, la mujer tiene ahora presencia en función de otro objetivo: ayudar al marido alquimista en sus tareas. Por ejemplo, Nicolás Flamel en su *Libro de las Figuras Jeroglíficas* a menudo destaca la colaboración de la mujer con el alquimista, haciendo referencia concreta a su esposa, Perenelle, a quien considera imprescindible en su propio proceso de iniciación. Ya se ha comentado que la figura del Flamel alquimista es más que dudosa, pero sea quien sea el autor de esa famosa obra que se le atribuye, lo que sí que es cierto es que en ella se resalta repetidamente el papel de la mujer en los trabajos para llegar a la Gran Obra. En consonancia con esto, en las ilustraciones alquímicas abundan imágenes totalmente directas en las que aparece una mujer al lado de un hombre, el alquimista, en determinadas actividades. Por ejemplo, la Figura 11.5 nos muestra a la pareja recogiendo el rocío. La mujer sería, pues, la protagonista consorte de los trabajos alquímicos.

Hay otro hecho que se ha repetido con relativa frecuencia en la biografía de los alquimistas y que está relacionado con el valor simbólico de la mujer. Se trata del matrimonio de un alquimista con la viuda de otro. Tal es el caso ya comentado de Sendivogius, que se casa con la viuda de Seton, si bien este episodio así como otros acerca de la relación entre ambos alquimistas no están probados y muy probablemente pertenezcan al ámbito de la leyenda. Y aunque haya serias dudas de que este matrimonio haya sido real, simbólicamente resalta la importancia del papel de la mujer como transmisora del conocimiento en alquimia del marido muerto al nuevo esposo. Lo cual enlazaría con la idea fundamental en la alquimia de muerte-resurrección; es decir, muere un alquimista, pero resucita en el otro que recibe su saber a través de la esposa común.

Mujeres alquimistas

Abandonemos ahora el estudio del aspecto simbólico de lo femenino y de la mujer en la Gran Obra, para centrarnos en la actuación "real" de ciertas mujeres en las prácticas alquímicas y/o en la escritura de obras dedicadas a la alquimia. Es decir, en las mujeres alquimistas.

Dejando aparte los primeros tiempos de la alquimia, muchas de las mujeres que la estudiaron y la practicaron pertenecían a la nobleza o, incluso, a la alta aristocracia y a la realeza. O bien, eran de familias de burgueses acomodados. En definitiva, las rodeaban ambientes más o menos refinados y de un estatus económico desahogado, lo que favorecería su acceso a la educación. No obstante, la mayoría de estas mujeres vivieron en unos momentos en los que las universidades y las instituciones académicas de enseñanza les estaban cerradas, por lo que tenían que recurrir a estudiar en sus hogares, asistidas por un tutor o, incluso, de forma autodidacta. Sin embargo, el carácter iniciático de la alquimia, cuyo saber no podía impartirse en los centros oficiales sino que debía recibirse directamente de un adepto, posibilitaba a las mujeres el acceso a su estudio. Además, su posición social las dotaba de los medios materiales necesarios para poder practicarla, y así lo hicieron muchas de ellas, dirigiéndose con frecuencia hacia la vertiente alquímica de la preparación de medicinas (recuérdese a Paracelso, con la iatroquímica y la espagiria). Aunque no por eso faltasen las que trabajaron en la transmutación de metales o las que se dedicaron tan sólo a la escritura de obras relacionadas con la alquimia, alcanzando a veces gran difusión.

Hagamos a continuación una revisión de algunas de las más significativas de estas mujeres:

Como ya se trató en el Capítulo 3, desde los inicios de la alquimia además de **María la Judía** aparecen nombres de otras mujeres en la alquimia greco-egipcia, aunque de ellas no se tenga casi ningún dato. Tal es **Cleopatra** (aunque de dudosa existencia real), inventora de algunos aparatos de destilación. También el alquimista Zósimo menciona frecuentemente a su hermana **Teosobia**, a quien se dirige en muchos de sus escritos alquímicos, aunque posiblemente esa denominación de "hermana" no haría referencia a un vínculo familiar, sino que tendría más bien el sentido de una compañera (o incluso, una alumna) de alquimia.

En Francia no puede olvidarse a **Perenelle**, la mujer del famoso Flamel, el cual afirmó repetidamente la actividad como alquimista de su esposa. Se ha demostrado que su existencia fue real, pero lo que no parece ya tan real es que tanto ella como su marido fueran alquimistas, como ya se ha discutido anteriormente.

Por otra parte, durante la Edad Media y la Edad Moderna muchos conventos —tanto de monjas como de monjes— de Europa Central, especialmente de Alemania, fueron centros de prácticas alquímicas. A raíz de esto, se ha sugerido que el alquimista que firmaba con el pseudónimo de **"Señor de Lambsprinck"** y que escribió el *Tratado de la Piedra Filosofal* (Capítulo 11), era en realidad una monja de la abadía benedictina de ese nombre (s.XV-s.XVI).

Se sabe que **Bárbara de Cilli** (o **de Celje**) (ca.1392-1451), casada con Segismundo de Luxemburgo (1368-1437), rey de Hungría y después emperador del Sacro Imperio Romano Germánico, tenía gran afición a la alquimia y, parece ser, que incluso ella misma fabricaba los aparatos de su laboratorio. Le dieron el sobrenombre de la "Mesalina germánica" debido a sus intrigas políticas, por lo que a la muerte de su esposo fue exiliada al castillo de Melnik, en Bohemia, donde realizó gran cantidad de experimentos para intentar convertir metales en oro y plata.

Isabella Cortese (s. XVI), fue una escritora y alquimista italiana del Renacimiento, autora del tratado *I Secreti della Signora Isabella Cortese* (*Los Secretos de la Señora Isabella Cortese*), publicado en Venecia en 1561. Pertenecía al tipo bastante extendido en aquellos momentos de "libros de secretos", y contenía recetas de medicinas, de cosméticos o sobre el mantenimiento de la casa, y también de alquimia para la transmutación de metales a oro. De la autora muy poco se sabe, tan sólo la época en que vivió y lo que cuenta sobre sí misma en su libro, como son sus viajes por Oriente. Su nombre probablemente no sea real, e incluso se ha pensado que el apellido "cortese" sea sólo un anagrama de la palabra "secreto". En cualquier caso fue un libro de gran éxito en sus tiempos, llegando hasta las siete ediciones en 1599.

Anna Maria Zieglerin (ca.1550-1575) es otro ejemplo de mujer practicante de la alquimia. Anna Maria, que pertenecía a la nobleza alemana, se casó muy joven pero pronto enviudó. Volvió a casarse, en este caso con un hombre de dudosa reputación, asistente de un alquimista llamado Philipp Sömmering (ca.1535-1575). Ella se unió también al llamado "Grupo de Sömmering", al que el duque alemán Julius von Braunschweig-Lüneburg (1528-1589), había encargado la tarea de encontrar la Piedra Filosofal. El objetivo del duque era, como solía ocurrir en estas circunstancias, poder fabricar oro, para lo cual había adelantado una fuerte suma de dinero. No obstante, el grupo no pudo encontrar la Piedra y fueron acusados no sólo de estafa y engaño, sino también de asesinato. Condenados a muerte precedida de crueles martirios, esta alquimista fue quemada viva, sentada en una silla de hierro, cuando sólo contaba 25 años.

La danesa **Sofía Brahe** (1556-1643), hermana del famoso astrónomo Tycho Brahe, fue una mujer inteligente y culta, de formación prácticamente autodidacta, aunque tutelada frecuentemente por su hermano. Alcanzó así una notable formación en latín, literatura, horticultura, alquimia y, sobre todo, en astronomía. Tenía tal interés por esta última que Tycho la tomó como asistente, colaborando con él en numerosas tareas, como la elaboración de un catálogo donde se detallaba la posición de los planetas durante los últimos tiempos. En 1577 contrajo matrimonio, y unos años después quedó viuda con un hijo. Pasado un tiempo, volvió a casarse con un amigo de su hermano, muy interesado en la alquimia (lo mismo que Thyco, como ya se discutió en el Capítulo 8), pero enviudó de nuevo. En lo relativo a su faceta como alquimista, era seguidora de las ideas de Paracelso, centrándose en los aspectos relacionados con la medicina. Gracias a sus conocimientos en estas materias y a su dominio sobre las propiedades de las plantas de sus extensos y bellos jardines, preparó gran número de medicamentos espagíricos.

La francesa **Marie de Gourmet** (1565-1646) fue escritora, poeta y filósofa, cuyo afán por el saber la llevó a interesarse también por la alquimia. Nació en una familia noble, pero prácticamente arruinada, por lo que de forma autodidacta es como adquirió su extensa cultura. El mismo Michel de Montaigne (1533-1592), el insigne filósofo y humanista francés con quien tenía una gran amistad, admiró su talento. Fue asimismo defensora de las mujeres, una de las primeras feministas. En su preocupación por ampliar sus conocimientos comenzó a introducirse en la alquimia, tanto en sus aspectos teóricos y filosóficos, como en los prácticos. Y a pesar de sus escasos recursos económicos, invirtió dinero para realizar experimentos. Esto le valió críticas e, incluso, burlas cuando discutía sus ideas sobre la alquimia en los salones intelectuales en los que Marie participaba activamente.

Durante el reinado de Luis XIII de Francia (1601-1643), hay que citar a otra francesa, **Martine de Bertereau**, baronesa de Beausoleil (ca.1585-ca.1642), casada con **Jean de Châtelet**, barón de Beausoleil (1578-1645), experto en minería, que fue nombrado comisario general de las minas de Hungría por el emperador Rodolfo II. Juntos recorrieron gran parte de Europa visitando enclaves mineros y llegaron incluso a Suramérica a fin de estudiar sus técnicas de extracción. Después, en 1626, se instalaron en Francia para descubrir nuevas minas y analizar la posible rentabilidad de antiguos yacimientos que habían sido abandonados, ya que eran unos tiempos en que se hacía necesario reavivar la industria minera, prácticamente desaparecida. Y todo ello a sus expensas, sin ninguna ayuda económica, a pesar de haber sido comisionados por la Corona. Pero después debieron trasladarse por un tiempo a Alemania, tras haber sido acusados de emplear procedimientos esotéricos, tales como magia y brujería, en la búsqueda de metales. Sin embargo, lo que realmente empleaba esta pareja era la brújula, el astrolabio y varillas radioestésicas. Precisamente, es por estos instrumentos y métodos por lo que se les ha asociado con la astrología y la alquimia, en la que ambos defendían la teoría del crecimiento de los metales en el interior de la tierra, a modo de un proceso de gestación de embriones dentro de las minas, idea tan importante en la doctrina alquímica. A su vuelta a Francia en 1632, pudieron continuar con su tarea. Martine escribió dos informes sobre sus investigaciones: el primero en 1632, *Véritable Déclaration de Découverte des Mines et Minières*, y el segundo en 1640, en forma de poema, dirigido al cardenal Richelieu (1585-1642), *La Restitución de Plutón*, donde además de detallar los trabajos realizados rogaba un apoyo financiero para poder continuar con su tarea. Tras lo cual, fueron acusados nuevamente de brujería y encarcelados (aunque el motivo real muy probablemente fuera de tipo económico): Jean en la Bastilla, donde murió en 1645, y ella en el castillo de Vincennes, donde asimismo acabó sus días, hacia 1642. Por sus trabajos, se la ha llegado a considerar como la primera mujer geóloga e ingeniero de minas.

Otra mujer que se dedicó a la alquimia fue en este caso una reina, **Cristina de Suecia** (1626-1689), que había recibido una esmerada educación en idiomas, filosofía, historia, teología, matemáticas y astronomía, y que también se sintió muy atraída por las doctrinas herméticas y la práctica de la alquimia. A su extensa cultura unía una gran inquietud intelectual, por lo que durante su reinado protegió las letras y las artes, y se rodeó de los sabios más eminentes de su época.

Tras su abdicación en 1654 abandonó su país natal y un año después se instaló en Roma, donde abrazó el catolicismo. Esta ciudad se convirtió en su residencia habitual hasta su muerte y en ella continuó su mecenazgo a poetas, pintores, músicos… y también a alquimistas. Porque parece ser que fue durante una estancia de poco menos de un año en Hamburgo, hacia 1661, cuando comenzó a interesarse vivamente por la Piedra Filosofal. Y hasta tal punto, que en su palacio de Roma hizo construir un pequeño laboratorio para llevar a cabo sus prácticas alquímicas, en el que también trabajaron conocidos alquimistas del momento.

De nuevo aparece una mujer francesa, **Marie Meurdrac** (¿?-1687), a quien por la peculiaridad de sus trabajos dedicaremos más adelante un apartado algo más extenso.

Próxima a la alquimia fue la británica **Jane Leade** (1624-1704). Estaba relacionada con el sacerdote anglicano **John Pordage** (1607-1681), astrólogo y alquimista que había fundado el *Grupo de Behmenistas Ingleses*, integrado por cristianos místicos y al que Jane pertenecía. A la muerte de Pordage, ella hereda la dirección de ese grupo, que pasa a convertirse en la *Sociedad de los de Filadelfia* (o *Sociedad Filadelfiana para el Avance de la Piedad y Filosofía Divina*).

En el siglo XVIII hay que recordar a la alquimista **Sabine Stuart de Chevalier**, francesa a pesar de su apellido Stuart, que la emparenta probablemente con la familia real escocesa. Se casó con Claude Chevalier, médico del rey de Francia y que se dedicó también a la alquimia. Este es un nuevo caso en el que conocemos muy poco acerca de esta alquimista, sólo lo que de ella refirió su marido. Es autora de la obra publicada en París en 1781 (en dos volúmenes) *Discours Philosophique sur les Trois Principes, Animal, Végétal et Minéral, ou la Clef du Sanctuaire Philosophique* (*Discurso Filosófico sobre los Tres Principios. Animal, Vegetal y Mineral, o la Llave del Santuario Filosófico*), en la que trata de los cuatro elementos y de los tres principios alquímicos azufre, mercurio y sal.

A tiempos más recientes pertenece la británica **Mary Anne Atwood, South** de soltera (1817-1910), que nace en un momento histórico de fuerte atracción por las corrientes místicas, el ocultismo y los fenómenos psíquicos, frente a la creciente revolución industrial. Y su propio hogar era propicio a ello, ya que su padre estudiaba el "mesmerismo" o doctrina del magnetismo animal, que hacía también referencia a un medio etéreo como agente terapéutico. En cuanto a la alquimia, es una época en la que se atiende prácticamente sólo a su carácter más místico, en conexión con esos movimientos espiritualistas. Es así como el padre, en 1850, autoedita en Londres la obra de su hija *A Suggestive Inquiry into Hermetic Mistery*, considerada como uno de los textos más señeros de la literatura alquímica. Su objetivo era revelar lo que para Mary Anne eran aspectos esenciales para la historia del conocimiento humano y cuya respuesta se hallaba en la alquimia y en la tradición hermética. Pero pronto ella y su padre deciden quemar todos los libros (tanto los que quedaron sin vender como los que fueron comprados), a fin de evitar que sus importantes contenidos, los secretos alquímicos ocultos hasta entonces, cayeran en "malas manos". No obstante, este importante trabajo pudo ser reeditado en 1918, después de la muerte de la autora, gracias a que algunos ejemplares se salvaron. Por otra parte, Mary Ann durante bastante tiempo mantuvo estrecho contacto con miembros importantes de la Sociedad Teosófica, fundada en Nueva York en 1875, cuyo propósito fundamental era la búsqueda de la sabiduría divina, sabiduría oculta o espiritual, y el estudio comparativo de religión, ciencia y filosofía para desentrañar la enseñanza fundamental en cada una de ellas. Pero Mary Ann al final de su vida se apartó de las corrientes ocultistas.

El antecedente de la Sociedad Teosófica es la **teosofía** (que proviene del griego "theos", Dios, y "sophía", sabiduría), conjunto de enseñanzas y doctrinas que a fines del siglo XIX difundió la escritora y ocultista rusa Helena Petrovna Blavatsky (1831-1891), la cual empleó ese nombre para designar una sabiduría eterna, el conocimiento de la verdadera realidad.

La lista de mujeres relacionadas con la alquimia podría prolongarse con más ejemplos. Pero finalizará con tres casos de tiempos aún más próximos a nosotros. Se trata de la ya citada **Irène Hiller-Erlanger** (Capítulo 12), muy alabada por los alquimistas de su tiempo. A ella añadiríamos **Remedios Varo** (1908-1963) y **Leonora Carrington** (1917–2011), ambas pintoras y escritoras encuadradas dentro del movimiento surrealista, española la primera y británica la segunda (si bien nacionalizada después como mexicana), unidas por una gran amistad y por su común interés por la alquimia, la magia, el esoterismo y el misticismo, interés que se ha plasmado frecuentemente en la obra artística de una y otra. Como ejemplo de la inspiración que la alquimia produjo en ambas, podemos citar dos cuadros suyos: *Ciencia Inútil o El alquimista* (1955), de Varo, y *La Crisopeya de María la Judía* (1964), de Carrington.

Análisis de María la Judía y de Marie Meurdrac

A continuación, y como muestra del trabajo y aportaciones de la mujer alquimista, analizaremos con más detalle a dos de ellas, María la Judía y Marie Meurdrac. La primera, oscilando entre leyenda y realidad, caída en el olvido la segunda. Muy distantes en el tiempo y en la ubicación geográfica, cada una representa una página diferente en lo que a la alquimia y a la evolución de la química se refiere. María la Judía sería una alquimista "pura", podríamos decir, dentro de uno de los periodos más genuinos de la alquimia, mientras que Marie Meurdrac y sus trabajos ya corresponderían a lo que viene en llamarse *chymia*, etapa de cierta ambigüedad entre la alquimia y la química, cuyas fronteras eran aun difusas (Capítulo 10).

María la Judía

Aunque ya se ha tratado de esta alquimista en el Capítulo 3, profundizaremos en su estudio, insistiendo sobre todo en el legado que para la ciencia dejó esta mujer.

Como ya se ha dicho, María la Hebrea o María la Judía pertenece a la alquimia greco-egipcia. Aunque se conoce de la existencia de otras alquimistas de esta etapa (como la llamada Cleopatra), María o Miriam, nombre en hebreo de María, fue muy probablemente la primera mujer dedicada al "arte sagrado". Muy poco se sabe de ella, aunque pese a esto resulte ser una de las personalidades más interesantes de la alquimia de aquellos tiempos. Sus datos biográficos se ignoran y únicamente se tiene constancia de que vivió hacia el siglo III d.C.; es decir, fue anterior, por ejemplo, a otra mujer relacionada con Alejandría y cuyos datos biográficos son en este caso bastante claros, la astrónoma y matemática Hipatia. Ese desconocimiento probablemente sea la causa de que su figura esté rodeada de misterio y sumergida en la leyenda, suponiéndose incluso que era la hermana de Moisés y del profeta Aaron, primera María que aparece en la Biblia, aunque entre ambas Marías haya en realidad más de catorce siglos de diferencia. Es así como se afirma en el tratado que se le atribuye, *Diálogo de María y Aros sobre el Magisterio de*

Hermes, escrita como una conversación entre María la Judía y Aros, un filósofo, al que le transmite sus conocimientos. Por este motivo en algunos escritos se la ha llegado a llamar María la Profetisa (figura 13.2).

Figura 13.2. María la Judía en un tratado de alquimia del siglo XVII

Por el contrario, sí se sabe de su actividad alquímica, tanto de sus experimentos como de los aparatos que inventó. Pero lo que ha llegado hasta nosotros no son sus propios escritos, sino las referencias que de ella y de sus trabajos hacen otros, principalmente el gran alquimista Zósimo de Panópolis. Parece ser que este había tenido acceso a una obra de María que contenía una cuidada descripción tanto de experimentos y de aparatos de laboratorio como de su conocimiento de los aspectos doctrinales de la alquimia. Por ello, la menciona con frecuencia y la sitúa entre los "sabios antiguos".

Paradójicamente, aunque no conozcamos más de esta alquimista, su nombre ha quedado para la posteridad porque ha servido para designar algunas de sus aportaciones. Así, uno de sus inventos es el ya tan comentado *baño-maría*, nombre que fue introducido mucho después, en el siglo XIV, por el alquimista valenciano Arnaldo de Vilanova. De todos conocido y extensamente utilizado, tanto en el laboratorio más sofisticado como en la más básica de las cocinas domésticas.

Aunque este sea el invento de María más conocido, no por ello es el más importante. Ideó y empleó en sus experimentos otros aparatos sumamente novedosos para su época. Tales son el *tribikos* y el *kerotakis*, innovaciones introducidas en los equipos de destilación y de sublimación, respectivamente, de los que también se trató en el

Capítulo 3. Es interesante analizar cómo describe, por ejemplo, la estructura del primero, el *tribikos* (figura 3.3), y el procedimiento para destilar en él, según aparece en los escritos de Zósimo:

"Son tres tubos de cobre un poco más anchos que la sartén de un pastelero con una longitud de codo y medio, con un tubo ancho de un palmo que se ajustaba al cuello del alambique, y se cerraba con pasta de harina. Los tres tubos deben tener sus aberturas adaptadas como un clavo al cuello de un ligero receptor de forma que se unan lateralmente a cada lado, formando uno de los tubos solo como el pulgar de una mano y los otros dos juntos, como los dedos índice y medio. En el fondo de la cabeza del alambique habrá tres orificios ajustados a los tubos, y cuando éstos encajen serán soldados en sus sitios, recibiendo el de arriba el vapor de una manera diferente. Después, colocar la cabeza del alambique sobre la vasija de barro que contiene la mezcla a destilar y tapar herméticamente las junturas con pasta de harina. Al final de los tubos deben colocarse redomas de cristal grandes y lo suficientemente fuertes para que no se rompan bajo los efectos del calor que pueda provenir del agua situada en la mitad".

Es de destacar ante todo la minuciosidad de todas estas descripciones, con indicaciones claras, precisas y completas, a fin de evitar cualquier ambigüedad en la interpretación. De esta forma, el que lo leyera no tendría dudas para instalar este aparato. Estas recomendaciones no tendrían nada que envidiar a las que se podrían hacer hoy en día, salvo claro está lo rudimentario de los medios disponibles entonces.

En cuanto al trabajo experimental de María, hay que reseñar su descripción de una serie de procesos que constituirán los fundamentos de la alquimia y a los que también dio nombre, los ya comentados de *melanosis*, *leucosis*, *xantosis* e *iosis*, que suponían llegar hasta el oro, el metal perfecto. María decía de la *leucosis* y de la *xantosis* que *"una se hacía por trituración y la otra por calcinación"*. Los cambios de colores que implicaban son un claro antecedente del nigredo, albedo y rubedo de la alquimia medieval y renacentista.

Tratando de encontrar procedimientos para llegar al oro (caracterizado por su color amarillo), trabajaba en el *kerotakis* frecuentemente con azufre (cuyo color es asimismo amarillo), con lo que obtuvo diversos sulfuros negros, como son los de plomo, plata y cobre. Y precisamente este hallazgo también perpetúa su nombre, ya que esos sulfuros se emplearon después en pintura, conociéndose la mezcla de estos compuestos como *negro de maría*. También María da incluso otras recetas para preparar "oro" a partir de raíces vegetales, como la de la mandrágora. Por otra parte, ella hace referencia por vez primera al ácido de la sal marina (ácido clorhídrico) y a otro ácido obtenido del vino ácido o vinagre (ácido acético).

Por último, para reconocer el significado de las aportaciones que esta mujer hizo a la química, no hay más que observar los aparatos comentados para verificar que, aunque muy primarios, son fundamentalmente los mismos que se utilizan hoy en día. Como ya se ha comentado anteriormente, su aportación más original es el *kerotakis*, que también se empleó mucho con plantas para extraer sus aceites esenciales, ya que era más que un simple sublimador, pues en realidad era una forma básica de lo que en los laboratorios de química se conoce como "extractor de reflujo continuo". De hecho, en 1879 el químico alemán Franz von Soxhlet (1848-1926) diseñó un extractor de este tipo que lleva su nombre, el *extractor Soxhlet*, que no es otra cosa que una variante sofisticada del *kerotakis*.

A pesar de los casi dos mil años transcurridos, no deja de sorprendernos la actualidad de gran parte del legado de esta mujer. Pasemos ahora a la segunda protagonista:

Marie Meurdrac

De nuestra segunda María, o Marie por su nacionalidad francesa, tampoco se conoce mucho, si bien algo más que en el caso anterior. Nace (la fecha se ignora) en la Francia del siglo XVII, en unos momentos en que la alquimia coexiste con una química que poco a poco irá evolucionando hacia lo que será después la química moderna. Se sabe que su padre era notario y su familia acomodada, y que tenía una hermana; que se casa con un militar de la guardia del duque de Angulema, que vive en un castillo cercano a París y que muere de forma repentina en 1687.

En 1666 publica un libro titulado *La Chymie Charitable et Facile en Faveur des Dames* (*La Química Caritativa y Fácil a Favor de las Mujeres*). Es uno de los doce tratados de química publicados en el siglo XVII, pero tiene la singularidad de ser el primero de este tipo escrito por una mujer y también el primero en estar, al menos en gran parte, dedicado a las mujeres, como la propia autora señala expresamente y como se infiere fácilmente de su título. Además, tiene el mérito de que la formación de su autora es prácticamente autodidacta, pues parece ser que Marie tan sólo asistió a algunos talleres sobre química y farmacia impartidos en París por un iatroquímico famoso. Por el interés de este libro, tanto desde la perspectiva química como desde la sociológica, es por lo que Marie Meurdrac merece ser recordada en las páginas de la historia de la ciencia. Pero tristemente la realidad ha sido muy distinta, ya que esta mujer y su obra han permanecido ignoradas, si bien en los últimos tiempos su figura está siendo objeto de estudio a través de artículos, ensayos y libros. Incluso, en 1999 se ha hecho una reedición de su texto.

¿Cuál es el origen de esta obra? En un principio Marie decide escribir una recopilación para sí misma de sus conocimientos sobre química y de los experimentos que había realizado, con el objetivo de anotarlos en forma de recetas para no olvidarlos. Y a medida que avanza en su escritura, piensa en la posibilidad de publicar todo ello y así darlo a conocer libremente a los demás, especialmente a las mujeres, aisladas en aquellas épocas del acceso al saber. Pero al mismo tiempo se le plantean serias dudas respecto a la oportunidad de hacer esa publicación, ya que le falta confianza en sí misma acerca de sus habilidades como química y como maestra. En este punto, hay que tener en cuenta las muchas limitaciones que había entonces para que una mujer mostrase públicamente sus ideas, se dedicara a la enseñanza o ejerciera la medicina. Esto se aprecia claramente a través de las propias palabras de la autora en el prólogo del libro:

"Cuando comencé este pequeño tratado fue para mi satisfacción personal y para no perder la memoria de los conocimientos que adquirí a través de largo trabajo y diversas experiencias repetidas varias veces. No puedo ocultar que viéndolo acabado y siendo mejor de lo que había esperado, tuve la tentación de publicarlo, pero si tenía razones para darlo a la luz, también las tenía para mantenerlo oculto y no exponerlo a la censura general... Me objeté a mí misma que la enseñanza no es una profesión para la mujer, que debe permanecer en silencio, escuchar y aprender, sin dar testimonio de lo que sabe; que está por encima de ella hacer público su trabajo..."

Pese a ello decide seguir adelante y, tras la autorización dada por el rey Luis XIV de Francia (1638-1715) el 20 de diciembre de 1665, se publica en 1666. Esta primera edición, de la que actualmente sólo quedan tres ejemplares conservados en la Biblioteca Nacional de París, la dedica Marie a su protectora, la condesa de Guiche, de la que también se supone financió tal publicación. Este "pequeño tratado" está dividido en seis partes, según señala detenidamente la autora, cuyo contenido puede resumirse así:

Primera: trata sobre los principios de la alquimia y describe las operaciones e instrumentos de laboratorio que emplea

Segunda: trata de los "simples", describiendo sus propiedades y formas de prepararlos (cuerpo simple era lo que hoy se entiende como elemento químico), de la elaboración de medicinas y ungüentos, así como de la extracción de sales, tintes, aguas y esencias

Tercera: la dedica a los animales

Cuarta: trata de los metales

Quinta: se refiere a los aparatos y métodos para preparar medicinas (con remedios todos experimentados) y para fabricar productos químicos

Sexta: la dirige expresamente a las mujeres, describiendo recetas sobre cosméticos

Además, incluye una tabla con 106 símbolos alquímicos y otra tabla con los pesos utilizados en medicina.

De estos contenidos son de destacar algunos especialmente interesantes. Tal es la descripción que hace del baño-maría, afirmando curiosamente que fue un invento de la hermana de Moisés, llamada María la Profetisa, de la que también dice que escribió el libro *Las Siete Palabras*. Aunque parece ser que paradójicamente ignoraba la existencia de María la Judía como tal. Más interesante aún es la descripción que hace de la destilación: "elevar las partes más fluidas y líquidas o espíritus por medio del calor, al mismo tiempo que caen los humos que se elevan", según sus propias palabras. Asimismo da una explicación minuciosa de sus tres tipos, según que el destilado saliera por la parte superior, inferior o lateral del equipo. De esta técnica afirma que es una de las más empleadas, insistiendo en su importancia por haber contribuido al desarrollo de la química, farmacología y metalurgia. Por todo ello, esta obra va mucho más allá de un simple libro de recetas, y por tanto difiere del que se ha comentado unas páginas atrás, el "libro de secretos" de Isabella Cortese, también dirigido a mujeres.

Y hasta ahora, todo parecería indicar que Marie Meurdrac era tan sólo una química práctica. Pero, ¿por qué la estudiamos entre las alquimistas? La respuesta la encontramos en la interesante definición que de la química hace también en su libro:

> "La química estudia los cuerpos mixtos divisibles y resolubles sobre los que trabaja, para extraer los Tres principios, que son Sal, Azufre y Mercurio, que se realiza mediante dos operaciones generales, llamadas Disolución y Congelación..."

Estas referencias son sumamente importantes, ya que prueban que Marie era fiel a ciertas doctrinas de la alquimia: recordemos el *solve et coagula*, de los alquimistas medievales (y, de hecho, cita en su texto a Rupescissa, a Basilio Valentín y a Ramón Llull) y los tres principios alquímicos de Paracelso. Y en lo que a la medicina se refiere, seguía las pautas de este último. Todo ello ratificaría sus raíces alquímicas.

En la preparación de remedios para cuidar la salud acude principalmente a extractos de plantas; por ejemplo, ensalza el empleo de esencia de romero, afirmando que es un antídoto contra todas las clases de enfermedades. Pero a veces emplea también remedios procedentes de animales (sobre todo sangre humana), y desconfía del uso de metales. Es de destacar la parte del libro dedicada más expresamente a la mujer, fundamentalmente con recetas de ungüentos y cremas para conservar y aumentar su belleza. En definitiva, se trata de recetas de cosméticos, muchas de las cuales pueden llamar la atención del lector de nuestros días. Tal es un producto para lavar el cabello y favorecer su crecimiento, formado por "cenizas de raíces de cáñamo y de corazones de col". O la receta de un preparado para teñir el pelo de negro, en parte constituido por una sal de plomo: al reaccionar esta sal con el azufre del cabello se producía sulfuro de plomo, de color negro. Toda una reacción química. Otro ejemplo son las recetas para cuidar la piel. Así, afirma que para nutrir las pieles delicadas y secas, hay que humedecerlas con "aguas de carne", con leche o con pomadas. Para las pieles grasas, son buenas las aguas ácidas, con vinagre destilado, zumo de limón y "agua de la reina de Hungría" (tintura alquímica preparada por maceración de flores de romero en alcohol). De sus casi 300 recetas, la mayoría son "caseras", a base de productos de bajo coste, dirigidas a la vida cotidiana y que podían ser llevadas a cabo incluso en las cocinas de los hogares. En esto enlazaría con una larga tradición de medicinas dirigidas a gente pobre, en un intento de hacer asequibles los remedios a una extensión más amplia de la sociedad, que ya comenzó en la Edad Media con Rupescissa.

Esta obra tuvo gran éxito en su día. De hecho, a los pocos años (1674) se realizó una segunda edición. Es interesante incidir en que en la portada de dicha edición no aparece el nombre completo de la autora, sino simplemente sus iniciales, M. M., aunque sí se indica su género con la palabra "mademoiselle". En 1687, o sea, veintiún años después de la primera edición y ya muerta Marie, se hizo una tercera. El editor habla aquí de los méritos de esta obra y hace una loa de su autora. En esta edición se llevan a cabo ciertas modificaciones y se introducen algunas novedades, pero como señala expresamente el editor, siempre según las ideas de Marie, siguiendo fielmente sus anotaciones. Entre estas novedades es de destacar la inclusión de algunos aparatos para preparar sus recetas, aunque muy posiblemente sean una reproducción de los de algunos tratados de autores anteriores. En años sucesivos se hicieron más ediciones, al menos ocho, y la fama del libro traspasó las fronteras francesas, traduciéndose a varios idiomas, como el alemán o el italiano.

Hasta aquí los aspectos químicos, alquímicos y medicinales del libro. Discutamos ahora brevemente sus aspectos sociológicos. En primer lugar, hay que considerar el gran impacto que el contenido de esta obra hubo de producir en esos días para que Marie Meurdrac consiguiera editarla, vistas las enormes trabas impuestas a las mujeres para "hacer públicos sus trabajos", como ella misma afirma en el prólogo. Su idea era que todos deberían tener libre acceso al conocimiento, incluyendo en ese "todos" a las mujeres, que hasta entonces lo tenían sumamente limitado, y tratar de romper así el aislamiento intelectual al que estaban sometidas. Además, en el prólogo aparecen unas frases cuyo contenido va más allá de la química y que constituyen una discreta y sencilla proclama feminista:

> "Estaba convencida de que la mente no tiene sexo, y que si las mujeres se cultivaran tanto como los hombres y se emplease tanto tiempo y medios en instruirlas, podrían igualarlos."

Muy posiblemente sean estas palabras las causantes de que Marie fuera blanco de las críticas masculinas de sus contemporáneos y quedara ridiculizada nada menos que en la obra de Molière (1622-1673) "*Las Mujeres Sabias*", escrita en 1672, seis años después de la primera edición de su libro (poniendo en labios de un personaje femenino palabras sacadas de este). Y de que, a la larga, a pesar de su éxito, cayera en el olvido hasta nuestros días, en que su figura comienza a reivindicarse.

*****

RECAPITULACIÓN FINAL

En este recorrido a través de la alquimia hemos estudiado sus orígenes y larga evolución, sus momentos de esplendor y su declive. Pero en cualquier caso el interés y curiosidad por la alquimia no se ha perdido, ni siquiera en nuestros días. Siempre ha sido un polo de atracción, de un poder casi magnético, para muchos que sienten una mezcla de curiosidad y de respeto por una disciplina que trata de dar respuesta a preguntas sobre el sentido del ser humano y del mundo. Para todos aquellos que sienten una inquietud espiritual y piensan que el funcionamiento del universo está gobernado por unas normas que trascienden las leyes estudiadas por las ciencias experimentales.

Capítulo 14

MISCELÁNEA

Introducción
Breve Diccionario de Símbolos Alquímicos
Relación de Escritos Alquímicos y sus Autores
Comentarios sobre Aspectos Ideológicos y Culturales
Comentarios sobre Aspectos Químicos

Introducción

En este capítulo se recogen algunos apartados donde el lector puede encontrar fácilmente determinados datos que de forma sintética amplifican o aclaran ciertos contenidos del libro. En este sentido, dichos apartados son los siguientes, todos ellos con sus ítems respectivos en orden alfabético:

- Enumeración y breve explicación de los símbolos que más frecuentemente aparecen en los tratados alquímicos (**Breve Diccionario de Símbolos Alquímicos**)

- Listado de los escritos alquímicos (y otros relacionados) mencionados en este libro, con sus respectivos autores, según el orden alfabético de estos últimos (**Relación de Escritos Alquímicos y sus Autores**)

- Explicaciones sobre doctrinas filosóficas, religiones y corrientes teológicas, teorías científicas, etapas históricas, movimientos culturales y sociales…, que de una manera u otra repercuten en el ámbito ideológico (**Comentaros sobre Aspectos Ideológicos y Culturales**)

- Aclaraciones de carácter químico, como son técnicas, sustancias, minerales, teorías, etc. (**Comentaros sobre Aspectos Químicos**)

BREVE DICCIONARIO DE SÍMBOLOS ALQUÍMICOS

Águila: Símbolo de la volatilización y también de los ácidos empleados en la obra – Un águila devorando un león significa la volatilización del fijo por el volátil – Dos águilas combatiendo tienen este mismo significado.

Anciano: Así se representa a Saturno, el cual es símbolo del plomo. Otras veces con un anciano se simboliza la putrefacción y el color negro.

Andrógino: Azufre y Mercurio después de la conjunción. Se representa por un ser humano con dos cabezas y atributos masculino y femenino. También se le llama Hermafrodita y Rebis.

Ángel: Uno de los símbolos de la sublimación; ascensión de un principio volátil.

Animales: Hay muchos símbolos con animales: mamíferos, reptiles, batracios, aves, símbolos zodiacales, etc… Ver en cada uno. Pero hay unas reglas generales:
- Si aparecen juntos dos animales de sexo opuesto pero de la misma especie (como león-leona o perro-perra) representan, respectivamente, el Azufre y el Mercurio (es decir, lo fijo y lo volátil) preparados para la Gran Obra – Si estos animales están unidos, es la "coniunctio" o conjunción; si combaten es la fijación de lo volátil, o la volatilización de lo fijo.
- Un animal terrestre al lado de un animal aéreo: lo fijo y lo volátil.
- Para simbolizar los cuatro elementos: Tierra (león, toro), Agua (ballena, peces), Aire (águila), Fuego (salamandra, dragón).

Apolo (dios): Igual significado que el Sol.

Árbol: Si lleva soles, simboliza la Gran Obra (*Opus Magnum*, obra solar), si lleva lunas, la Obra Menor (*Opus Parvum*, obra lunar) – Si lleva los signos de los siete metales, o los signos del Sol, la Luna y cinco estrellas, representa la materia única origen de todos los metales. Es el Árbol de la Alquimia, relacionado con el Árbol de la Vida, símbolo hermético de la cábala judía, que lleva diez esferas o emanaciones espirituales de Dios, que dio origen a todo lo existente.

Aves: Ver en cada caso particular y en Pájaros.

Baño: Simboliza la disolución del oro y de la plata y la purificación de esos dos metales.

Barra (o varilla): Simboliza el fuego (ver espada).

Batracios (ranas, sapos): Símbolo de lo fijo.

Cabra: Representación del signo zodiacal Capricornio, para simbolizar la fermentación.

Cámara (*Habitación*): Símbolo del huevo filosofal cuando el Rey y la Reina están encerrados dentro.

Caos: Símbolo de la unidad de la materia y, algunas veces, del color negro y de la putrefacción.

Carnero: Representación del signo zodiacal Aries, para simbolizar la época del año correspondiente (marzo-abril) - También simboliza la calcinación.

Ciervo: Simboliza el alma o el mercurio.

Circunferencia: Unidad de la materia, armonía universal - También el huevo filosofal.

Cisne: Símbolo de lo blanco (albedo).

Corona: Símbolo de la perfección de los metales. A veces los metales innobles se representan como esclavos con la cabeza desnuda, al pie del Rey (el oro), y después de transmutarse, llevan una corona sobre la cabeza.

Cuadrado: Símbolo de los cuatro elementos.

Cuervo: Símbolo del color negro y de la putrefacción (nigredo)

Diana (diosa): Simboliza el principio volátil, femenino, Mercurio filosófico, plata preparada para la Gran Obra. Misma significación que la Luna.

Dragón: Un dragón sin alas simboliza lo fijo; un dragón con alas, lo volátil – Un dragón que se muerde la cola simboliza la unidad de la materia (circunferencia) – Un dragón entre llamas, el fuego - Varios dragones combatiéndose, la putrefacción.

Esfera: Unidad de la materia (ver circunferencia).

Espada: Símbolo del fuego (lo mismo que una barra o varilla).

Esqueleto: Putrefacción; color negro.

Fénix: Símbolo del color rojo (rubedo).

Flores: En general, representan los colores de la Gran Obra.

Fuente: Tres fuentes representan los tres principios – Fuente en la que el Rey y la Reina se bañan - Ver Baño.

Guadaña: Símbolo del fuego (como la espada).

Hermafrodita: Ver Andrógino.

Hombre y Mujer: El Azufre y el Mercurio - Desnudos: oro y plata impuros - Maridándose, uniéndose, casándose: conjunción - Encerrados en un sepulcro o en una habitación: el Azufre y el Mercurio en el huevo filosofal.

Huevo filosofal (o filosófico, también huevo alquímico o cósmico): Recipiente hermético dentro del que ocurren todas las transformaciones en sus distintas fases para llegar a la Piedra Filosofal, como el embrión en el interior de un huevo. Por eso se le representa así.

Júpiter (dios): Símbolo del estaño.

León: Símbolo de lo fijo, del Azufre, cuando está solo – Si tiene alas, representa lo volátil, el Mercurio – El león también simboliza al mineral (vitriolo verde) de donde se extrae el aceite de vitriolo (ácido sulfúrico), tan importante para los alquimistas - El león, opuesto a otros tres animales (los que representan cada uno los elementos aire, agua y fuego), representa a su vez el elemento Tierra – También es el símbolo de la piedra filosofal – La leona es el símbolo de lo volátil.

Lluvia: Condensación, color blanco (albedo).

Lobo: Símbolo del antimonio o mineral de antimonio.

Luna: Simboliza el principio volátil, femenino, Mercurio filosófico, plata preparada para la Gran Obra. Misma significación que Diana.

Marte (dios): Símbolo del hierro y del color anaranjado.

Matrimonio: Símbolo de la conjunción, unión del Azufre y del Mercurio, del Rey y la Reina. El sacerdote que lo oficia representa la Sal, medio de unión entre los dos otros principios.

Mercurio (dios): Símbolo de la plata preparada para la Gran Obra.

Montaña: Horno de los filósofos.

Neptuno (dios): Símbolo del agua.

Niño: Cubierto con un hábito real o simplemente coronado, es el símbolo de la Piedra Filosofal, algunas veces de color rojo.

Pájaros: Elevándose en el cielo, volatilización, ascensión, sublimación - Descendiendo hacia la tierra, precipitación, condensación - Dos símbolos reunidos en una misma figura, destilación. Y a veces simbolizan el alma y el espíritu – Los pájaros opuestos a animales terrestres significan el Aire o el principio volátil.

Pavo real: Con la cola desplegada (*caudia pavonis*), representa los cambios de color de las distintas fases de la Gran Obra.

Perro: Símbolo del Azufre, del oro - El perro devorado por un lobo significa la purificación del oro por el antimonio - Perro y Perra: lo fijo y lo volátil.

Puerta: Acceso a los secretos de la alquimia.

Rebis: Ver Andrógino o Hermafrodita. Del latín "res", cosa, "bis", doble: cosa doble.

Rey y Reina: Ver Hombre y Mujer.

Rosa: Rosa roja: simboliza el color rojo - Una rosa blanca opuesta a una rosa roja: lo fijo y lo volátil, Azufre y Mercurio, respectivamente.

Salamandra: Símbolo del fuego. Algunas veces significa el color rojo o el blanco.

Saturno (dios): Símbolo del plomo – También simboliza el color negro, la putrefacción – Ver Anciano

Sepulcro: Huevo filosofal (ver).

Serpiente: En general, la misma significación que el dragón - Serpiente alada, principio volátil; sin alas, principio fijo - Serpiente crucificada, fijación de lo volátil - Tres serpientes, los tres principios - Las dos serpientes del caduceo (báculo del dios Hermes o Mercurio latino) significan el Azufre y el Mercurio.

Sol: Oro ordinario o preparado para la Gran Obra - Azufre filosófico.

Toro: Representación del signo zodiacal Taurus, para simbolizar la época del año correspondiente (abril-mayo).

Triángulo: Símbolo de los tres principios.

Unicornio: Simboliza el espíritu o el azufre

Venus (diosa): Símbolo del cobre.

Vulcano (dios): Símbolo del fuego; ordinariamente representado bajo la forma de un hombre cojo.

RELACIÓN DE ESCRITOS ALQUÍMICOS Y SUS AUTORES

Se hace referencia tan sólo a los que aparecen en este libro:

Agricola o **Georg Bauer** (1494-1555) - *De Re Metallica (Sobre los Metales)* (1556)

Alberto Magno (1193/1206-1280) - *De Mineralibus (Sobre los Minerales)*

Alfonso X el Sabio (1221-1284) – *Lapidario*, se le atribuye.

Arfe Villafañe, Juan de (1535-1602) - *Quilatador de la Plata, Oro y Piedras* (1572)

Aristóteles de Estagira (ca.384-322 a.C) - *Meteorológicos* o *Meteorología*

Atwood (o **South** de soltera), **Mary Anne** (1817-1910) - *A Suggestive Inquiry into Hermetic Mistery* (1850, 1918)

Averroes (o **Ibn Ruchd**) (1126-1198) - *Comentarios sobre Aristóteles*

Avicena (o **Ibn Sina**) (ca.980-1036)- *Canon de la Medicina* (traducido al latín por Gerardo de Cremona en el s. XII) - *El libro de la Curación* - *De Congelatione et Conglutinatione Lapidum* o *De Mineralibus (Tratado de los Minerales),* que forma parte del anterior

Bacon, Roger (ca.1220-1292) - *Opus Maior (Gran Obra).*

Balinus (tal vez Apolonio de Tyana, del s. I d.C., nombre con el que se le conocía entre los árabes) - *El Libro del Secreto de la Creación*, se le atribuye.

Barbault, Armand (1906-1974) - *El Oro de la Milésima Mañana* (1969)

Baulot, Isaac (1619-¿?) - *Mutus Liber (Libro Mudo)* (1677), se le atribuye.

Beauvais, Vicente de (ca.1190-ca.1264) - *Speculum Majus (Espejo Mayor)*, con una parte dedicada a la alquimia, *Speculum Naturale (Espejo Natural)*

Bertereau, Martine de (ca.1585-ca.1642) - *Véritable Déclaration de Découverte des Mines et Minières* (1632) - *Restitución de Plutón* (1640)

Berthelot, Marcellin (1827-1907) - *Les Origines de l'Alchimie* (1885)

Biringuccio, Vannoccio (1480-1539) - *De la Pirotechnia* (*Sobre la Pirotecnia*) (1540)

Bolos de Mende, falso Demócrito o pseudo-Demócrito (s. II a.C.) - *Physica et Mystica* (*Lo Natural y lo Místico*)

Boyle, Robert (1627-1691) - *The Sceptical Chymist* (*El Químico Escéptico*) (1661)

Brunschwig, Hieronymus (ca.1450-ca.1512): *Liber de arte distillandi de simplicibus* (también llamado *Kleines Destillierbuch*, *Pequeño Libro sobre Destilación*) (1500)

Canseliet, Eugène L. (1899-1982) - *Deux Logis Alchimiques, en marge de la Science et de l'Histoire* (1945)

Cleopatra (s III d.C.) – *Chrysopoeia,* se le atribuye

Chaucer, Geoffrey (1343-1400) - *Los Cuentos de Canterbury* (aquí se hace referencia concreta al cuento *El Criado del Canónigo*) (1387-1400)

Cortese, Isabella (siglo XVI) - *I secreti della signora Isabella Cortese* (*Los Secretos de la señora Isabella Cortese*) (1561)

Cremer, John (siglo XIII) - *Testamentum Cremeri* (*El Testamento de Cremer*)

Dante Alighieri (1265-1321) - *La Divina Comedia* (ca.1304-1321)

Diderot, Denis (1713-1784) y **d'Alembert, Jean le Rond** (1717-1783) - *Encyclopédie ou Dictionnaire des Sciences, des Arts et des Métiers* (1751-1772)

Eliade, Mircea (1907-1986) - *Herreros y Alquimistas* (1956)

Ercker, Lazarus (1530-1594) - *Aula Subterranea* (1574)

Estéfanos (también **Stefanos**, **Stephanus** o **Esteban**) **de Alejandría** (ca.580-ca.640) - *Del Gran y Sagrado Arte, o de la Fabricación del Oro*

Filaleteo, Ireneo o **Eirenaeus Philalethes** - *La Puerta Abierta al Palacio Cerrado del Rey* (1669) - *Visión de Ripley* (1677)

Fioravanti, Leonardo - *Della Fisica* (1582)

Flamel, Nicolás (ca.1338-1418) - *Libro de las Figuras Jeroglíficas* (1612)

Fludd, Robert (1574-1637) - *Utriusque Cosmi, Maioris scilicet et Minoris, Metaphysica, Physica, atque Technica Historia* (*La Historia Metafísica, Física y Técnica de los dos Mundos, a saber el Mayor y el Menor*), abreviadamente *Utriusque Cosmi Historia* (1617)

Fulcanelli, (finales s. XIX-principios s. XX, ¿?-¿?) - *El Misterio de las Catedrales* (1929) - *Las Moradas Filosofales* (1930)

Geber o **Xeber** (ca.1300) - *Summa Perfectionis Magisterii* (*La Cumbre de la Perfección del Magisterio*) – atribuido a veces a Pablo de Tarento.

Glauber, Johann Rudolf (1604-1670) - *Furni Novi Philosophici* (*Nuevos Hornos Filosóficos*) (1646-1647) - *Opera Chymica* (*Trabajos Químicos*) (1658)

Helmont, Jean Baptiste van (1577-1644) - *Ortus Medicinae* (*El Origen de la Medicina*) (1668)

Hermes Trimegisto (se le sitúa alrededor del 150 a.C.) - *Tabla Esmeralda - Corpus Hermeticum*

Hiller-Erlanger, Irêne (finales s. XIX- principios s. XX) - *Voyage en Kaleidoscope* (1919)

Jabir Ibn Hayyan (ca.721-ca.806/816) - *El Libro de la Misericordia* (mediados s. IX) - *Los Ciento Doce Libros* y *Los Setenta Libros* (finales s. IX) - *El Libro de los Equilibrios* y *Los Quinientos Libros* (s. X) – posiblemente apócrifos.

Johnson, Ben (1572-1637) - *The Alchemist* (1612)

Jung, Gustav Carl (1875-1961) - *Psicología y Alquimia* (1944) - *Paracélsica* (1942)

Khunrath, Heinrich (ca.1560-1605) - *Amphitheatrum Sapientiae Aeternae* (*Anfiteatro de la Sabiduría Eterna*) (1595)

Ko Hung o **Ge Hong** (ca.283-343/364 d.C.) – *Baopuzi*

Lambsprinck (ss. XV-XVI)- *De Lapide Philosophico* (*Tratado sobre la Piedra Filosofal*) (1599)

Lao Tse (ca. ss. VI-V a.C.), autor del texto *Tao Te Ching*

Lemery, Nicolás (1645-1715) - *Cours de Chemie* (1675)

Libavius o Libau, Andreas (1540-1616) – *Alchemia* (1597)

Llull, Ramón o Lulio, Raimundo (ca.1232-1316) - *Ars Magna* (*Gran Arte*) - *De Secretis Naturae* (*Sobre los Secretos de la Naturaleza*) y *Testamentum* (*Testamento*), se le atribuyen.

Luanco, José Ramón de (1825-1905) - *La Alquimia en España* (1889-1897)

Lucrecio (**Tito Lucrecio Caro**) (95-55 a.C.) - *De Rerum Natura* (*Sobre la Naturaleza de las Cosas*) (60 a.C.)

Maier, Michael (1568-1622) - *Symbola Aurea Mensae Duodecim Nationum* (*La Mesa de Oro*, abreviadamente) (1617) - *Atalanta Fugiens* (*La Fuga de Atalanta*) (1617)

María la Judía (ca. s. III d.C.) - *Diálogo de María y Aros sobre el Magisterio de Hermes*, se le atribuye - *Las Siete Palabras,* se le atribuye (como María la Profetisa)

Meurdrac, Marie (¿-1687) **-** *La Chymie Charitable et Facile en Faveur des Dames* (*La Química Caritativa y Fácil a Favor de las Mujeres*) (1666)

Molière (1622-1673) - *Las Mujeres Sabias* (1672)

Nagarjuna (ca.150-250 d.C.) – *Rasaratanakaram*

Newton, Isaac (1627-1691) - *Philosophiæ Naturalis Principia Mathematica* (*Principia*) (1687)

Paracelso o Philippus Theofrastus Bombast von Hohenheim (1493-1541) – *Paramirum* - *Opus Paragranum* - *Chirurgia Magna* - *Archidoxis*

Petrarca (1304-1374) - *Remedios contra la Buena y la Mala Suerte* (1360-1366)

Plinio el Viejo (23-79 d.C.) – *Historia Natural* (77-79 d.C.)

Polo, Marco (1254-1324) - *Il Milione* (titulada en español *El Libro de las Maravillas* o *El libro del Millón*)

Principe, Lawrence M. (n.1962) - *The Secrets of Alchemy* (2013)

Ptolomeo, Claudio (ca.100 d.C.-ca.170 d.C.) - *Almagesto* (*El Gran Tratado*)

Rabelais, François (ca.1490-1553) - *Gargantúa y Pantagruel* (serie de varios libros) (1532-1564)

Ripley, George (ca.1415-1490) - *The Compound of Alchymy* (*El Compendio de la Alquimia*) o también *The Twelve Gates leading to the Discovery of the Philosopher's Stone* (*Las Doce Puertas que conducen al Descubrimiento de la Piedra Filosofal* o simplemente *Las Doce Puertas*) (1471) - *Cantilena Riplaei - Ripley´s Scroll* (literalmente "El rollo de Ripley" o *Los Pergaminos de Ripley*) - *Medullae Alchymiae* (*La Médula dela Alquimia*) (1476)

Robert de Chester (s. XII) – Traductor (1141): *Liber Compositione Alchimiae* (*El Libro sobre la Composición de la Alquimia*), del texto árabe *Conversación del Rey Calid y el Filósofo Morien sobre el Magisterio de Hermes*, atribuido al príncipe Khalid o Calid (ss. VII-VIII), aunque en realidad es anónimo

Rupescissa, Joannes de (s. XIV) - *De Consideratione Quintae Essentiae* (*Consideraciones sobre la Quintaesencia*) - *Liber Lucis* (*El Libro de la Luz*)

Santiago, Diego de (mediados s. XVI-mediados s. XVII) - *Arte Separatoria* (1589) - *Preservativos contra la Peste* (1599)

Sendivogius o **Michał Sędziwój** (1566-1646) - *Novum Lumen Chymicum* (*La Nueva Luz Química*) (1624)

Stanihurst, Richard (1547-1618) - *El Toque de Alquimia* (1593)

Stolz, Daniel o **Stolcius** (1600-1660) - *Viridiarium Chemicum* (*El Huerto Químico*) (1624)

Stuart de Chevalier, Sabine (s. XVIII) - *Discours Philosophique sur les Trois Principes, Animal, Végétal et Minéral, ou la Clef du Sanctuaire Philosophique* (*Discurso Filosófico sobre los Tres Principios. Animal, Vegetal y Mineral, o la Llave del santuario Filosófico*) (1781)

Tachenius (o **Taquenio**), **Otto** (1610-1680) - *Hippocrates Chemicus* (1666)

Teófilo Presbítero (x.XII) - *Schedula Diversarum Artium*

Thölde (o también **Thöldius** y **Toeltius**), **Johann** (1565-1614) – Ver Valentín, Basilio

Tomás de Aquino (ca.1225-1274) - *Summa Theologicae* (*Suma*

Teológica) – se le atribuyó también el manuscrito alquímico *Aurora Consurgens* (*Aurora Naciente*)

Valentín, Basilio (s. XV) - *El Carro Triunfal del Antimonio - Las Doce Claves de la Filosofía – Azoth,* se le atribuyen, publicados hacia 1602 por Johann Thölde

Vilanova, Arnaldo de (ca.1238-ca.1314) - *Flos Florum* (*Flor entre las Flores*) *Rosarium Philosophorum* (*El Rosario de los Filósofos*), se le atribuyen (1550)

Wei Po Yang (s. II d.C.) - *Similitud de los Tres* (ca. 140 d.C.)

Wen Wang (ca.1152 a.C-ca.1056 a.C.) –*Yi-Ching* o *Libro de los Cambios* (llamado también *Libro Canónico de las Transformaciones* o *de las Mutaciones*), se le atribuye (si bien fue comenzado hacia s. IX a.C.)

Zósimo de Panopolis (principios s. IV d.C) – *Cheirokmeta*

Otros:

Artha-shastra o *Libro de las Metas Políticas* (ss. IV a III a.C.) - hindú

Bibliotheca Chemica Curiosa (1702)

Códice *Marcianus Graecus 299* (ss. X y XI d.C.)

Códice *Parisinus Graecus* 2325 (s. XIII)

Códice *Parisinus Graecus* 2327 (s. XV)

Códice *Laurentianus Graecus* 86,16 (1492)

Las mil y una Noches – cuentos tradicionales de Oriente Medio (compilados en ss. IX y XIV)

Musaeum Hermeticum (1625)

Rasahrdaya Tantra (s. XII d.C.)

Rasarvana (s. XIII d.C.)

Roman de la Rose, romance francés (s. XIII, dos partes, de 1225 y 1280)

Theatrum chemicum (1602–1661)

Turba Philosophorum (*La Asamblea de los Filósofos*) – circuló en Occidente hacia el s. XII y se cree que fue escrito en árabe hacia el año 900

COMENTAROS SOBRE ASPECTOS IDEOLÓGICOS Y CULTURALES

Se hace referencia tan sólo a los que aparecen en este libro:

Alma del mundo: En latín, *anima mundi*. Sería el espíritu etérico puro, el cual fue proclamado por algunos filósofos antiguos como lo que subyace en toda la naturaleza. Será, pues, lo que anima la naturaleza de todas las cosas, al igual que el alma anima al ser humano. La idea se originó con Platón, pero también está presente en algunas doctrinas orientales, como el brahmanismo y el hinduismo. Los estoicos creían que era la única fuerza vital presente en el universo.

Ayurveda: Antiguo sistema de medicina tradicional de la India. Su objetivo es la unificación cuerpo-mente y espíritu. Etimología: del sánscrito, de "ayuh", duración de la vida, y "vedá", verdad, conocimiento, por lo que se podría traducir como ciencia de la vida o de la longevidad. Sus conocimientos están recogidos en los textos ayurvédicos pertenecientes al llamado periodo postvédico, posteriores al siglo VII a.C., que reúnen doctrinas médicas muy antiguas, y también describen los cinco elementos de la filosofía hindú (tierra, agua, fuego, aire y éter). Además de disciplinas más directamente relacionados con la medicina, había que conocer una serie de artes o habilidades indispensables para la preparación de medicinas, tales como destilación, metalurgia, composición de metales, análisis y separación de minerales, manufactura de azúcar, preparación de álcalis, etc. (sólo se han enumerado las más directamente relacionados con la química). Esta doctrina médica tradicional hindú, basada en el equilibrio de la naturaleza interior y exterior del ser humano, actualmente está reconocida oficialmente en la India, mientras que en Occidente está aceptada, en general, como medicina alternativa, si bien para muchos es considerada como una pseudociencia.

Calvinismo: Sistema teológico protestante, basado sobre todo en las ideas del francés Juan Calvino (1509-1564). Este estableció sus doctrinas y tradiciones más importantes, aunque luego se incluyeron las de otros teólogos que se identificaron con aquellas. Se conoce también como Iglesia, Fe o Teología Reformada. Calvino era francés y muy joven se adhirió al luteranismo, por lo que tuvo que huir de su país. Después elaboró su propia doctrina y, tras una serie de vicisitudes, en 1541 se estableció definitivamente en la ciudad de Ginebra, en Suiza. De allí su doctrina se extendió a otros cantones y, muerto el primer reformador protestante suizo, Ulrich Zwinglio (1484-1531), sus seguidores se unieron a Calvino. Esto aumentó su poder, llegando a convertirse en el principal reformador protestante europeo. El calvinismo fue el protestantismo dominante en Suiza y Holanda, y también se extendió por Francia con los hugonotes (como se llamaba entonces a los calvinistas franceses), por Escocia con los presbiterianos y por Inglaterra con los puritanos (muchos de los cuales emigraron después a Norteamérica), así como por Hungría, Polonia y Alemania, donde surgieron otras comunidades importantes de tendencia calvinista. Superó así al luteranismo, limitado sobre todo al norte de Alemania y a los Países Escandinavos. Más radical que aquel, Calvino se opuso siempre a la fusión de las iglesias reformadas inspiradas por él con las luteranas, debido a diferencias teológicas irresolubles. Una de las más importantes es la doctrina de la *predestinación*, según la cual la salvación sólo puede conseguirse a través de la fe y no por las buenas obras, pero la fe sólo la da Dios a los que ha elegido. En definitiva, se salvarán únicamente los que Dios ha seleccionado para ese destino, decidiendo de antemano quiénes se salvaran y quiénes no. El calvinismo ponía el énfasis en la autoridad de Dios sobre todas las cosas y era asimismo muy intolerante, no sólo en el aspecto doctrinal, sino también en el comportamiento y la moral de sus súbditos, ejerciendo un férreo control sobre estos y sus costumbres. Ello dio lugar, sobre todo en la ciudad de Ginebra, a persecuciones sangrientas, destierros y ejecuciones, como la del médico y teólogo aragonés Miguel Servet (1509/1511-1553), acusado de herejía y ejecutado en la hoguera – Ver Juan Calvino, Puritanismo y Luteranismo

Escolástica: Movimiento teológico y filosófico medieval que utilizó la filosofía clásica, sobre todo la de Aristóteles, y el neoplatonismo también, para comprender la revelación religiosa del cristianismo – Ver Alberto Magno y Tomás de Aquino

Escuela de Traductores de Toledo: Institución en la que se llevó a cabo la traducción al latín de muchos textos clásicos de la cultura greco-romana que anteriormente habían sido traducidos al árabe, así como obras escritas directamente en árabe. Fundada en el siglo XII por el arzobispo de Toledo y gran canciller de Castilla Raimundo de Sauvetât (ca.1080-1152), monje cluniacense de origen francés. Pero se consolida en el siglo XIII gracias al decidido apoyo y protección de Alfonso X el Sabio (1221-1284), rey de Castilla y León.

Filosofía corpuscular o **Corpuscularismo**: Teoría física que supone que toda la materia está compuesta de corpúsculos (partículas diminutas, es decir, porciones muy pequeñas de materia). Las propiedades de la materia se explican así por el tamaño, forma y movimiento de estos corpúsculos. La filosofía corpuscular es similar en cierto modo al atomismo, de ahí su importancia en el desarrollo de la teoría científica moderna, especialmente en química y en física. Robert Boyle (1627-1691) e Isaac Newton (1642-1727), entre otros, fueron filósofos corpusculares.

Filosofía mecanicista o **Mecanicismo**: Doctrina según la cual toda realidad natural tiene una estructura comparable a la de una máquina. Es decir, toda realidad debe ser entendida según los modelos proporcionados por la mecánica, interpretándose sobre la base de las nociones de materia y movimiento.

Franciscanos espirituales: Dentro de la orden franciscana, constituyeron un movimiento que defendía la más estricta, rígida, espiritual y, podríamos decir que integrista, observancia de la Regla y del Testamento de san Francisco de Asís, sobre todo en lo referente a la pobreza franciscana. Estuvieron muy influidos por el *joaquinismo*. Poco después de la muerte de san Buenaventura (ca.1217-1274), Superior General de los Franciscanos, es cuando aparecen abiertamente, aunque ya antes las tensiones entre los franciscanos eran manifiestas. Rechazaban asimismo toda interpretación o limitación pontificia de la Regla. Fueron condenados por el papa Juan XXII (ca.1244-1334) en 1318, tras lo cual se dividieron: unos formaron una nueva fundación y otros se integraron en los rebeldes *fraticelli*. En la Toscana, Provenza y Reino de Aragón es donde este movimiento tuvo más arraigo. *Como curiosidad* - La famosa novela "El Nombre de la Rosa", del escritor italiano Umberto Eco (1932-2016), da una excelente información sobre estos movimientos franciscanos, lo mismo que la película del mismo título (1986) – Ver joaquinismo

Fugger: Los Fugger fueron un clan familiar de empresarios y banqueros alemanes, que durante los siglos XV y XVI llegaron a constituir uno de los mayores grupos financieros de su época. Junto con los Medici y los Welser representan un capitalismo comercial y financiero temprano, que sentó las bases del capitalismo moderno. Su origen se sitúa en la persona de Hans Fugger (?-1409), de ascendencia campesina, que hacia 1350 se asentó en la ciudad de Augsburgo (en Suabia, Alemania). Se dedicó a la fabricación y al comercio de tejidos, pero sus descendientes fueron ampliando y diversificando los negocios, como el de las especias y la sal o la explotación de minas, lo que posibilitó que se convirtieran en comerciantes y banqueros a nivel internacional. Su poder y riqueza aumentó enormemente y muchos de sus miembros adquirieron incluso títulos nobiliarios. De gran influencia política, practicaron también el mecenazgo. La fortuna familiar culminó sobre todo en el llamado Jacob II el Rico (1429-1525), bajo cuya dirección la familia extendió su presencia por toda Europa. Los Fugger se convirtieron en banqueros de poderosos personajes, de lo que son ejemplo los Habsburgo en tiempos de Maximiliano I (1459-1519) y de Carlos V (1500-1558). Por ello, también tuvieron gran actividad en España (donde se les conoce como los Fúcares), lo que permitió que sus redes comerciales y financieras llegaran hasta las tierras americanas.

Geocentrismo o **Sistema Geocéntrico**: Teoría astronómica que sitúa a la Tierra en el centro del universo, y al Sol, la Luna, los planetas y las estrellas girando alrededor de aquella (del griego "geo", Tierra, y "kentron", centro). El geocentrismo fue la visión predominante del universo en muchas civilizaciones antiguas, como la babilónica. En el siglo II d.C. el astrónomo y matemático griego Claudio Ptolomeo (ca.100 d.C.-ca.170 d.C.) escribió el tratado astronómico conocido como *Almagesto* (*El Gran Tratado*): tras un trabajo empírico realizado en Alejandría, que consistió en el estudio de gran cantidad de datos existentes sobre el movimiento de los planetas, construyó un modelo geométrico a fin de justificar el sistema geocéntrico. El modelo de Ptolomeo estuvo vigente hasta ser reemplazado por la teoría heliocéntrica de Copérnico (1473-1543), en el siglo XVI.

Helenismo o **Periodo Helenístico**: Etapa histórica de la Antigüedad que cronológicamente se sitúa a partir de la muerte de Alejandro Magno (356 a.C.-323 a.C.) hasta el suicidio de Marco

Antonio (83 a.C.-30 a.C.) y de Cleopatra (Cleopatra VII de Egipto, última soberana helenística, 69 a.C.-30 a.C.) tras ser derrotados por Augusto (63 a.C.-14 d.C.), con lo cual Egipto es anexionado por Roma, iniciándose así el Imperio Romano. Es decir, se extiende desde el 323 a.C. hasta el 30 a.C. Alejandro siempre había tenido el sueño de unir Oriente y Occidente en una sola cultura y un solo gobierno mediante un proceso de fusión cultural. Comienza a lograrlo, pero su empresa se ve interrumpida por su temprana muerte, aunque es lograda al menos en parte en lo referente al aspecto cultural, a través de sus sucesores, sus generales. Estos se reparten el gran imperio de Alejandro y crean tres grandes dinastías, Ptolemaica, Seléucida y Antigónida. Supieron conservar y alentar el espíritu griego, tanto en las artes como en las ciencias, sobre todo entre las clases aristocráticas y cultas. Lo que se produjo realmente fue un mestizaje cultural, en el que la lengua griega tuvo un papel dominante y primordial en cuanto a la expansión del pensamiento y saber griegos. Y en religión se produjo asimismo un sincretismo. La herencia cultural del helenismo también será asimilada y continuada por el mundo romano, surgiendo así lo que se conoce como "cultura clásica". Desde el punto de vista de la alquimia, el reino que más nos interesa es el de Egipto, que correspondió a Ptolomeo (367 a.C.-283 a.C.), y más concretamente la ciudad de Alejandría, fundada en el año 331 a.C. por Alejandro Magno – Ver Alejandro Magno

Heliocentrismo o **Sistema Heliocéntrico:** Teoría astronómica según el cual la Tierra y los planetas se mueven alrededor del Sol, que está en el centro del universo (del griego "helios", Sol, y "kentron", centro). Opuesta al geocentrismo, que colocaba en el centro a la Tierra. La idea de que la Tierra era la que giraba alrededor del Sol fue propuesta en el siglo III a.C. por el astrónomo y matemático griego Aristarco de Samos (ca.310 a.C.- ca.230 a.C.), aunque no recibió apoyo de otros astrónomos de la Antigüedad. No será hasta mucho después, en el siglo XVI, durante el Renacimiento, cuando Nicolás Copérnico (1473-1543), matemático, astrónomo y clérigo católico polaco, presenta un modelo matemático completamente predictivo sobre un sistema heliocéntrico. Esto marcó el inicio de la *revolución copernicana,* completada en el siguiente siglo por Johannes Kepler (1571-1630) al incluir órbitas elípticas en el movimiento planetario, y por los trabajos de Galileo Galilei (1564-1642) apoyados en observaciones hechas con un telescopio. Bastante después se aceptó que el Sol no se encuentra en el centro del universo, gracias a las observaciones de William Herschel (1738-1822) y de otros astrónomos. Y hacia 1920 ya se demostró que el Sol formaba parte de un sistema aún mucho mayor, la galaxia llamada Vía Láctea, y que esta era una entre miles de millones de otras galaxias.

Hugonote: Término empleado hasta el siglo XVII para designar a los protestantes calvinistas franceses. Es un apodo despectivo, si bien los historiadores no se han puesto de acuerdo sobre el origen exacto de este término. Fue Juan Calvino (1509-1564) quien directamente organizó a los reformados franceses. Los hugonotes fueron perseguidos en Francia, oficialmente católica, lo que dio lugar a una serie de enfrentamientos civiles, fenómeno conocido como Guerras de Religión de Francia. El momento culminante fue la llamada "Matanza de San Bartolomé" (24 de agosto de 1572), aunque hubo momentos en los que tuvieron una relativa libertad, como se refleja en el Edicto de Nantes (1598).

Islam: Religión monoteísta abrahámica, cuyo dios es Alá y su profeta Mahoma (570-632), quien la fundó en la península arábiga. Su libro sagrado es el Corán, que según los creyentes fue dictado por Alá a Mahoma a través del arcángel Gabriel. Sus seguidores se denominan musulmanes – Ver Mahoma

Joaquinismo: Movimiento heterodoxo de la Iglesia surgido en el siglo XII, que seguía las ideas de Joaquín de Fiore (1135-1202), un abad de Calabria que había ingresado en la orden cisterciense. Este proponía una reinterpretación de los Evangelios, siguiendo lo que llamaba el "Evangelio Eterno", y señalaba que la era cristiana terminaría en 1260 con la llegada del Anticristo. Los joaquinistas, que proponían también una observancia más estricta de la Regla Franciscana, influyeron en los franciscanos espirituales, a los que estaban muy unidos, así como a los *fraticelli* y a los grupos milenaristas.

Luteranismo: Doctrina religiosa que constituye una de las principales ramas del cristianismo y que se identifica con el pensamiento del reformador alemán Martín Lutero (1483-1546), teólogo y fraile católico agustino, si bien él directamente no fundó la Iglesia luterana como una institución. Un concepto fundamental de

Lutero es la justificación por la gracia, la cual se obtiene solamente mediante la fe, pues Dios no justifica a los seres humanos por sus buenas obras. Los luteranos creen que la Biblia es el único libro escrito bajo inspiración divina y, por tanto, es la única fuente del conocimiento divino en cuestiones de fe y doctrina, mientras que la Iglesia Católica define que la autoridad doctrinal proviene tanto de la Biblia como de la Sagrada Tradición. La Reforma Protestante comenzó con la intensa crítica de Lutero a la Iglesia de Roma por la venta de venta de indulgencias, plasmado todo ello en sus famosas 95 tesis que colgó en la iglesia del palacio de Wittenberg el 31 de octubre de 1517. Pronto se extendieron sus ideas por toda Alemania, a lo cual la imprenta contribuyó en gran medida – Ver Martín Lutero y Calvinismo

Mesmerismo: También conocido como doctrina del "magnetismo animal", que hace referencia a un medio etéreo como agente terapéutico. Fue introducido por el médico alemán Franz Mesmer (1733-1815), considerado por otra parte como el padre de la hipnosis moderna. Fue un término muy empleado en la segunda mitad del siglo XIX.

Meteorología o **Meteorológicos**: Obra escrita por Aristóteles (384 a.C.-322 a.C.) hacia el 340 a.C., después de su tratado astronómico *Acerca del Cielo*. Consta de cuatro libros, por lo que a veces se le conoce como *Meteorológicos*. No son muy extensos, y sólo son estrictamente meteorológicos parte de los libros I, II y III, pero nada del IV. Según se dice en el mismo texto, lo que se tenía entonces por meteorología era todo cuanto acontece en la naturaleza, particularmente en la región próxima al movimiento de los astros, pero también lo que afecta al aire y al agua, y asimismo a las especies que hay en la tierra. Etimología: del griego clásico, compuesta de *meteoros* y *logia* (tratado, estudio). "Meteoros" proviene a su vez de "meta" (junto a, después de, entre o con) y "airo" (yo levanto), con lo que unidos vendría a decir "lo que está en el aire". Y el conjunto sería "Tratado de lo que está en el aire". Por ello, su contenido no concierne a predicciones meteorológicas, como sería más bien en el sentido actual.

Neoplatonismo: Corriente filosófica que floreció en Alejandría hacia el siglo III d.C., dentro del contexto cultural del helenismo tardío, ya de época romana. Tuvo su origen en una revitalización del platonismo, pero los neoplatónicos, si bien estaban fuertemente influenciados por Platón (ca.427a.C.-347 a.C.), se distanciaron de algunas de sus tesis. Trataron de conciliar las doctrinas de este filósofo con todo el pensamiento antiguo: en un principio contenía ideas platónicas, aristotélicas, pitagóricas y de religiones orientales, a las que se añadieron después otras cristianas. Ejemplo de esto último es la figura de Agustín de Hipona (354-430). Su principal representante es Plotino (ca.205-270), considerado generalmente también como su fundador, aunque muchas veces esto se atribuye a su maestro, Amonio Saccas (ca.175-242). En la Escuela de Alejandría destacó Hipatia (355/370-415/416), entre cuyos discípulos sobresalió el cristiano Sinesio de Cirene (ca.370-413/414), neoplatónico también relacionado con la alquimia greco-egipcia. Tras la muerte de Hipatia, la Escuela de Alejandría se alejó del neoplatonismo, y en Asia se crearon otras escuelas. A partir del año 400, el neoplatonismo fue enseñado en la Escuela de Atenas, hasta que fue clausurada en 529, mediante un edicto de Justiniano I (482-565), emperador del Imperio Romano de Oriente. Desde entonces deja de impartirse esta doctrina, pero vuelve a aparecer en el Renacimiento, fenómeno que se inicia en el siglo XV en la Florencia de los Medici. Son unos momentos en los que el humanismo renacentista, frente al aristotelismo de la escolástica medieval, comienza a retomar las doctrinas de Platón a través sobre todo del neoplatonismo, si bien teniendo también en cuenta ideas atribuidas a Hermes Trimegisto y otras de la cábala judía. Se crea así la Academia Platónica Florentina, fundada por Cosme de Medici (1389-1464) y encabezada por Marsilio Ficino (1433-1499), uno de los máximos representantes del neoplatonismo renacentista, junto a su discípulo y amigo Giovanni Picco della Mirandola (1463-1494). Por tanto, se puede afirmar que el neoplatonismo fue una corriente filosófica del helenismo, aunque realmente esta denominación corresponde a diferentes momentos de la historia de la filosofía.

Nestorianismo: Se conoce también como difisismo (del griego, "dos naturalezas"). Es una doctrina religiosa dentro del cristianismo, que considera a Cristo separado totalmente en dos naturalezas, una humana y una divina, de modo tal que conforman dos entes independientes: Cristo, sería Dios y hombre al mismo tiempo, pero formado de dos personas distintas. Nestorio (ca.386-ca.451), monje que fue obispo de Constantinopla, comenzó a proclamar esta doctrina (de ahí su nombre), que también negaba la virginidad de María. El nestorianismo fue condenado como herejía en el concilio de Éfeso (431), por lo cual sus partidarios fueron perseguidos y desterrados del Imperio Bizantino. Esto provocó que muchos nestorianos se refugiaran en el Imperio Persa Sasánida, con lo que muchos persas abrazaron esta doctrina.

Orden o **Fraternidad Rosacruz**: Asociación cuya primera referencia histórica se encontró en unas publicaciones aparecidas en Alemania a principios del siglo XVII. No obstante, se afirmaba en ellas que se fundó basándose en unos escritos muy anteriores de Christian Rosenkreuz (1378-1484). De ahí su nombre, aunque muy probablemente este sea tan sólo un pseudónimo o un personaje legendario. La Orden Rosacruz fue presentada en tres manifiestos publicados a principios del siglo XVII: el primero (anónimo), llamado *Fama Fraternitatis Rosae Crucis*, apareció en 1614 en Kassel (Alemania), y en él se introduce a su fundador como "Frater C.R.C.".; el segundo, *Confessio Fraternitatis*, en 1615, y el tercero, *Die Hochzeit* (*Las Bodas*, conocido en español como *Las Bodas Químicas* o también *Las Bodas Alquímicas de Christian Rosacruz*), en 1616, y en él se revela por vez primera el nombre al que corresponden las siglas de su fundador, Christian Rosenkreutz. El contenido de estos manifiestos ha sido interpretado simbólicamente a semejanza de los textos herméticos y alquímicos, con cuyas doctrinas se asocia, así como con la cábala judía. Por otra parte, los rosacruces adoptaron la tradición pitagórica de imaginarse ideas y objetos en términos de relaciones numéricas. Esta sociedad, estudiosa de los manuscritos alquímicos, publicó gran número de textos de esta disciplina (más que nada en su vertiente esotérica) y en ella se llegaron a realizar trabajos prácticos de alquimia. Recordemos aquí al gran alquimista alemán Michael Maier (1568-1622), miembro de esta Orden, o a Robert Fludd (ca.1574-1637), que aunque no lo fuera estaba estrechamente relacionado con ella. Importantes personajes de la historia fueron rosacruces, como Federico Guillermo II de Prusia (1744-1797). Algunas organizaciones esotéricas, normalmente denominadas fraternidades u órdenes, como la francmasonería, están relacionadas con esta orden, al menos en sus rituales y en sus formas.

Pseudoepigrafía: Un autor o autores adoptan el nombre de otro muy conocido para que su obra logre así una mayor aceptación, hecho por otra parte muy frecuente en la historia de la alquimia.

Puritanismo: Movimiento religioso surgido en Inglaterra y Escocia a finales del siglo XVI, que pretendía reformar la Iglesia de Inglaterra (o Iglesia Anglicana), establecida por Enrique VIII (1491-1547), para purificarla de ciertos ritos y prácticas que aún mantenía y que eran muy parecidos a los católicos. Los puritanos, muy próximos al calvinismo, creían en la *predestinación*, según la cual la gracia sólo la da Dios a los que ha elegido, con lo que sólo estos podían salvarse. Uno de los puntos importantes de las doctrinas puritanas era que todas sus creencias debían basarse en la Biblia, de inspiración divina, por lo cual hacían énfasis en el estudio privado de este libro sagrado, lo que condujo a fomentar la educación y la ilustración a fin de que todos fueran capaces de leer la Biblia por sí mismos. También defendían una moral extrema en las costumbres para adecuarlas a la moral de los Evangelios. Los puritanos tuvieron un importante papel en la historia de Inglaterra, ya que llegaron al poder con la Primera Guerra Civil Inglesa (1642-1646), liderados por Oliver Cromwell (1599-1685). No obstante, cuando se restauró la monarquía en 1660 fueron perseguidos y la mayoría dejaron el país, emigrando a distintos puntos, sobre todo a las colonias inglesas de América. *Como curiosidad* – Acerca de esto último, hay que recordar la emigración a América de los peregrinos británicos puritanos en el famoso barco *Mayflower* – Ver Calvinismo

Sabeísmo: Doctrina procedente del Reino de Saba, en el sur de la península arábiga (Yemen actualmente), que se basaba en el culto a los astros, especialmente al Sol y a la Luna. En cierto modo era continuadora de la astrología babilónica y de la asociación de los metales a los planetas. Sin embargo, era una religión monoteísta, cuyo dios estaba asistido por siete ángeles, los siete "planetas" de la antigüedad. Al ser monoteísta, sus seguidores, los sabeos, eran respetados por los musulmanes. Había una importante comunidad dad de sabeos en Harrán (Mesopotamia, hoy Turquía), ciudad situada en la ruta de la seda. Por ello, muy probablemente fueron uno de los vehículos de transmisión a los árabes de la alquimia de los chinos y, en general, del conocimiento de este pueblo.

Tabla Esmeralda o **Tabla de Esmeralda** (*Tabula Smaragdina* en latín): Es un texto muy breve, de carácter críptico, atribuido al mítico Hermes Trimegisto, en el que está condensado todo el arte de la Gran Obra, objetivo primordial de la alquimia. Texto muy sintético, expresado de modo simbólico y que consta tan sólo de trece preceptos, pero que a pesar de su brevedad encierra el secreto de la prima materia alquímica y asimismo la forma de llegar a la perfección. Por ello, resulta ser el texto paradigmático para los alquimistas y los dedicados a las ciencias herméticas. Uno de los preceptos más conocidos es el segundo, en el que se dice *Lo que está abajo es como lo que está arriba, y lo que está arriba es como lo que está abajo*, con lo que se expresa la unidad entre el macrocosmos y el microcosmos, entre el universo y el ser humano. El original no se conoce y hay gran número de hipótesis sobre cuándo y cómo se escribió, quién la encontró y dónde. Se le ha dado incluso un origen bíblico, afirmando que Seth, el tercer hijo de Adán y Eva, fue el autor, quien la habría entregado a Noé para que la salvara del diluvio universal; otros dan la autoría a un hijo de Abraham... Según el alquimista espiritual y filósofo hermético alemán Heinrich Khunrath (1560-1605), estaba escrita en la superficie de una gran esmeralda o de un cristal o roca verde, en un idioma desconocido y en un alfabeto también desconocido, si bien parecido al fenicio. Lo cierto es que el original no se ha encontrado y que las primeras versiones que se conocieron fueron manuscritos latinos del siglo XII, pero hacia la segunda década del siglo XX los investigadores en alquimia descubrieron versiones árabes muy anteriores, de los siglos VII, IX y XII.

Tantras o **tantrismo**: Doctrina basada en la realización de unas técnicas cuyos objetivos se centran en conseguir nuestra mejora mediante ejercicios que ayudan a que, por medio de la meditación, se llegue a la relajación y al autoconocimiento. Existe en distintas variantes, como son, entre otras, la hinduista y la budista. Para algunos es una doctrina basada en un conjunto de textos escritos por el mismo Buda (siglos VI-V a.C.), pero para otros fueron escritos por grandes maestros posteriores a Buda pero que los recibieron de este, por lo que en definitiva serían textos budistas. Sin embargo, según otras opiniones la religión tántrica estaría relacionada con doctrinas del Tibet y con el taoismo chino.

Teosofía: Palabra que proviene del griego "theos", Dios, y "sophia", sabiduría. Consiste en un conjunto de enseñanzas y doctrinas difundidas bajo ese nombre por la escritora y ocultista rusa Helena Petrovna Blavatsky (1831-1891), quien a fines del siglo XIX explica que este nombre es uno de los tantos que se utilizan para designar una sabiduría sin edad, eterna, que no es otra que el conocimiento de la verdadera realidad. Así lo expresa en su obra *La Clave de la Teosofía*, en la que también afirma que, al igual que la ciencia no crea las leyes que rigen la naturaleza sino que las descubre, de forma análoga la teosofía es la realidad, y los seres humanos vamos aprendiendo progresivamente porciones del conocimiento de esta realidad. A partir de 1875 se crea la *Sociedad Teosófica*, uno de cuyos objetivos es el estudio comparativo de Religión, Ciencia y Filosofía, para poder descubrir la enseñanza fundamental en cada una de ellas – Ver Atwood, Mary Anne (South de soltera)

Vedas: Término que hace referencia a los cuatro textos más antiguos de la literatura india, que están escritos en sánscrito. Etimología: proviene de la palabra sánscrita "veda", conocimiento, que a su vez proviene del término indoeuropeo "weid", ver. Son la base de la religión védica, previa a la religión hinduista. El texto más antiguo es el *Rig-veda*, de mediados del II milenio a.C., mantenido por tradición oral en sánscrito, y los otros tres son más o menos copias del primero, pero ya escritos (en antiguo sánscrito o sánscrito védico). Todos corresponden a la llamada cultura védica (que después daría lugar al sistema de castas del hinduismo), que probablemente finalizó alrededor del siglo VI a.C., con el predominio del budismo y jansenismo.

Yoga: Disciplina física y mental tradicional originada en la India, cuyo texto principal es el *Yoga Sutra*, del siglo III a.C. Etimología: del término sánscrito "yoga", colocar el yugo, unir, recordar.

Zoroastrismo: Religión fundada por el persa Zoroastro o Zarathustra (probablemente entre los siglos VII y VI a.C.), por lo que después se le dio ese nombre. Se funda en las enseñanzas de este profeta y reformador, quien reconocía como dios a Ahura Mazda (una divinidad de la antigua Persia) y al que consideraba como único creador de todo, el Supremo y el Absoluto. Tiene como principio la existencia del bien y el mal. Punto central del zoroastrismo es la elección moral, ya que las personas son libres y responsables de su situación, debiendo actuar para cambiarla y acercarse o alejarse del bien. Por ello, rechaza la predestinación. Religión monoteísta por su culto exclusivo a Ahura Mazda y dualista por la constante lucha entre el bien y el mal. Se ha propuesto que pudo influir en el judaísmo, así como en el islamismo y en el cristianismo. Esta doctrina desafió las creencias y tradiciones de la religión indoirania existente y terminó convirtiéndose en la religión oficial de la antigua Persia desde el siglo VI a.C. hasta el siglo VII d.C. Se extendió a otros territorios, llegando incluso hasta China. Después perdió fuerza y fue sustituida por otras religiones. No obstante, en la actualidad todavía subsiste: en Irán (antigua Persia) una parte de la población aún practica el zoroastrismo, pero el número mayor de zoroastristas se encuentra en el oeste de la India, sobre todo en Bombay, donde se llaman parsis. El zoroastrismo cree en la vida después de la muerte. En la práctica religiosa zoroastriana el fuego es un símbolo de la luz, la cual representa los principios esenciales de su religión: la luz es la que disipa las tinieblas de la ignorancia. Considera al cadáver humano como un elemento impuro, por lo que no puede contaminar los elementos de tierra y fuego. Por esta razón, los cuerpos son llevados a las "torres de silencio", en cuyas terrazas su carne es consumida por los buitres, y cuando los huesos toman color blanco por la acción del sol y el viento, son arrojados a un osario. *Como curiosidad* - Parsis famosos: el director de orquesta Zubin Mehta (n.1936) y el cantante Freddie Mercury (1946-1991).

COMENTARIOS SOBRE ASPECTOS QUÍMICOS

Se hace referencia tan sólo a los que aparecen en este libro:

Ácido clorhídrico: Es una disolución del gas cloruro de hidrógeno (HCl) en agua. Es muy ácido y muy corrosivo. Antiguamente, los alquimistas medievales al ácido clorhídrico lo llamaban espíritu de sal y ácido de sal (*acidum salis*); también se le ha dado los nombres de ácido marino y ácido muriático, entre otros. Tiene muchísimas aplicaciones, básico en todos los laboratorios y en la industria. Se atribuye su descubrimiento al alquimista islámico Jabir ibn Hayyan (ca.721-ca.806/816). En el siglo XVII, el químico alemán Johann Rudolf Glauber (1604-1670) para preparar su *sal mirabilis*, que no era otra cosa que sulfato de sodio, utilizó sal (cloruro de sodio) y ácido sulfúrico, con lo que se liberó un gas, que en realidad era cloruro de hidrógeno.

Ácido nítrico: Compuesto químico de fórmula HNO_3. Ácido fuerte (uno de los llamados ácidos minerales fuertes), líquido viscoso, inodoro e incoloro (cuando está puro), corrosivo y además muy oxidante, por lo que sus reacciones son a veces explosivas. Gran número de aplicaciones, desde explosivos a fertilizantes, e imprescindible como reactivo en la industria química. Con ácido clorhídrico forma el agua regia, capaz de disolver el oro y el platino. En la literatura alquímica el pseudo-Geber lo menciona por primera vez y explica la forma de obtenerlo. También fue descrito por Alberto Magno (1193-1280) y por Ramon Llull (ca.1232-1316). En 1650, el químico alemán Johann Rudolf Glauber (1604-1670) ideó un proceso para obtenerlo por reacción de nitrato de potasio con ácido sulfúrico.

Ácido sulfúrico: Compuesto químico de fórmula H_2SO_4. Ácido fuerte (uno de los llamados ácidos minerales fuertes), líquido aceitoso, inodoro e incoloro, extremadamente corrosivo y también muy deshidratante, y soluble en agua. Es el compuesto que más se produce en el mundo, por su enorme interés en la industria química. Su descubrimiento se atribuye al alquimista islámico Jabir ibn Hayyan (ca.721-ca.806/816) y después Al-Razi (ca.854-925) logra obtenerlo por calefacción de sulfato de hierro (II) o sulfato ferroso ($FeSO_4$) con agua y sulfato de cobre (II) o sulfato cúprico ($CuSO_4$), método que se extendió entre los alquimistas cristianos medievales

247

(como Alberto Magno, 1193-1280). Estos lo conocían como aceite de vitriolo, licor de vitriolo, o simplemente vitriolo, palabra derivada del latín *vitreus*, que significa 'cristal', por la apariencia de sus sales, los sulfatos, que también recibían el nombre de vitriolos. Después, en el siglo XVII el químico alemán Johann Glauber (1604-1670) lo obtuvo por reacción de azufre con nitrato de potasio (KNO_3). En el siglo XVII se obtuvo industrialmente por el método de las cámaras de plomo, sustituido después por el método de contacto.

Alcohol: Cuando se menciona el alcohol en este libro, realmente a lo que se hace referencia es al alcohol etílico o etanol. Es un compuesto orgánico perteneciente a la familia de los alcoholes, en los que entre otras características (que no mencionaremos aquí) existe siempre el grupo de átomos –OH (es decir, un oxígeno y un hidrógeno unidos). Su fórmula es C_2H_5O, o también $CH_3\text{-}CH_2\text{-}OH$. El alcohol etílico es un compuesto líquido, incoloro, transparente, de olor característico (agradable). Es miscible en agua en todas proporciones, por lo que no es posible obtenerlo totalmente puro por destilación, aunque cuantas más veces se destile el contenido en agua va disminuyendo, hasta llegar a lo que se llama "alcohol absoluto", cuyo contenido en agua es menor del 1% por ciento. Su obtención a partir de la destilación del vino llegó a los alquimistas europeos medievales a través de Al-Razi (ca.854-925) —aunque en realidad los chinos ya lo habían descubierto anteriormente— por lo que se le llamó "espíritu del vino". Así es como se obtuvo por vez primera en Occidente, en la escuela de medicina de Salerno, famosísima en la Edad Media. La palabra alcohol, aunque claramente es de origen árabe, no se aplicó hasta mucho después.

Aleación: Mezcla homogénea de dos o más elementos, entre los que debe encontrarse al menos un metal.

Alumbres: Son compuestos cuya composición química es de sulfatos dobles, constituidos por dos sulfatos, uno el sulfato de un metal trivalente (caso más general, de aluminio y también de cromo) y otro el sulfato de un metal monovalente (caso más general, de potasio o también de sodio). Es decir, en definitiva, son sales del ácido sulfúrico (sulfatos). En general se refieren al caso más importante, al alumbre potásico (sulfato doble de aluminio y de potasio), con gran número de aplicaciones. Así, antiguamente se utilizaba en la industria de tintes, como mordiente para fijar los colores y darles más brillo; también en medicina como astringente, etc. Otro importante es el alumbre de cromo (sulfato doble de cromo y de potasio), que se empleó en la fabricación de cueros.

Amalgama: Aleaciones en las que uno de los metales es el mercurio.

Amoniaco: Compuesto químico de nitrógeno e hidrógeno, de fórmula química NH_3. En condiciones ambientales es un gas incoloro, de olor muy penetrante y característico. No obstante, el amoniaco doméstico es en realidad hidróxido de amonio, ya que se trata de una disolución del gas amoniaco en agua. El amoniaco tiene muchísimas aplicaciones, siendo una de las más importantes la fabricación de fertilizantes. Además tiene otras muchas: en la industria textil y en la de papel, en la fabricación de explosivos, fármacos y plásticos, en productos de limpieza domésticos, como refrigerante, etc.

Arsénico: Elemento químico de símbolo químico As y número atómico 33. Semimetal o metaloide (de características intermedias entre los metales y no metales). Sólido en condiciones normales de presión y temperatura, que sublima a presión atmosférica cuando se calienta a más de 600 ºC. La forma más común de encontrarlo en la naturaleza es en forma de compuestos, generalmente sulfuros. Sus compuestos son sumamente tóxicos, aunque paradójicamente es un elemento esencial para la vida (a muy pequeña escala). Se conoce desde la Antigüedad.

Asem: Término con el que se designaba en la Antigüedad a la aleación de oro y plata, de color ligeramente dorado. En aquellas épocas la aleación natural, llamada *elektron* por los griegos y luego *electrum* por los romanos, era considerada como un metal diferente.

Azufre: Elemento químico no metálico, de símbolo químico S (por *sulphur*, nombre latino para el azufre) número atómico 16. Sólido en condiciones normales de presión y temperatura, de color amarillo característico, bastante abundante en la naturaleza. Importantísimo en la alquimia, tanto en su ideario como en sus prácticas.

Azurita: Mineral constituido por un carbonato de cobre hidratado de fórmula química $Cu_3(CO_3)_2(OH)_2$, que también puede representarse como $Cu(OH)_2.2(CuCO_3)$. De color azul característico. Frecuentemente se encuentra en depósitos asociada a la malaquita (otro carbonato de cobre hidratado) y a la cuprita, la cual es un mineral de oxido de cobre (I) – Ver Malaquita

Borax: Compuesto importante del boro, concretamente es una sal de este elemento (un borato de sodio). Sólido cristalino de color blanco, soluble en agua. El bórax se origina de forma natural en ciertos lagos, como depósitos producidos por la evaporación del agua (California, Bolivia, ´Chile, Tíbet...). Tiene gran cantidad de aplicaciones: en detergentes y jabones, desinfectantes, pesticidas, en la fabricación de esmaltes y vidrio, en metalurgia y en joyería como fundente, etc.

Calcinación: Proceso mediante el cual se somete una sustancia a una temperatura elevada a fin de provocar por vía térmica su descomposición o un cambio en su constitución química o física.

Carbonato de sodio: O también carbonato sódico, es una sal blanca y translúcida, de fórmula química Na_2CO_3. Compuesto importantísimo por sus múltiples aplicaciones: así, ya desde la Antigüedad lo empleaban para la fabricación de vidrio, jabón, o tintes. Los egipcios lo conocían como natrón, extraído de los depósitos del delta del Nilo. Se le llama también barrilla, sosa o soda Solvay, ceniza de soda o simplemente sosa (pero no confundir con la sosa cáustica). A finales del siglo XVIII se obtuvo industrialmente por el método Leblanc, sustituido después por el método Solvay.

Cementación: Proceso que consistía en calentar un metal junto con otro producto, con lo que se formaba un material con nuevas propiedades. En la actualidad se aplica especialmente al tratamiento termoquímico que se da a ciertas piezas de acero.

Cinabrio: Mineral constituido por mercurio y azufre, es decir, es un sulfuro de mercurio, concretamente el de fórmula química HgS, sulfuro de mercurio (II) o sulfuro mercúrico. Se presenta en la naturaleza generalmente como una masa granular de pequeños cristales de color rojo intenso característico, por lo que también vulgarmente se le conoce como "bermellón". Es una fuente importante de mercurio (su mena principal), por calentamiento en corriente de aire. Antiguamente se empleaba como pigmento en pinturas rupestres, en frescos romanos y en manuscritos medievales; también en la conservación de huesos. Muy importante en la alquimia.

Coagulación: Proceso mediante el cual un material se condensa, pasando de estar como líquido a sólido (en cierto modo sería a veces sinónimo de condensación, si bien no es lo mismo). Recordemos la coagulación de la sangre, por ejemplo. En alquimia tiene el sentido de juntar, reunir. Frase: *solve et coagula*: disuelve y condensa, separa y reúne, destruir para construir algo más perfecto.

Cobalto: Elemento químico metálico (metal de transición), de símbolo químico Co y número atómico 27. Tiene características muy similares a las de sus elementos vecinos, hierro y níquel. Interesante su historia y etimología: deriva de la palabra alemana *kobold*, que significa "duende", dada por los mineros medievales a los minerales de este metal (cuando aún no se había aislado como tal) porque creían que los duendes les robaban la plata de esos minerales y la sustituían por otro producto sin ningún valor (el cobalto). Por eso cuando se aisló el cobalto en 1735 (por el químico sueco George Brandt, 1694-1768), en alemán se le dio el nombre de "kobalt" de donde derivó en otros idiomas a cobalt, cobalto, etc., y de ahí también el Co de su símbolo. Sus compuestos desde la Antigüedad fueron utilizados para dar el color azul a vidrios, cerámicas y esmaltes. Tal es la escuterudita o esmaltita, mineral que es un arseniuro de cobalto con cantidades variables de níquel y hierro.

Cobre: Elemento químico metálico (metal de transición), de símbolo químico Cu y número atómico 29. Su nombre proviene del latín *cuprum*, y este del griego *kypros*, *Chipre*. De color rojizo anaranjado y brillo metálico. Es uno de los mejores conductores de electricidad, por lo que es el material más utilizado para fabricar cables eléctricos y componentes electrónicos. Fue uno de los primeros metales utilizados por el ser humano, sólo o en su aleación con estaño, periodos historiográficos conocidos como Edad del Cobre y Edad del Bronce, respectivamente. En la Antigüedad clásica se le asociaba a la diosa Venus, (que según la mitología grecolatina había nacido precisamente en Chipre) y también al planeta del mismo nombre.

Congelación: Paso de estado líquido a sólido por efecto de una disminución de la temperatura (recordemos, por ejemplo, la congelación del agua a hielo cuando baja lo suficiente la temperatura). En alquimia se refiere también al caso de una sustancia que se vuelve más espesa y viscosa tras someterla a un determinado proceso.

Copelas: Pequeños recipientes en forma de tronco de cono invertido, que se empleaban con el objetivo de ensayar metales nobles o refinarlos a pequeña escala, por lo que su tamaño era menor que el del crisol. Este proceso debía realizarse sometiendo el metal a muy altas temperaturas en presencia de aire: los metales no nobles se oxidaban, formando compuestos que eran adsorbidos en la superficie porosa de la copela, mientras los metales nobles, que no se oxidaban, quedaban en el fondo como una bolita brillante del metal fundido.

Crisoles: Pequeños recipientes que se utilizaban para procesar metales u otras sustancias a altas temperaturas (procesar: fundir, calcinar, mezclar, etc.). Por ello se fabricaban con materiales que resistiesen esas temperaturas elevadas, como son ciertas arcillas a las que a veces se añadían otros materiales. Antiguamente su forma solía ser triangular, con tres picos en los bordes para facilitar el vertido de su contenido.

Destilación: Es un proceso de separación de distintas sustancias, componentes de una mezcla líquida, aprovechado la diferente volatilidad de dichos componentes. Para ello el líquido-mezcla se lleva a ebullición y se va condensando de nuevo a líquido, recogiéndose sucesivamente los condensados. Los componentes más volátiles irán destilando antes, con lo que se consigue así ir separando las sustancias, si bien muchas veces no se logra una separación total, sino parcial, por lo que habrá que volver a destilar las distintas fracciones. En definitiva implica la separación, dentro de un producto líquido, de sus distintos componentes a través de procesos de ebullición y condensación.

Digestión: En alquimia era la operación consistente en dejar un material en contacto durante semanas con una fuente de calor bajo (por ejemplo, rayos del sol, estiércol…).

Dióxido de carbono (antiguamente se le llamaba anhídrido carbónico): Compuesto químico de fórmula CO_2. Gas en condiciones estándar de presión y temperatura, si bien a temperaturas suficientemente bajas existe en estado sólido, para dar lugar a lo que se llama *nieve carbónica* o *hielo seco*. Se produce en muchos procesos: en la respiración de organismos aerobios; por combustión completa de carbón, gas, gasolina, queroseno…, etc.

Interviene en la fotosíntesis de las plantas. No es tóxico, pero puede producir la muerte por asfixia. Íntimamente relacionado con el efecto invernadero.

Ensayo de metales: Determinar la proporción de plata o cobre (u otros metales) en las monedas de oro, o también determinar la presencia de un metal precioso (oro o plata) en una aleación o en ciertos minerales. Esta técnica analítica implicaba una serie de operaciones e instrumentos de laboratorio, como las copelas y las balanzas de precisión.

Esmaltín (también **esmaltina** y **azul esmalte**): Pigmento empleado para obtener un color azul al que se le ha dado el mismo nombre. Se obtiene partiendo de un mineral de cobalto, llamado *escuterudita* o *esmaltita*, constituido por un arseniuro de cobalto con un pequeño porcentaje de níquel y hierro. Aunque se atribuye su invención al alemán Christoph Schürer (ca.1500-ca.1560) probablemente los vidrieros venecianos del siglo XV ya lo conocieran,

Estaño: Elemento químico metálico, de símbolo Sn (de su nombre latino, *stannum*) y número atómico 50. Conocido desde la Antigüedad, ya que desde aproximadamente el 2000 a.C. se empezó a emplear aleado con el cobre para producir el bronce. Su fuente principal para tal fin era probablemente la casiterita, mineral del óxido de estaño (IV), SnO_2. En la Antigüedad clásica se le asociaba al dios Júpiter de la mitología grecolatina y al planeta del mismo nombre.

Fijar: En *alquimia* el término fijar significa la acción de una sustancia, como el azufre sobre el mercurio, para evitar que este desaparezca debido a su relativa volatilidad y a que se encuentra en estado líquido. En lenguaje *químico* diríamos que el mercurio reaccionará con el azufre para dar una nueva sustancia, concretamente el compuesto sulfuro de mercurio (II) o sulfuro mercúrico, de fórmula HgS.

Flogisto (o **Teoría del flogisto**): El alquimista y químico alemán Johann Becher (1635-1682), a fin de dar una explicación al proceso de la combustión, postuló que todo cuerpo susceptible de sufrir combustión contendría un principio de inflamabilidad, el cual se perdería cuando el cuerpo ardiese. Así, la combustión consistiría básicamente en la pérdida de este principio. Después, el médico y químico también alemán Georg Ernst Stahl (1659-1734) llamó flogisto (del griego *phlogistos*, llama, fuego) al principio de inflamabilidad, reelaboró estas ideas y las extendió a principios del siglo XVIII con el nombre de *teoría del flogisto*. Fue la teoría dominante en química hasta finales de ese siglo, cuando el francés Antoine Lavoisier (1743-1794) demostró que no era cierta.

Galena: Mineral del grupo de los sulfuros, concretamente sulfuro de plomo, cuya fórmula química es PbS, aunque puede tener cantidades variables de impurezas. Su contenido en plata puede alcanzar el 1%. Es la principal mena del plomo. Los yacimientos más importantes se encontraban en España (Linares, Jaén), aunque actualmente sus minas están agotadas.

Hierro: Elemento químico metálico, de símbolo Fe (de su nombre latino, *ferrum*) y número atómico 26. De color gris plateado y de propiedades magnéticas. Es uno de los metales más abundantes en la corteza terrestre, pero formando parte de compuestos. También se encuentra en el núcleo de la Tierra en estado metálico. Muy importante, por sus múltiples aplicaciones. Se le conoce desde el 4000 a.C. En la Antigüedad clásica se le asociaba al dios Marte de la mitología grecolatina y al planeta del mismo nombre.

Malaquita: Mineral constituido por un carbonato de cobre hidratado de fórmula química $Cu_2CO_3(OH)_2$, que también puede representarse como $Cu(OH)_2.CuCO_3$. De color verde. Se emplea como mena del cobre y también en joyería como piedra semipreciosa - Ver Azurita

Mena: Material natural del que se extraen minerales y muy frecuentemente metales, mediante procesos con una rentabilidad desde el punto de vista económico.

Mercurio: Elemento químico metálico, de símbolo Hg y número atómico 80. Es el único metal líquido en la naturaleza, y su aspecto es plateado, por lo que se le llamó antiguamente hidrargiro o plata líquida (de *hydraryirum*, nombre latino), lo que explica su símbolo. También se le conoció como azogue. Sus vapores son muy tóxicos. Tiene múltiples aplicaciones. Importantísimo en la alquimia, tanto en su ideario como en sus prácticas. En la Antigüedad clásica se asociaba al dios Mercurio de la mitología grecolatina y al planeta del mismo nombre.

Metano: Compuesto orgánico de fórmula molecular CH_4, perteneciente a la familia de los hidrocarburos y, dentro de ellos, a los alcanos. Gas, muy inflamable, puede formar mezclas explosivas con el aire. No es tóxico, aunque puede producir la muerte por asfixia. Muy abundante en los yacimientos de gas natural. Múltiples aplicaciones. Relacionado con el efecto invernadero (gas de efecto invernadero).

Monóxido de carbono: Compuesto químico de fórmula CO. Gas, se produce por combustión incompleta de carbón, gas, gasolina, queroseno… Muy peligroso si se respira, aun en moderadas cantidades, ya que es muy tóxico, pudiendo causar la muerte por envenenamiento en pocos minutos al sustituir al oxígeno en la hemoglobina de la sangre.

Nitro: Compuesto químico de fórmula KNO_3 (nitrato de potasio o nitrato potásico). Muchas veces se piensa que es sinónimo de salitre, pero no es así exactamente, ya que este último es una mezcla de nitrato de potasio, nitrato de sodio y otras sales. No obstante, los yacimientos y depósitos de salitre han sido una fuente de obtención de nitro. Antiguamente el nitrato de potasio se obtenía a partir de mezclas de desechos animales y cenizas vegetales, regadas con aguas de los estercoleros o con orina. Tiene y ha tenido múltiples usos: en la fabricación de pólvora y explosivos, en agricultura como fertilizante, como conservante de alimentos, en esmaltes, etc. - Ver salitre

Oro: Elemento químico de símbolo Au (del latín *aurum*, 'brillante amanecer') y número atómico 79. Es un metal de color amarillo, brillante, sumamente denso, de baja alterabilidad, aunque es blando (se raya con relativa facilidad), muy maleable, dúctil y brillante. Por ello es de alto valor en joyería, unido a que es muy estimado por su rareza, ya que es difícil de encontrar en la naturaleza. El oro es lo que se conoce como "metal noble" por ser muy inerte químicamente, es decir, que no reacciona (o reacciona muy poco) con otras sustancias químicas, aunque sí es atacado por el mercurio (que lo disuelve), el agua regia o la lejía. Normalmente se encuentra en la naturaleza en estado puro, en forma de pepitas y depósitos aluviales. Fundamental en la doctrina alquímica. En la Antigüedad clásica se asociaba al Sol.

Oropimente: Mineral constituido por arsénico y azufre, y es uno de los sulfuros del arsénico, concretamente trisulfuro de arsénico, de fórmula química As_2S_3. Color amarillo anaranjado. Su nombre proviene del latín *auripigmentum* (pigmento de color oro). Muy importante para los alquimistas. Relacionado con otro sulfuro de arsénico, el rejalgar (AsS). Muy tóxico.

Oxidación: En el sentido tradicional de este término, es el proceso químico mediante el cual una sustancia se une al oxígeno. Sin embargo, en el sentido químico actual este término es más amplio, ya que supone la pérdida de electrones por parte de una especie química (átomo, molécula o ion) – Ver Reducción

Óxido de arsénico (III): Llamado también trióxido de arsénico, compuesto constituido por arsénico y oxígeno, de fórmula química As_2O_3. Se forma en la combustión de arsénico y de muchos de sus compuestos. Sólido blanco, sumamente tóxico.

Óxido de mercurio (II): Constituido por mercurio y oxígeno, de fórmula química HgO. También se le conoce como óxido mercúrico. Es un sólido (a temperatura y presión ambientales) y tiene un color rojo-anaranjado. Tóxico.

Pirita: Mineral del grupo de los sulfuros, concretamente es un sulfuro de hierro, de fórmula química es FeS_2. De aspecto metálico y de color amarillo dorado, de gran parecido con el oro, por lo que antiguamente se la conocía como el "oro de los tontos", el "oro de los locos" o el "oro de los pobres".

Plata: Elemento químico de símbolo Ag (del latín *argentum*, "blanco", "albo" o "brillante"), de número atómico 47. Es un metal de color blanco brillante, blando, dúctil y maleable. Pertenece al grupo de los llamados metales nobles, por ser muy inerte químicamente, es decir, que no reacciona (o reacciona muy poco) con otros compuestos químicos. En definitiva, permanece inalterable también en su aspecto, por lo que es muy apreciado en joyería. En la naturaleza se encuentra como parte de distintos minerales (generalmente en forma de sulfuro, como es la argentita, Ag_2S), aunque también se presenta como plata libre. La mayor parte de su producción se obtiene como subproducto del tratamiento de las minas de cobre, zinc, plomo y oro. Importantísimo en la doctrina alquímica. En la Antigüedad clásica se asociaba a la Luna.

Plomo: Elemento químico de símbolo Pb y número atómico 82. Metal de color gris oscuro, de elevada densidad. Tóxico. Rara vez se encuentra en su estado elemental, y se presenta en forma de compuestos, sobre todo como sulfuro de plomo en el mineral galena (ver). Conocido desde tiempos remotos; por ejemplo, en Asia Menor se han encontrado cuentas de plomo metálico del 7000-6500 a. C. En la Antigüedad clásica se asociaba al dios Saturno de la mitología grecolatina y al planeta del mismo nombre.

Procesar metales: Someter los metales a altas temperaturas para que sufran determinadas transformaciones.

Química pneumática (o **neumática**): Del griego *pneuma*, "aire". Se inicia cuando el británico Stephen Hales (1677-1761) inventa un artefacto conocido como "cuba pneumática", mediante el cual los gases desprendidos en una reacción podían ser recogidos en una vasija o cuba con agua. Esto posibilitó trabajar con gases en el laboratorio, para pesarlos, analizarlos, realizar con ellos reacciones…, lo mismo que se hacía con sólidos y líquidos. Supuso así un inestimable avance para la química, dado la importancia y el enorme número de reacciones en las que hay gases implicados (entre otras, las de combustión).

Reducción: En el sentido tradicional de este término, proceso químico mediante el cual una sustancia se une al hidrógeno. Pero en el sentido químico actual este término es más amplio: ganancia de electrones por parte de una especie química – Ver Oxidación

Refinar: Proceso consistente en purificar un material obtenido frecuentemente a partir de recursos naturales. Hay muy distintos procedimientos, dependiendo del tipo y condiciones del material a refinar.

Rejalgar: Mineral constituido por arsénico y azufre, es uno de los sulfuros del arsénico, concretamente el de fórmula química AsS. Menos abundante que el otro sulfuro, el oropimente. Sólido de color rojo y anaranjado, de aspecto algo parecido al cinabrio. Muy tóxico.

Sales amoniacales (o sales amónicas): Sales que desde el punto de vista químico derivan del amoniaco (sales de amonio). No obstante, antiguamente como sal amoniacal se entendía principalmente el cloruro de amonio.

Salitre: Mezcla de nitrato de potasio (KNO_3) y nitrato de sodio ($NaNO_3$), que se encuentra de forma natural en grandes extensiones de América del Sur (principalmente en Bolivia y Chile). Tiene muchas aplicaciones, como son: principalmente en la fabricación de ácidos (nítrico y sulfúrico) y nitrato de potasio (ver nitro); en la fabricación de pólvora, dinamita, y otros explosivos; en agricultura como fertilizante nitrogenado, etc.

Sublimación: Paso directo de un sólido al estado gaseoso (es decir, vapor) sin pasar por estado líquido.

Talco: Mineral perteneciente a los silicatos, de color blanco a gris azulado. Muy blando (número más bajo de dureza, el valor 1 en la Escala de Mohs). Diversas aplicaciones: en la fabricación de papel, en lacas y pinturas, en la industria cerámica, para prevenir irritaciones de la piel, en cosmética y productos farmacéuticos, entre otros.

Tartratos: Sales y esteres del ácido tartárico. Este último es un compuesto orgánico polifuncional relativamente sencillo, de fórmula empírica $C_4H_6O_6$, cuyo nombre químico es ácido 2,3-dihidroxibutanoioico. El más común de los tartratos es el llamado vulgarmente "crémor tártaro", sal potásica del ácido tartárico, que se encuentra de forma natural en el zumo de las uvas.

Tintes: Productos utilizados para dar color a ciertos objetos, como tejidos, cabellos, cosméticos, pinturas, alimentos, etc. Antiguamente eran tintes naturales (sobre todo de origen vegetal y animal, pero también algunos minerales), pero en la actualidad la inmensa mayoría de los tintes usados son de tipo sintético, mucho más baratos.

Tostación: Proceso metalúrgico que consiste en calentar minerales, considerados como posibles menas metálicas, a altas temperaturas y en presencia de aire. De esta manera, se iba purificando el componente metálico del mineral.

Trióxido de arsénico: O también óxido de arsénico (III), compuesto químico de fórmula As_2O_3. Se forma por oxidación del arsénico en la combustión de sus compuestos. Sólido blanco, sumamente venenoso, responsable de la toxicidad del arsénico y sus compuestos.

Vitriolos: Ver ácido sulfúrico

APÉNDICE

BREVE DICCIONARIO BIOGRÁFICO

Se recogen aquí determinados datos biográficos de los personajes mencionados en este libro. Su amplitud está en consonancia con la mayor o menor implicación de los personajes en los contenidos tratados y el significado de su momento histórico.

Agatodaimon (o **Agatodemon**) (ca.300 d.C.): Alquimista greco-egipcio, parece ser que discípulo de María la Judía (ca. s. III d.C.), por lo que habría que situarlo en esa época. Era egipcio o más probablemente sirio. Su nombre significa "demonio benéfico", tomado de la mitología griega y asimilado a Shu de la mitología egipcia, dios cósmico del aire y la luz, aunque seguramente este sería sólo un pseudónimo. Se le atribuye la autoría de un pequeño tratado alquímico, descubierto en El Cairo hace relativamente poco tiempo y publicado en 1953.

Agricola (o **Georg Bauer**)(1494-1555): Es más conocido por el nombre de Agricola, latinización de su apellido Bauer (campesino, en alemán). Médico, alquimista y sobre todo mineralogista, por lo que se le considera como fundador de la mineralogía. Nace en Sajonia (Alemania, entonces parte del Sacro Imperio Romano Germánico), estudia filosofía, teología y medicina en Leipzig y en varias ciudades italianas, Tubinga, Bolonia, Padua y Ferrara. Cuando acaba sus estudios, se instala en una región minera de la que es hoy República Checa para ejercer la medicina (1527). Pero, a pesar de ser médico, se dedica fundamentalmente a la técnica minera y al arte de la fundición, aunque también se interesó vivamente en el estudio de las sustancias minerales empleadas de medicamentos. Es autor de varios libros sobre minería y metalurgia interesantísimos, de carácter eminentemente práctico. En 1546 publica dos obras que son los primeros tratados sistemáticos de geología y mineralogía, *De Ortu et Causis Subterraneorum* y *De Natura fossilium*. No obstante, la más famosa de todas es *De Re Metallica* (*Sobre los Metales*), su obra póstuma, publicada un año después de su muerte (1556): contiene abundantes grabados sobre distintos aparatos (hornos, balanzas, martillos, matraces, crisoles, alambiques…) y sobre procesos relativos a la extracción y tratamiento de las menas. Se editó en latín y muy pronto se tradujo al alemán y al italiano, y ha servido como libro de texto y guía a los ingenieros de mineralogía durante casi 200 años. De fuerte fe católica, los últimos tiempos de su vida fueron difíciles, viviendo en una sociedad de mayoría luterana. *Como curiosidad* - Su obra *De Re Metallica* fue traducida al inglés en 1912 por el que después sería presidente de los Estados Unidos, Herbert Hoover (1874-1964), y su esposa, ambos pertenecientes a la Stanford University y miembros del Instituto Americano de Ingenieros de Minas

Agrippa, Cornelius (o **Agrippa von Nettesheim, Heinrich Cornelius**) (1486-1535): Escritor alemán, natural de Colonia, experto en ocultismo, filosofía, cábala, medicina y alquimia, verdadero personaje renacentista por sus variados y profundos conocimientos. Una de sus obras más importantes es *De Occulta Philosophia Libri Tres* (*Los Tres Libros de la Filosofía Oculta*), un tratado de magia y ocultismo (Colonia, 1533), incluido en el Índice de los Libros Prohibidos. Fue secretario en la corte de Carlos I de España (1500-1558), así como teólogo y militar en España e Italia y profesor en varias universidades.

Agustín de Hipona (o san...) (354- 430): Escritor, teólogo y filósofo cristiano, nacido en una ciudad muy romanizada del norte de África (hoy Argelia). En un principio abrazó el paganismo, pero después (en 385) se convirtió al cristianismo, muy influido por las epístolas de Pablo de Tarso (5/10 d.C.-58/67 d.C.) y por las doctrinas del filósofo griego helenístico Plotino (205-270), fundador del neoplatonismo. Después viajó a Hipona, ciudad también del norte de África, de la que fue nombrado obispo y desde la que dirigió su lucha contra el maniqueísmo y otras herejías. Máximo pensador del cristianismo del primer milenio, fue el gran conciliador de las ideas neoplatónicas con las cristianas, por lo que se le consideró Doctor de la Gracia; proclamado después Doctor de la Iglesia por sus aportes a la doctrina católica. Escribió gran número de obras, especialmente sobre teología y filosofía, destacando entre todas ellas *Confesiones* y *La Ciudad de Dios*. Es venerado como santo en la Iglesia católica y otras comunidades cristianas – Ver Plotino y Neoplatonismo.

Alarcón (s. XV): Alquimista de Cuenca, en principio protegido por el Arzobistpo de Toledo Alonso Carrillo (1410-1482), que tenía gran afición a la alquimia, por lo que costeó sus experimentos a fin de que consiguiera oro. Como a la larga Alarcón resultó ser un intrigante y falsario, Carrillo lo condenó, muriendo finalmente degollado en la plaza de Zocodover de Toledo.

Alberto Magno (o san...) (1193/1206-1280): Teólogo, filósofo, geógrafo y alquimista medieval alemán. Como alquimista, se le considera como uno de los principales de la Edad Media. De familia noble, nació en una localidad de Baviera, cerca del Danubio. Estudió en Padua, ingresó en la Orden de los Dominicos y continuó su formación en Colonia y en París, en cuyas universidades posteriormente fue también profesor. Hacia 1260 le hicieron obispo en la ciudad alemana de Regensburg (o Ratisbona), pero renunció a los dos años para dedicarse por completo a sus estudios. Y así lo hizo hasta su muerte, ocurrida en Colonia. Escribió gran número de obras, principalmente sobre teología, física y ciencias naturales, adoptando en ellas los principios aristotélicos. En su obra *De Mineralibus* (*Sobre los Minerales*) dedica una importante sección a la alquimia, a la que llama "unión de genio y fuego". Expone en ella sus teorías, de raíz aristotélica y también árabe, y hace asimismo muy buenas descripciones de técnicas básicas, como destilación, sublimación, calefacción al baño-maría y también del montaje de aparatos de laboratorio. Fue el primero en introducir la idea de "afinidad química". Doctor escolástico muy erudito, fue un alquimista de gran sabiduría que se dedicó a una cuidadosa y crítica observación de la naturaleza. Le llamaban *Doctor Universalis* y era considerado como el Aristóteles de la Edad Media. Se le conoce actualmente como San Alberto Magno, ya que fue canonizado en 1931 (es por ello el patrón de los científicos).

Al-Biruni (973-ca.1050): Gran intelectual persa, uno de los más destacados del mundo islámico: matemático, astrónomo, geógrafo, médico, historiador, gran viajero además. Autor de cerca de 150 obras, muchas de las cuales se han perdido.

Tras un viaje a la India escribió sobre la alquimia hindú.

Alejandro Magno (356 a.C.-323 a.C): Nació en el Reino de Macedonia (al norte de la actual Grecia). Fue rey de Macedonia y *hegemón* de Grecia, así como faraón de Egipto y gran rey de Media y Persia (331 a.C.). Hijo y heredero de Filipo II de Macedonia (382a.C. -336 a.c.), quien encomendó su formación intelectual al filósofo Aristóteles (ca.384 a.C.-322 a.C.). Se lanzó a la lucha contra el Imperio Persa, conquistando Oriente Medio, Egipto y Persia, a lo que hay que añadir pueblos del Asia Central y parte de la India, ya que llegó hasta el rio Indo. Su objetivo principal era conseguir la expansión de la cultura griega por todos estos territorios y fusionarla con la de los pueblos conquistados, unidos todos en un gobierno único. Su sueño de unir Oriente y Occidente se vio interrumpido por su temprana muerte, pero en parte se logró a través de sus sucesores, sus generales, que se repartieron su Imperio. Se inició así el periodo helenístico o *helenismo*, en el que la lengua, el espíritu y el saber griegos se extendieron por todos esos territorios, con lo que se produjo un mestizaje cultural al fundirse con elementos culturales de los pueblos conquistados – Ver Periodo Helenístico o Helenismo

d'Alembert, Jean-Baptiste Le Rond (1717-1783): Matemático, filósofo y enciclopedista francés, una de las más importantes figuras de la Ilustración. Es famoso sobre todo por su papel en la creación, junto a Denis Diderot (1713-1784), de la *Encyclopédie ou Dictionnaire Raisonné des Sciences, des Arts et des Métiers*, aunque también fueron importantes sus trabajos en matemáticas sobre ecuaciones diferenciales y a las derivadas parciales.

Alfonso X el Sabio (1221-1284): Rey de Castilla y León, a quien se atribuye la autoría del tratado *Lapidario*, sobre las propiedades mágicas de las piedras en relación con la astrología. Sin embargo, esta obra puede tratarse más bien de una traducción, con reorganización y corrección del texto original, bajo los auspicios de este rey. Dio un fuerte impulso a la Escuela de Traductores de Toledo, a la que consolidó con su decidido apoyo y protección, aunque él no fuera su fundador, ya que fue creada un siglo antes (s. XII) por el arzobispo de Toledo y gran canciller de Castilla Raimundo de Sauvetât (ca.1080-1152), monje cluniacense de origen francés. Por ello, indirectamente colaboró a la difusión de la alquimia entre los cristianos medievales, al potenciar y auspiciar la traducción al latín de tantos textos árabes de muchas materias, y entre ellos, los alquímicos. Asimismo, es autor de las *Cantigas de Santa María*, escrita en el galaicoportugués. Aparte de sus méritos por la obra literaria, científica, histórica y jurídica que patrocinó, hay que contemplar que a la muerte de su padre, Fernando III "el Santo" (ca.1199-1201), continuó la ofensiva contra los musulmanes. *Como curiosidad* - A un cráter de la Luna se le ha dado en su honor el nombre "Alphonsus".

Al-Mamoun (786-833): Séptimo califa abasí, hijo de Harún al-Rashid (766-809) y continuador de la Edad de Oro del islam iniciada por este. En Bagdad fundó la "Casa de la Sabiduría", donde se traducían al árabe las obras científicas y filosóficas más importantes del mundo antiguo, provenientes de Grecia y Egipto; en ella también existía un centro de enseñanza, la academia, junto a una gran biblioteca, compuesta de libros de todas las disciplinas conocidas por entonces, incluyendo la literatura, las ciencias naturales y la lógica.

Al-Mansour (712-775): Segundo califa de la dinastía abasí. En 762 fundó la nueva residencia imperial en una ciudad que con el tiempo se convertiría en la capital del Imperio, Bagdad. Durante su reinado se inició un importante movimiento cultural.

Alonso Barba, **Álvaro** (ca.1569-1662): Metalúrgico y eclesiástico español. Nació en Lepe (Huelva) y, tras estudiar teología, marchó a América hacia 1588 para ejercer como párroco en el Virreinato del Perú. Se sabe que en 1615 se hallaba en una zona muy rica en minas de la región del Potosí (Perú entonces, hoy Bolivia), y allí es donde se empezó a interesarse por las minas y a realizar sus primeras investigaciones sobre la amalgamación. De esta manera fue recorriendo esas regiones con tantas minas de oro, plata y cobre, siempre estudiando y aprendiendo más sobre metales. Su fama se extendió de tal manera, que las autoridades consiguieron su traslado al curato de San Bernardo en Potosí a fin de que siguiera investigando en sus riquísimas minas de plata. Y también se le solicitó que sistematizase los procesos metalúrgicos que allí se llevaban a cabo, lo que se plasmó en el tratado que escribió Alonso, *Arte de los Metales*, cuyos originales entregó en febrero de 1637, siendo fueron publicados en Madrid en 1640, tras ser remitidos al Consejo de Indias. Allí hace una detallada descripción de la riqueza argentífera del subsuelo, así como de un descubrimiento fundamental para la explotación de la plata, el "método de los cazos", mediante el cual se extrae la plata en caliente. Ya en su vejez regresó a España, a su Huelva natal, donde se dedicó a estudiar las minas de Riotinto, lo que recogió en su escrito *Relación de Río Tinto*, cuando tenía más de 90 años. Pero a pesar de su avanzada edad, regresó a las Indias para morir en su querido Potosí. *Como curiosidad* – Se dio su nombre a uno de los Institutos de investigación del CSIC.

Al-Razi (o **Rhazes**) (ca.854-925): Gran médico y alquimista islámico. Nació en Persia, cerca de Teherán, y allí comenzó su instrucción, que después culminó en Bagdad, convirtiéndose en un importante médico, que tuvo enorme influencia en la medicina europea. Enseñó en la "Casa de la Sabiduría" de Bagdad, importantísima institución cultural. Fue una de las figuras más sobresalientes de las ciencias árabes, prolífico escritor (sobre matemáticas, metafísica, medicina, alquimia y filosofía), pero queda muy poco de sus obras. En *El Libro del Secreto de los Secretos*, hace una clasificación general en minerales, vegetales y animales. Después clasifica los minerales en seis categorías. Describe la formación del alcohol por destilación de vino, por lo que se le llamó "espíritu del vino" (la palabra alcohol, a pesar de ser de origen árabe, no se le aplicó hasta mucho después), aunque en realidad los chinos ya lo habían descubierto. Así se obtuvo por vez primera en Occidente, en la Escuela de Medicina de Salerno, famosísima en la Edad Media. También describió la síntesis de ácido sulfúrico a partir de sulfato de hierro.

Amenábar, **Alejandro** (n.1972): Director de cine, guionista y también compositor chileno-español, ya que nació en Santiago de Chile y mantiene la doble nacionalidad. Ha ganado varios premios Goya y un Óscar. Entre sus películas se encuentra "Ágora" (2009), cuyo personaje central es Hipatia (355/370-415/416).

Anaximandro de Mileto (ca.610 a.C.-ca.545 a.C.): Filósofo griego presocrático y también geógrafo, natural de Mileto, polis griega de la costa jonia (hoy de Turquía).

Fue discípulo y continuador de Tales (ca.624 a.C.-ca.546 a.C.), así como compañero y maestro de Anaxímenes (ca.590 a.C.-ca.525 a.C.). Consideraba que el principio de todas las cosas era lo *indefinido* o *ápeiron* (del griego *a*, sin, y *peras*, límite), del que se desprenden elementos contrapuestos (como calor y frío, húmedo y seco...).

Anaxímenes de Mileto (ca.590 a.C.-ca.525 a.C.): Filósofo griego presocrático, natural de Mileto, polis griega de la costa jonia (hoy de Turquía). Fue discípulo de Tales (ca.624 a.C.-ca.546 a.C.) y de Anaximandro (ca.610 a.C.-ca.545 a.C.), pero para él sería el *aire* el principio de todas las cosas, el cual por sucesivos procesos de rarefacción-condensación daría lugar a una serie de cambios cíclicos. Se originarían así todos los objetos: la rarefacción generaría el fuego, mientras que la condensación generaría el viento, las nubes, el agua, la tierra y las piedras. Y a partir de estas sustancias, se crearían el resto de las cosas. También identifica al aire con el alma.

Apolonio de Tyana (ca.3 a.C.-ca.100 d.C.): Filósofo de la escuela neopitagórica, estudioso también del filósofo Ostanes (ca.300 a.C.), natural de Capadocia (en Turquía actualmente). Considerado en su época como un gran filósofo y, aunque notable en cuanto a sus estudios sobre la naturaleza de la materia, en realidad no fue un alquimista. Tuvo después gran influencia en la filosofía y en la alquimia islámica, donde era conocido como Balinus. A Balinus los árabes le atribuían la autoría de la obra llamada *El Libro del Secreto de la Creación*. Sin embargo, para algunos historiadores de la ciencia la coincidencia entre Apolonio de Tyana y Balinus no sería tal, argumentando que esa obra sería muy posterior, del siglo IX.

Arfe y Villafañe, Juan de (1535–1603): Orfebre y tratadista español, especializado en platería. Nació en León, en una familia de orfebres. Su abuelo, un alemán que probablemente habría llegado a España en un grupo con otros alemanes para trabajar en la catedral de Burgos, fue el más famoso platero de su tiempo. Muy joven se trasladó junto a su familia a Valladolid, donde empezó a aprender el oficio de la platería y que se convirtió en su residencia habitual. No obstante, tuvo que viajar para atender los numerosos trabajos que le encargaban, como ocurría con casi todos los artistas del Renacimiento. Sus obras más conocidas son las custodias asiento de las catedrales de Sevilla, Valladolid y Ávila, y era tan apreciado que también realizó diversos encargos para Felipe II (1527-1598) y la aristocracia. Recibió asimismo cierta formación humanística, lo que unió a los conocimientos que fue adquiriendo durante sus estancias en distintos lugares. Esto le permitió escribir varias obras, siendo la más famosa *Quilatador de Oro, Plata y Piedras* (Valladolid, 1572), libro eminentemente técnico dirigido a los orfebres, del que se hicieron varias ediciones. En la segunda (1598), en la que el autor ya aparece como "escultor de oro y plata y ensayador mayor de la Casa de la Moneda de Segovia", añadió resúmenes de las leyes vigentes, así como informaciones para los ensayadores mayores de las Casas de la Moneda en España.

Aristarco de Samos (ca.310 a.C.-ca.230 a.C.): Astrónomo y matemático griego, que fue el primero en proponer el modelo heliocéntrico, según el cual sería el Sol, pero no la Tierra, el centro del universo conocido. Para ello se basó en sus estudios sobre el tamaño del Sol y su distancia a la Tierra, con los que llegó a la conclusión de que era mucho más grande que esta última. Trabajó en Alejandría y en su Biblioteca, y sus trabajos originales se perdieron al parecer en un incendio de esta última.

Aristóteles de Estagira (ca.384 a.C.-322 a.C.): Filósofo, y científico griego, nacido en la ciudad de Estagira (Macedonia, al norte de Antigua Grecia). Fue discípulo y amigo de Platón (ca.427a.C.-347 a.C.), y permaneció durante veinte años en la Academia de Atenas, fundada por este. Después de la muerte de Platón, Aristóteles abandonó esa ciudad para ser el maestro de Alejandro Magno (356 a.C.-323 a.C.) en el Reino de Macedonia. Escribió cerca de doscientas obras, de los cuales sólo se han conservado treinta y una, sobre una enorme variedad de temas. En lo que la filosofía de la naturaleza se refiere, y lo que más interesa desde el punto de vista de la alquimia, es que para Aristóteles la materia sería algo informe y amorfo, sin ningún atributo, según lo cual desarrolló la idea de que todas las sustancias estarían formadas por una materia o *hylé*, a la que se le podrían dar distintas formas. A esa materia primitiva se le infundirían las *cualidades* o *propiedades fundamentales* de calor, frío, sequedad y humedad, y lo que debía ser considerado como principios fundamentales eran estas propiedades generales de los objetos. Aristóteles propuso que esas cuatro propiedades podían aplicarse a todas las cosas y que, combinándolas de dos en dos, se obtendrían los cuatro elementos de Empédocles (ca.495 a.C.-ca.435 a.C.), aire, agua, fuego y tierra (teniendo en cuenta que cada elemento clásico poseería sólo dos cualidades). Al analizar todas las sustancias materiales se encontrarían en ellas esos cuatro componentes, aunque en distintas proporciones. A estos cuatro elementos Aristóteles agregó posteriormente uno más, de carácter inmaterial, el quinto elemento (llamado después éter y también quintaesencia). De sus obras, hay una de especial interés para las doctrinas alquímicas, el tratado *Meteorológicos* o *Meteorología* (en griego *Meteorologica* y en latín *Meteorologica* o *Meteora*), en la que propone una explicación sobre el origen de los minerales y de los metales, defendiendo la idea primitiva de que los metales se gestan y desarrollan en el interior de la tierra. Aristóteles Influyó durante la Edad Media tanto en el pensamiento islámico como en la escolástica cristiana, y sus ideas han ejercido una enorme repercusión sobre la historia intelectual de Occidente por más de dos mil años. Junto a Sócrates (470 a.C.-399 a.C.) y Platón, Aristóteles, es considerado como uno de los padres de la filosofía occidental.

Atwood (**South** de soltera), **Mary Anne** (1817-1910): Mujer británica, a quien se asocia con la alquimia. Nace en un momento histórico de fuerte atracción por las corrientes místicas, el ocultismo y los fenómenos psíquicos, potenciado por su propio ambiente familiar, debido a que su padre era un estudioso del "mesmerismo" o doctrina del magnetismo animal, que hacía también referencia a un medio etéreo como agente terapéutico. En cuanto a la alquimia, es una época en la que se atiende prácticamente sólo a su carácter más místico, en conexión con esos movimientos espiritualistas. En este entorno, en 1850 publica *A Suggestive Inquiry into Hermetic Mistery*, prácticamente la única obra escrita por ella, considerada como uno de los textos más señeros de la literatura alquímica. Su objetivo era revelar lo que consideraba como aspectos esenciales en el conocimiento humano y cuya respuesta se hallaba en la alquimia y en la tradición hermética. Pero pronto ella y su padre deciden quemar todos los ejemplares de esta obra que quedaban en el mercado sin vender y los ya vendidos que pudieron recuperar, a fin de evitar que su contenido cayera en "malas manos". No obstante, la autora lo reedita mucho después, en 1920. Mary Ann durante mucho tiempo mantuvo estrecho contacto con miembros importantes de la llamada *Sociedad Teosófica*, fundada en Nueva York en 1875, aunque al final de su vida se apartó de las corrientes ocultistas. El propósito fundamental de esa sociedad era la búsqueda de la sabiduría divina, una sabiduría oculta o espiritual, así como el estudio comparativo de religión, ciencia y filosofía para desentrañar la enseñanza fundamental contenida en cada una de ellas - Ver Helena Blavatsky y Teosofía

Averroes, nombre latinizado de **Ibn Rushd** (1126-1198): Filósofo y médico andalusí, nacido en Córdoba durante el imperio almorávide, y muerto en Marrakech. Además, fue un erudito en astronomía, matemáticas, filosofía natural y leyes islámicas. Teorizó sobre la naturaleza de la materia en sus *Comentarios sobre Aristóteles*. Se inclinó hacia el materialismo y el panteísmo, por lo que sus escritos fueron criticados y rechazados por Tomás de Aquino (ca.1225-1274), y finalmente la Iglesia los condenó públicamente en la Sorbona, la Universidad de París, en 1270 y en 1277.

Avicena, nombre latinizado de **Ibn Sina** (ca.980-1036): Gran médico persa, que también destacó en filosofía, astronomía y matemáticas, nacido en la ciudad persa de Bujará. Autor de más de cuatrocientos libros, destacando el *Canon de la Medicina*, obra maestra en esta disciplina, traducido al latín en el siglo XII por Gerardo de Cremona. Otro importante es *El Libro de la Curación*, del que forma parte el texto *De Congelatione et Conglutinatione Lapidum* o *De Mineralibus* (*Tratado de los Minerales*), más referido a la alquimia y sobre todo a la geología (importante por su clasificación de los metales y por su teoría sobre el origen de las montañas). La obra de Avicena tuvo una enorme importancia para el conocimiento de la Edad Media cristiana por su transmisión del pensamiento aristotélico, si bien con una fuerte influencia del neoplatonismo. Influyó tanto en el pensamiento islámico medieval como en la escolástica cristiana.

Bacon, Francis (1561-1626): Filósofo, político, abogado y escritor británico, padre del empirismo filosófico y científico. Precisó las reglas del método científico experimental. Se le ha conexionado con frecuencia con los Rosacruces y la francmasonería, si bien parece que no existe evidencia sustancial que lo avale.

Bacon, Roger (ca.1220-1292): Franciscano británico, físico, filósofo y teólogo escolástico y alquimista. Nació cerca de Oxford, ciudad en la que inició sus estudios y donde se llegó a graduar como "Master of Arts". Parece ser que no obtuvo el grado de Doctor en Teología, aunque después se le llamó *Doctor Mirabilis* (Doctor Admirable). Después viajó a Francia y fue discípulo de Alberto Magno (1193-1280) en sus aulas de París. Allí adquirió una sólida formación escolástica, siendo después profesor en la Universidad de esta ciudad. Ingresó en la Orden Franciscana, tras lo cual se sabe menos de su vida. Parece ser que volvió a Oxford por unos años, y que después retornó a París. Se dedicó al estudio de las ciencias en general. En óptica descubrió las leyes de la reflexión y el fenómeno de la refracción. Fue protegido por el papa Clemente IV (1202-1268), quien le animó a que escribiera sobre sus trabajos. De estos son de destacar sobre todo su *Opus Maior* (*Gran Obra*). No obstante y a pesar de sus grandes méritos, cayó en desgracia, muy probablemente por sus críticas a importantes franciscanos y dominicos (como, por ejemplo, Alberto Magno). Y acusado de magia y brujería, fue encarcelado durante largo tiempo, aunque este episodio no está del todo probado. Murió olvidado, y así lo fue durante mucho tiempo, si bien después se rescató su memoria por su gran papel en la alquimia y en la historia de la ciencia.

Balinus (s. I d.C.): Nombre con el que se conocía entre los árabes a Apolonio de Tyana (ca.3 a.C.-ca.100 d.C.). De gran influencia en la filosofía y la alquimia islámica, donde se le atribuía la autoría de *El Libro del Secreto de la Creación*. Sin embargo, para algunos historiadores de la ciencia la coincidencia entre Apolonio de Tyana y Balinus no sería tal, puesto que esa obra sería muy posterior, del siglo IX - Ver Apolonio de Tyana

Barbault, Armand (1906-1974): Autor del libro *El Oro de la Milésima Mañana*, publicado en 1969. Durante treinta años se implicó, junto a su mujer, en la búsqueda de un elixir que curara las enfermedades, siguiendo fielmente los cánones alquimistas, como es la recogida del rocío en primavera.

Baulot, Isaac (1619-¿?): Hugonote de gran notoriedad en los círculos intelectuales de La Rochelle (Francia), hijo de un prestigioso cirujano, a quien se le ha propuesto como autor del importante libro de alquimia *Mutus Liber* o *Libro Mudo* (publicado en 1677, en La Rochelle). Hasta el momento esta es la hipótesis más aceptable respecto al misterioso autor de esta obra.

Beauvais, Vicente de (ca.1190-ca.1264): Fraile dominico francés. Célebre por haber escrito la enciclopedia *Speculum Majus* (*Espejo Mayor*), que en su mayor parte no es original, sino una compilación basada en traducciones latinas de textos árabes (con multitud de citas de autores latinos, griegos, árabes e incluso hebreos), a lo que él añade sus propios comentarios. Obra de gran interés dividida en tres partes, una de las cuales es *Speculum Naturale* (*Espejo Naturaleza*), resumen de los conocimientos de historia natural de su tiempo, con una sección dedicada a la alquimia. Por lo demás, no se sabe casi nada de su vida.

Becher, Joachim (1635-1682): Químico y alquimista alemán, precursor de la teoría del flogisto. Estuvo en la corte de Viena, protegido por el emperador del Sacro Imperio Romano Germánico, Leopoldo I (1640-1705), llegando a ser su consejero en todo lo referente a la alquimia. Precursor de la teoría del flogisto, que postuló para explicar el proceso químico de la combustión: según Becher, todo cuerpo susceptible de sufrir una combustión contendría un principio de inflamabilidad, el cual se desprendería durante el proceso de su combustión. Así, el proceso de combustión consistiría básicamente en la pérdida de flogisto. Estas ideas fueron desarrolladas después por el médico y químico también alemán Georg Ernst Stahlt (1659-1734), que llamó flogisto al principio de inflamabilidad. Fue la teoría dominante en la química durante algo más de un siglo, pero quedó obsoleta cuando Antoine Lavoisier (1743-1794) demostró que no era cierta – Ver Flogisto

Bertereau, Martine de (ca.1585-ca.1642): Se la considera como la primera mujer geóloga e ingeniera de minas. Francesa, baronesa de Beausoleil por su matrimonio con Jean de Châtelet, barón de Beausoleil (1578-1645), experto en minería, que había sido nombrado comisario general de las minas de Hungría por el emperador (1552-1612). Por esta razón, juntos recorrieron gran parte de Europa visitando enclaves mineros, llegando incluso a Suramérica para estudiar sus técnicas de extracción. Después, en 1626, se instalaron en Francia, comisionados por la Corona para descubrir nuevas minas y analizar la posible rentabilidad de antiguos yacimientos abandonados, a fin de reavivar la industria minera, prácticamente desaparecida. Todo ello a sus expensas, sin ninguna ayuda económica. Pero poco después (1627) debieron trasladarse por un tiempo a Alemania, a pesar de poseer los permisos del rey Luis XIII (1601-1643), ya que se les acusó de emplear procedimientos esotéricos (como magia y brujería) en la búsqueda de metales. Lo que realmente empleaban en su exploración minera eran la brújula, el astrolabio y varillas radioestésicas. Precisamente es por estos instrumentos y métodos por lo que se les ha asociado con la astrología y la alquimia, donde también ambos defendían la teoría del crecimiento de los metales en el interior de la tierra, en las minas, a modo de proceso de gestación de embriones, tan importante en la doctrina alquímica. A su vuelta a Francia en 1632, pudieron continuar con su tarea. Martine escribió dos informes sobre su investigación: el primero en 1632, *Véritable Déclaration de Découverte des Mines et Minières*, y el segundo en 1640, en forma de poema, dirigido al cardenal Richelieu (1585-1642), *La Restitución de Plutón*, donde además de detallar los trabajos realizados rogaba un apoyo financiero para poder continuar en su investigación. Tras lo cual, fueron acusados de brujería y encarcelados (aunque el motivo real muy probablemente fuera de tipo económico): Jean en la Bastilla, donde murió en 1945, y ella en el castillo de Vincennes, donde asimismo acabó sus días, hacia 1642.

Berthelot, Marcellin P. Eugène (1827-1907): Químico e historiador francés, que muy pronto destacó en el campo de la Química Orgánica y al que asimismo se le considera como uno de los fundadores de la termoquímica. También participó en política, llegando a ser Ministro de Instrucción Pública y Bellas Artes y Ministro de Asuntos Exteriores. De gran cultura y formación humanista, hizo una importante labor como investigador en la historia de la química, de lo que fue fruto su interesantísimo libro *Los Orígenes de la Alquimia*, publicado por vez primera en 1885.

Biringuccio, Vannoccio (1480-1539): Metalúrgico italiano, nacido en Siena. Trabajó en esta ciudad, donde estuvo a cargo de una mina de hierro cercana y también de su arsenal. Asimismo fue el responsable de la fundición de cañones de Venecia y de Florencia. En 1538 la Iglesia le ofreció un trabajo en Roma, con lo que se convirtió en jefe de la fundición papal y en director de municiones. Es autor de un tratado sobre los metales, *De la Pirotechnia (Sobre la Pirotecnia)*, publicado en 1540, relacionado con la metalurgia pero también con otros aspectos técnicos relacionados con la química (por ejemplo, contiene la primera descripción del método para aislar el antimonio). Es el primer escrito sobre la práctica correcta de la fundición, incluyendo trabajos sobre la de cañones y campanas. Precisamente Biringuccio es conocido sobre todo por este libro, siendo considerado por algunos como el padre de la industria de la fundición. Respecto a la alquimia, aceptaba la teoría tradicional del crecimiento de los metales en el interior de la tierra, si bien acerca de la transmutación era bastante escéptico, por lo decidió dedicarse a la metalurgia y no a la alquimia.

Blavatsky, Helena (1831-1891): Escritora, ocultista y teósofa rusa, conocida también como Madame Blavatsky. Difundió la doctrina de la teosofía y fue una de las fundadoras de la Sociedad Teosófica (1875). Autora, entre otros libros, *Isis sin Velo* y *La Doctrina Secreta* – Ver Teosofía

Boettger (o **Böttger**), **Johann Friedrich** (1682-1719): Alquimista y aprendiz de farmacia en Berlín, que dio a conocer que había encontrado la forma de fabricar oro, por lo que el rey de Prusia, Federico I (1657-1713) lo puso a su servicio. Se dice que tuvo que huir de esta ciudad por haber entregado al rey una pieza de oro falso, refugiándose en Dresde. Allí le protege el elector de Sajonia Federico Augusto I (1670-1733), también rey de Polonia (conocido como Augusto II el Fuerte), quien le obligó a fabricar oro para las arcas reales. Böttger trabajó bajo la supervisión de Ehrenfried Walther von Tschirnhaus (1651-1708), matemático, físico, médico y filósofo, que a su vez investigaba sobre la porcelana para dar con el procedimiento para fabricarla. Böttger en un principio siguió como alquimista, pero después, hacia 1707, empezó a colaborar en la porcelana. En 1708, Tschirnhaus muere repentinamente de disentería y tras una serie de sucesos no muy claros, unos escritos suyos con notas de sus trabajos sobre porcelana caen en manos de Böttger. Es así como este consigue obtener una porcelana excelente, por lo que fue nombrado director de la primera fábrica europea (Dresde). Por este motivo se ha tenido a Böttger durante mucho tiempo como autor del importante descubrimiento. Sin embargo, las últimas investigaciones demuestran que esto no es cierto y que el verdadero inventor de la porcelana europea fue Tschirnhaus.

Bolos de Mende (o **de Mendes)** (ss. III-II a.C.): Autor que mezclaba pensamiento filosófico con saberes de la magia oriental, al que se sitúa en esos siglos, perteneciente la escuela de Ostanes (ca.300 a.C.). Nació en Mendes, ciudad en el delta de Nilo (Egipto), cercana a Alejandría, por lo que escribió en griego. También se le asocia a la a alquimia greco-egipcia por su tratado *Physica et Mystica*, un libro sagrado para los alquimistas, donde realiza interesantes descripciones sobre procedimientos y técnicas de tintes y, especialmente, del arte de joyería, con recetas de cómo obtener oro y plata, aunque todo ello mezclado con superticiones. Se le conoce más como Demócrito, según le nombra Zósimo (principios s. IV d.C) en sus textos, aunque habría que decir más bien el *pseudo-Demócrito* (*falso Demócrito*), ya que tomó el nombre de uno de los creadores de la teoría atómica, el griego Demócrito de Abdera (ca.460-ca.370 a.C.), muy anterior. Se le considera veces como el primer autor del ocultismo.

Bonifacio VIII (ca.1235-1303): Nacido en Italia, fue papa de la Iglesia católica de1294 a 1303. Respecto a la alquimia, está relacionado con Arnaldo de Vilanova (ca.1238-ca.1314), al que protegió, e incluso se decía que este último preparó para él oro alquímico.

Bosco (El) (ca.1450-1516): Nombre en español con el que se conocía a Hieronymus Bosch, pintor de la escuela flamenca nacido en el Ducado de

Brabante (actuales Países Bajos). Autor de gran originalidad y de una inventiva enorme. Una de sus más famosas obras es *El jardín de las Delicias* (en el Museo de El Prado), cuyas extrañas representaciones se han interpretado según distintas claves, una de ellas la alquímica. Felipe II (1527-1598) fue uno de sus mayores coleccionistas.

Boyle, Robert (1627-1691): Químico anglo-irlandés, que también se dedicó a la alquimia y a la teología. Como científico es conocido principalmente por la formulación de la ley de Boyle, sin embargo la calidad y el volumen de sus trabajos en química va mucho más allá. Realizó un enorme trabajo experimental, cuidado, riguroso y guiado siempre por una atenta observación y por el razonamiento. Asimismo escribió muchísimo sobre química y, dado su carácter de cristiano sumamente devoto, su obra escrita de carácter religioso y moral es aún mayor. Su libro más importante es *El Químico Escéptico* (Londres, 1661), donde define "cuerpos simples" como aquéllos que ya no se pueden descomponer en otros, y que serían para él los verdaderos elementos: con ello avanza la idea actual de elemento químico, rompiendo con la visión medieval, aristotélica, de elemento como principio universal de la materia. Esta es su mayor aportación, pues significó un paso trascendental en la evolución de la química a disciplina científica, por lo que se le considera como uno de los fundadores de la química moderna o, al menos, su precursor más inmediato. Pero a pesar de esta visión tan novedosa de la química, Boyle estuvo muy interesado por la alquimia, trabajando y escribiendo sobre ella durante mucho tiempo, unos cuarenta años. Mantuvo correspondencia con el alquimista norteamericano George Starkey (1628–1665), quien le habría proporcionado la receta para "obtener la Piedra Filosofal", en la cual le describe el proceso para amalgamar con mercurio ordinario una aleación de antimonio y plata. Boyle trabajó intensamente en su laboratorio y escribió varios artículos sobre sus experimentos, el primero en 1675, para la Royal Society, sociedad científica fundada en 1662 y de la que él fue uno de los miembros fundadores. Boyle nació en Irlanda, en una acomodada familia de la nobleza anglo-irlandesa, de firme filiación anglicana, posible causa de su gran religiosidad. Desde niño recibió una sólida formación, que después completó en Inglaterra, en Eton concretamente, y en varios países del continente europeo. A los diecisiete años (1644), tras morir su padre regresa a Inglaterra, y en Londres contacta con muchas figuras ilustres del mundo de la ciencia y la filosofía. Por entonces empieza a interesarse por la química. Además, hacia 1650 entró en contacto con un grupo llamado el "Colegio Invisible", muy interesado por el trabajo químico, entre cuyos miembros estaba George Starkey, lo que sería decisivo para sus inclinaciones alquímicas. Estuvo influido por van Helmont (1577-1644), como tantos otros, y también por la filosofía mecanicista, y en este sentido consideró que la materia estaba constituida por unos corpúsculos, cuya forma, tamaño y movimiento explicarían las propiedades de aquella. Pero su periodo más fructífero fue el de sus años de permanencia en Oxford, entre 1654 y 1668. Esta ciudad acogió abiertamente a partidarios de la monarquía que, tras la ejecución del rey de Inglaterra Carlos I (1600-1649) por Oliver Cromwell (1599-1658) y los puritanos, sufrieron la represión de estos, por lo que se exiliaron allí. De esta manera, en la Universidad de Oxford confluyeron gran número de brillantes intelectuales, desde médicos como William Harvey (1578-1657) hasta filósofos como John Locke (1632-1704) o científicos como Robert Hooke (1635-1703), lo que aumentó su prestigio y su ambiente cultural. Pasado ese periodo, Boyle residió en Londres el resto de su vida. Su espíritu fuertemente religioso y devoto fue con gran seguridad clave de su dedicación a la química y la alquimia, como medios para comprender mejor a Dios y la Naturaleza, porque consideraba que el universo era de Dios y sus distintas materias constituirían un conjunto, como "una gran obra de reloj", en la que Dios sería el gran relojero.

Brahe, **Sofía** (1556-1643): Astrónoma y alquimista danesa, también con grandes conocimientos de botánica, hermana del famoso astrónomo Tycho Brahe (1546-1601). Fue una mujer inteligente y culta, de formación prácticamente autodidacta, aunque tutelada frecuentemente por su hermano. Alcanzó así una notable formación en latín, literatura, horticultura, alquimia y, sobre todo, en astronomía. Tenía tal interés por esta última que Tycho la tomó como asistente, colaborando con él en numerosas tareas, como la elaboración de un catálogo donde se detallaba la posición de los planetas durante los últimos tiempos. En 1577 contrajo matrimonio, y unos años después quedó viuda con un hijo. Heredó de su marido fincas de gran extensión, que dedicó a la horticultura. Pasado un tiempo, volvió a casarse con un amigo de su hermano, muy interesado en la alquimia (lo mismo que Thyco), pero enviudó de nuevo. En lo relativo a su aspecto de alquimista, era seguidora de las ideas de Paracelso (1493-1541), centrándose en los aspectos relacionados con la medicina. Gracias a sus conocimientos en estas materias y a su dominio sobre las propiedades de las plantas de sus extensos y bellos jardines, preparó gran número de medicamentos espagíricos, que vendía sobre todo a la clase alta escandinava. Incluso se dice que preparó un medicamento contra la peste. En los últimos años de su vida se dedicó a la genealogía o estudio de los árboles genealógicos - Ver Thyco Brahe

Brahe, **Tycho** (1546-1601): Astrónomo danés, considerado el más importante en el periodo anterior a la invención del telescopio. Diseñó instrumentos que le permitieron medir las posiciones de las estrellas y los planetas con gran precisión, muy superior a la de la época, tarea realizada de una manera sistemática y en la que durante un tiempo le ayudó su hermana Sofía (1556-1643), quien posteriormente trabajó en alquimia. Hacia 1599 se estableció en Praga, requerido por el emperador del Sacro Imperio Romano Germánico, Rodolfo II (1552-1612), quien le nombró matemático imperial. Es por entonces cuando Brahe tuvo contactos con Johannes Kepler (1571-1630), al que llamó para trabajar juntos. Este, a la muerte de Brahe, pudo acceder a todos los datos de sus observaciones astronómicas, gracias a los cuales pudo terminar las *Tablas Rudolfinas* (que consistían en un catálogo estelar y unas tablas planetarias) y, sobre todo, formular sus tres famosas leyes (*leyes de Kepler*). Brahe también estaba interesado en la alquimia, y parece ser que dedicó parte de su tiempo a hacer experimentos alquímicos, lo cual muy probablemente fue causa de su muerte, envenenamiento por mercurio (como se dictaminó recientemente), por ser muy frecuente el empleo de esta sustancia en la preparación de las medicinas alquímicas de Thyco − Ver Sofía Brahe y Johannes Kepler

Brandt, Georg (1694-1768): Químico y mineralogista sueco, profesor de la Universidad de Upsala. Famoso sobre todo por su descubrimiento del cobalto (1735), del que demostró además que era el responsable del color azul del vidrio, en lugar del bismuto, como se suponía anteriormente.

Braunschweig-Lüneburg, Julius von (1528-1589): Duque de Braunschweig y Lüneburg, (entonces parte de Sacro Imperio Romano Germánico), uno de los más importantes, pues trabajó por la cultura y realizó importantes reformas administrativas. En relación con la alquimia, Anna Maria Zieglerin (ca.1550-1575) y el Grupo de Sömmering trabajaron para él, con el encargo de que obtuvieran la Piedra Filosofal – Ver Anna Maria Zieglerin

Brock, William Hodson (n.1936): Químico e historiador de la ciencia británico. Entre sus obras destacan las biografías de químicos famosos, aunque uno de sus trabajos más importantes es *The Fontana History of Chemistry* (1992), traducida al español como *Historia de la Química* (Alianza Editorial, 1999).

Brueghel el Viejo, Pieter (1525-1569): Pintor y grabador considerado el pintor holandés más importante del siglo XVI y uno de los cuatro grandes maestros de la pintura flamenca. Fundador de la dinastía de pintores Brueghel.

Brunschwig, Hieronymus (ca.1450-ca.1512): Cirujano, alquimista y botánico alemán. Muy conocido por sus métodos en el tratamiento de heridas de bala y, en relación con la alquimia, por sus trabajos sobre técnicas de destilación. Su libro más conocido es el *Liber de Arte Distillandi de Simplicibus* (también llamado *Kleines Destillierbuch*), publicado en 1500, en el que se percibe la influencia del tratado Rupescissa (ca.1310-ca. 1366) *De Consideratione Quintae Essentiae*. Entre otros aspectos, el autor hace una descripción detallada de los métodos y aparatos de operaciones de laboratorio, con interesantísimos dibujos. Tuvo gran difusión e influencia, ya que se hicieron muchas ediciones posteriores y también se tradujo a otros idiomas.

Caley, Earle R. (1900-1984): Químico e historiador de la química norteamericano. Como químico se especializó en Química Analítica, lo que unido a su interés por los estudios arqueológicos dio lugar a que en 1926 iniciase una nueva rama de investigación, denominada Química Arqueológica. Autor de numerosos libros y artículos de investigación.

Calvino, Juan (1509-1564): Teólogo francés, uno de los principales reformadores protestantes. Muchos otros reformadores posteriores a él se identificaron con sus doctrinas, a las que dieron en su conjunto el nombre de calvinismo. Calvino fue educado en el catolicismo y cursó estudios de teología y derecho en la Universidad de París (Sorbona). Muy joven se adhirió al luteranismo, por lo que tuvo que huir de su país. Después elaboró su propia doctrina, que sistematizó en su libro *Las Instituciones de la Religión Cristiana*, publicado en 1536 y que rápidamente tuvo gran difusión. Tras una serie de vicisitudes, en 1541 se estableció definitivamente en la ciudad de Ginebra (Suiza), que se convirtió en uno de los más importantes focos del protestantismo. Desde allí no sólo predicó su doctrina, sino que controló la moral y las costumbres, asumiendo realmente un poder político (si bien las instituciones tradicionales se mantuvieron formalmente). Así, través de un

Consistorio se vigilaba el comportamiento de los ciudadanos, tanto en religión como en su vida privada, imponiendo rígidos castigos. Mantuvo así hasta su muerte un poder dictatorial, que condujo a destierros, persecuciones y ejecuciones´- Ver Calvinismo

Canseliet, Eugène L. (1899-1982): Alquimista francés de gran renombre, discípulo de Fulcanelli (¿? ss. XIX-XX), según declaró él mismo. Afirmó haber asistido en 1922 a una transmutación realizada por su maestro, y de él que se ha llegado a especular que era el mismo Fulcanelli. Escribió el prefacio de los dos libros de este, *El Misterio de las Catedrales* y *Las Moradas Filosofales* y además es autor, entre otras obras, de *Deux Logis Alchimiques, en marge de la Science et de l'Histoire* (Paris, 1945).

Carlos I de España y **V del Sacro Imperio Romano Germánico** (1550-1558): Nieto de los Reyes Católicos y del emperador Maximiliano I de Habsburgo. Rey de todos los territorios hispánicos (incluyendo los americanos) de 1516 hasta 1556, y emperador del Sacro Imperio Romano Germánico de 1520 a 1558.

Carlos I de Inglaterra y de Escocia (1600-1649): Fue rey de Inglaterra, Escocia e Irlanda, desde 1625 hasta su ejecución en 1649. Murió decapitado durante las guerras civiles inglesas, que lideró el puritano Oliver Cromwell (1599-1658) – Relacionado con Robert Fludd (ca.1574-1637), a quien protegió.

Carlos VI de Francia (1368-1422): Fue coronado a los 11 años de edad, y fue rey de Francia hasta su muerte. Sentía gran atracción por la alquimia, y construyó un laboratorio en el castillo de Vincennes–para el gran número de alquimistas que pululaban en su corte.

Carlos XI de Suecia (1655-1697): Rey de Suecia de 1660 a 1697. Uno de los monarcas más sobresalientes de su país.

Carlos Martel (686-741): Gobernó el reino de los francos desde el año 715 hasta su muerte, aunque nunca fue rey, sino lo que se conocía entonces como mayordomo de palacio (una especie de primer ministro). Fundador de la dinastía carolingia, padre de Pipino el Breve (ca.714-768) y abuelo de Carlomagno (ca.742-814). En el año 732 d.C. Carlos, al mando de los francos, se enfrentó al ejército musulmán en la batalla de Poitiers, de la que salió vencedor, momento memorable que detuvo la expansión del islam en Europa.

Carrillo de Acuña, Alonso (1410-1482): Obispo de Sigüenza, primero, y Arzobispo de Toledo, después, por lo que se le suele conocer como el Arzobispo Carrillo. Privado y ministro del rey Enrique IV de Castilla (1425-1474), sobre el que tuvo gran ascendiente. De gran afición a la alquimia, costeó las experiencias de un alquimista de Cuenca, llamado Alarcón, tratando de conseguir el ansiado oro alquímico. Pero Alarcón resultó ser un intrigante y falsario, por lo que Carrillo lo condenó, muriendo finalmente degollado en la plaza de Zocodover de Toledo.

Carrington, Leonora (1917–2011): Brillante artista británica, dirigida a las artes plásticas, pintora sobre todo, y escultora, así como también escritora, autora piezas de teatro, novelas y cuentos, y que además trabajó en grabado y en el diseño de trajes y joyas. Perteneció al movimiento surrealista, en el que se relacionó con importantes artistas, como Max Ernst (1891-1976), André Breton (1896-1966) o Luis Buñuel (1900-1983). En 1942 emigró a México, que se convirtió en su residencia habitual, hasta su muerte, llegando a tomar la nacionalidad mexicana. En París había conocido a la pintora española Remedios Varo (1908-1963), a quien reencontró en México y con la que mantuvo una larga y estrecha amistad, debido en gran parte a su común atracción por las ciencias ocultas y la alquimia. De hecho, sus obras están impregnadas de la fantasía de la mitología celta que la acompañó de niña en su Inglaterra natal. Su pintura *La Crisopeya de María la Judía* (1964) es un buen ejemplo de la influencia que sobre ella ejercieron las ideas alquímicas – Ver Remedios Varo

Catalina de Medici (1519-1589): Noble italiana, nacida en Florencia, hija de Lorenzo II de Medici (1492-1519). Fue esposa de Enrique II de Francia (1547-1559), y después reina consorte de Francia desde 1547 hasta 1559. En un principio fue bastante condescendiente con los rebeldes protestantes calvinistas franceses, los hugonotes, pero después aplicó duras medidas contra ellos. Llegaron a culparla de la llamada Matanza de San Bartolomé (noche del 23 al 24 de agosto de 1572), en la que miles de hugonotes fueron asesinados en masa en toda Francia – Ver Bernard Palissy, a quien protegió

Celso (o **Aulo Cornelio Celso**) (ca.25 a.C.-ca.50 d.C.): Enciclpedista, escritor y medico romano, probablemente en la Galia Narbonense, que vivió en la época del emperador Augusto (63 a.C.-14 d.C.). De gran prestigio, llamado "el Hipócrates latino" y "el Cicerón de la medicina", por sus méritos como médico y como escritor. De sus muchos trabajos sólo se conservan los ocho libros de su tratado *De Medicina*, que formaban parte de una extensa enciclopedia. De él tomó el nombre Paracelso (1493-1541), o "semejante a Celso".

Châtelet, **Jean de**, **barón de Beausoleil** (1578-1645): Experto en minería, nacido en Bravante (entonces estado del Sacro Imperio Romano Germánico), que fue nombrado comisario general de las minas de Hungría por el emperador Rodolfo II (1552-1612). Casado con Martine de Bertereau (ca.1585-ca.1642), junto a ella llevó cabo una importante prospección minera en gran parte de Europa y especialmente en Francia, a fin de hallar nuevas minas o hacer resurgir las abandonadas. Acusado el matrimonio de brujería, ambos fueron encarcelados, él en la Bastilla, donde murió en 1945. Su escrito más importante es *Diorismus Verae Philosophiae de Materia Prima Lapidis*, publicado en Francia en 1627, que es en realidad un breve tratado alquímico sobre la metalogénesis o crecimiento de los metales en el interior de la tierra, a modo de proceso de gestación de embriones dentro de las minas. – Para más información ver Martine de Bertereau

Chaucer, **Geoffrey** (1343-1400): Escritor, poeta y filósofo británico. Considerado el poeta inglés más importante de la Edad Media. Su obra más conocida es *Cuentos de Canterbury*. En relación con la alquimia, en este libro está incluido el cuento *El Criado del Canónigo*, en el que describe con detalle los distintos trucos llevados a cabo por un alquimista, demostrando que poseía gran dominio del lenguaje alquímico. Efectivamente, tuvo fama en su tiempo como alquimista y astrónomo (sobre esto último, compuso un tratado sobre el astrolabio). Parece ser que tradujo al inglés (al menos en parte) el *Roman de la Rose*, romance francés del siglo XIII, que está influido también por las doctrinas alquímicas, donde se alude a la trasmutación, a la fuente de la vida y también al ocultismo.

Chevalier, Claude (s. XVIII): Esposo de la alquimista francesa Sabine Stuart de Chevalier (s. XVIII). Llegó a ser médico del rey de Francia y también se dedicó a la alquimia.

Cilli, Bárbara de (1392-1451): Mujer de gran afición a la alquimia, casada con Segismundo de Luxemburgo (1368-1437), rey de Hungría y después emperador del Sacro Imperio Romano Germánico. De sobrenombre la "Mesalina Germánica" debido a sus intrigas políticas, por lo que a la muerte de su esposo fue exiliada al castillo de Melnik, en Bohemia, donde realizó gran cantidad de experimentos para intentar convertir metales en oro y plata, y parece ser que incluso ella misma fabricaba los aparatos de su laboratorio.

Clemente IV (1202-1268): Nacido en Francia, fue papa de la Iglesia católica, entre 1265 y 1268. Respecto a la alquimia, está relacionado con Roger Bacon (ca.1220-1292), a quien protegió y animó a que escribiera sobre sus trabajos.

Cleopatra (s. III d.C.): Alquimista greco-egipcia, según se la nombra en los textos que nos han llegado sobre la alquimia de este periodo. Se la sitúa en Alejandría, en el siglo II d.C. (aunque según algunas fuentes podría ser entre los siglos III y IV) y se piensa que este nombre sea sólo un pseudónimo. Es autora de un manuscrito de alquimia llamado *Chrysopoeia* (*Fabricación de Oro*), con descripciones y dibujos de procesos técnicos y sus aparatos (destilación, hornos…), e incluso se le ha llegado a atribuir la invención del alambique. Contiene además algunos emblemas muy significativos para la alquimia y las filosofías herméticas, como es el *ouroboros* o serpiente que devora su cola formando un círculo: símbolo de "todo es uno", la unidad de todas las cosas, que nunca desaparecen y sólo cambian de forma en un ciclo continuo de destrucción y nueva creación, el ciclo eterno.

Conde de Saint Germain (1696?-1784): Fue un enigmático personaje, al que se describe como cortesano, aventurero, inventor, pianista, violinista y compositor aficionado, y también alquimista. Frecuentemente se le ha vinculado con historias de índole ocultista y de él se han hecho multitud de especulaciones y leyendas, como la de que era inmortal y que se le había visto por los salones europeos muchos años después de su muerte oficial.

Constantino (ca.272-337): Emperador romano desde el 306 hasta su muerte. Uno de los hechos más trascendentes durante su mandato fue el Edicto de Milán (313),mediante el que se establece la libertad religiosa en todo el Imperio, lo cual benefició especialmente a los cristianos que, aun habiendo sido perseguidos, iban aumentando en número y poder. También este emperador fundó sobre la antigua colonia griega de Bizancio la ciudad de Constantinopla (actual Estambul), situada en una región estratégica, la limítrofe entre Europa y Asia: sería como una "Nueva Roma", núcleo del futuro Imperio Romano de Oriente.

Copérnico, Nicolás (1473-1543): Fue un astrónomo, matemático, físico y jurista polaco del Renacimiento, sacerdote también, que formuló la teoría heliocéntrica del sistema solar, según la cual la Tierra y los demás planetas giraban alrededor del

Sol, frente a la teoría geocéntrica. El primero en concebir la teoría heliocéntrica fue el astrónomo y matemático griego Aristarco de Samos (ca.310 a.C.-ca.230 a.C.), en contra del planteamiento dominante en toda la Antigüedad, el sistema geocéntrico, con la Tierra como centro del universo, siendo el Sol, la Luna, los planetas y las estrellas los que giraban alrededor de aquella. Pero entonces la idea del sistema heliocéntrico no tuvo éxito por presentar ciertos problemas conceptuales, por lo que fue abandonada hasta la nueva propuesta de Copérnico, que formuló ya un modelo matemático, completamente predictivo y que resultaba más consistente, en el que estuvo trabajando durante casi veinticinco años. Lo refleja con la publicación póstuma de su libro *De Revolutionibus Orbium Coelestium* (1543). Fue una idea revolucionaria, que marcó el inicio de lo que se conoce como *revolución copernicana*. Esta revolución fue continuada en el siguiente siglo por Johannes Kepler (1571-1630), con la extensión de ese modelo incluyendo órbitas elípticas en el movimiento planetario, y por los trabajos de Galileo Galilei (1564-1642), apoyados en observaciones hechas con un telescopio, culminando después con Isaac Newton (1642-1727).

Cortese, **Isabella** (s. XVI): Escritora y alquimista italiana del Renacimiento. Autora del tratado *I Secreti della Signora Isabella Cortese* (*Los Secretos de la Señora Isabella Cortese*), publicado en Venecia en 1561, que pertenece al tipo bastante extendido en aquellos momentos de "libros de secretos": contenía recetas de medicinas, de cosméticos y para el mantenimiento de la casa, y también de alquimia para la transmutación de metales a oro. Se sabe muy poco de Isabella, tan sólo la época en que vivió y lo que cuenta sobre sí misma en su libro, como son sus viajes por Oriente. Su nombre probablemente no sea real, e incluso se ha pensado que el apellido "cortese" sea sólo un anagrama de la palabra "secreto". Fue un libro de gran éxito en sus tiempos, llegando hasta las siete ediciones en 1599.

Cosme de Medici (o también **Cosme el Viejo**) (1389-1464): Banquero y político florentino, fundador de la dinastía de los Medici, que dirigieron la política de Florencia durante gran parte del Renacimiento. Amante y protector del arte y de las ciencias, fue asimismo fundador del mecenazgo de esta familia. Entre otros muchos protegió a Marsilio Ficino (1433-1499), artífice del neoplatonismo renacentista, que encabezó la Academia Platónica Florentina creada también por Cosme.

Cosme I de Medici (1519-1574): II Duque de la República de Florencia y I Gran Duque de Toscana durante los últimos años del Renacimiento. Gran mecenas, amante del arte y las ciencias, especialmente las esotéricas y la alquimia, cuyo estudió fomentó.

Cremer, John (¿? ss. XIII-XIV): Personaje que se vincula a la alquimia, al que se sitúa en ese siglo y del que sólo nos ha llegado que fue abad de Westminster. Sin embargo, se ha comprobado que no hubo en esa abadía nadie que se llamara así, por lo que muy posiblemente este alquimista ocultó su nombre y personalidad. En el siglo XVII el médico y alquimista Michael Maier (1562-1622) editó la obra *Testamentum Cremeri*, escrita en primera persona por un abad de Westminster, llamado John Cremer. En esta obra Cremer afirma que durante un viaje a Italia conoció a Ramón Llull (ca.1232-1316) y que después invitó a este a que le acompañara en su vuelta a Inglaterra, donde le presentó al rey Eduardo II (1284-1327). Allí Llull revelaría a Cremer los secretos de la Piedra Filosofal. Aunque muy probablemente sea sólo una figura que no existió como tal, se le ha definido como sabio eminente, que por espacio de unos treinta años y siendo abad de Westminster, estudió la filosofía hermética en busca de sus secretos prácticos. La Real Enciclopedia Masónica de él dice que, tras obtener un profundo conocimiento de los secretos de la alquimia, llegó a ser uno de los más célebres e instruidos adeptos en filosofía oculta, que vivió hasta una edad muy avanzada y murió durante el reinado de Eduardo III (1312-1377).

Cristián II de Sajonia (1583-1611): Elector de Sajonia desde 1591 hasta su muerte - Relacionado con el alquimista Alexander Seton (¿?-ca.1604).

Cristina de Suecia (1626-1689): Fue reina de Suecia de 1632 a 1654. Desde niña recibió una esmerada educación en idiomas, filosofía, historia, teología, matemáticas y astronomía, y también sintió gran atracción por las doctrinas herméticas y la práctica de la alquimia. A su extensa cultura unía su inquietud intelectual, por lo que durante su reinado protegió las letras y las artes, y se rodeó de los sabios más eminentes de su época. Después de su abdicación en 1654 abandonó su país natal y, tras viajar por algunos países europeos durante un año, se instaló en Roma, donde abrazó el catolicismo. Esta ciudad se convirtió en su residencia habitual hasta su muerte, y en ella continuó su mecenazgo a poetas, pintores, músicos… y también a alquimistas. Porque parece ser que fue durante una estancia de cerca de un año en Hamburgo, hacia 1661, cuando comenzó a interesarse vivamente por la Piedra Filosofal. Hasta tal punto, que en su palacio de Roma hizo construir un pequeño laboratorio para llevar a cabo sus prácticas alquímicas, y en el que también trabajaron conocidos alquimistas del momento.

Cromwell, Oliver (1599-1658): Dirigente político y militar inglés, principal protagonista de las tres guerras civiles ocurridas en Inglaterra entre los años 1642 y 1651. Al principio de este periodo, el rey Carlos I (1600-1649) fue encarcelado y ejecutado, tras lo cual se instauró una república, conocida como la Mancomunidad de Inglaterra o, en inglés, *Commonwealth of England* (1649-1653). La siguió el Protectorado (1653-1658), convirtiéndose Cromwell entonces en Lord Protector de por vida, alcanzando la máxima magistratura y la administración del gobierno. Después de su muerte, en 1660 la monarquía inglesa fue restaurada en la persona de Carlos II de Inglaterra (1630-1685), hijo de monarca ejecutado.

Dante Alighieri (ca.1265-1321): Poeta y escritor italiano, nacido en Florencia. Conocido por escribir una de las cumbres de la literatura universal *La Divina Comedia*, transición del pensamiento medieval al renacentista. En relación con la alquimia, en esta obra sitúa en uno de los círculos del infierno a los alquimistas, formando parte del grupo de los falsificadores.

Dee, John (1527-ca.1608): Nació en Londres, durante el reinado de Enrique VIII (1491-1547), y llegó a ser uno de los hombres más eruditos de su tiempo, formado en importantes centros educativos de la Universidad de Cambridge. Matemático, astrónomo, experto en navegación, astrólogo y ocultista, seguidor del neoplatonismo renacentista de Marsilio Ficino (1433-1499). Su enorme interés por la astrología hizo que se adentrara en el mundo de la magia y también en el estudio de la alquimia, la filosofía hermética y la adivinación. Por otra parte, fue acusado varias veces de herejía, la primera de ellas porque su interés por la mecánica le llevó construir un escarabajo volador, que parecía tan real que le valió una acusación de brujería. Y, sin embargo, fueron sobre todo sus conocimientos en ciencias ocultas los que le valieron su fama como mago y la protección de los monarcas ingleses de la época. Así, Eduardo VI (1537-1553) le concedió una pensión para que siguiera con sus estudios y experimentos sobre magia, y su sucesora, María Tudor o María I (1516-1558), le encargó los horóscopos de ella y de su prometido, Felipe II de España (1527-1598) ante su próxima boda. En 1558, al de subir al trono la que iba a ser Isabel I (1533-1603), le pidió que estudiara el día más propicio para su coronación, y por muchos años Dee fue su consejero y astrólogo, gozando de la confianza e incluso amistad de la reina. Pero no siempre permaneció en la corte, sino que para ampliar sus conocimientos realizó varios viajes por Europa, y es así como tuvo acceso a textos herméticos de Cornelio Agrippa (1486-1535). Hacia 1580 se inició un largo periodo de su vida en el que intentó comunicarse con los ángeles para conocer el lenguaje universal de la creación. Dentro de esa etapa se enmarca su relación con el alquimista inglés Edward Kelly (1555-1597), también investigador de lo oculto, si bien se le ha considerado como un impostor y un charlatán. Dee le conoce en 1582 y le toma como médium entre él y los ángeles, dando así una serie de "conferencias espirituales". Juntos viajan por Europa, donde tienen audiencias con el emperador Rodolfo II (1552-1612) y el rey de Polonia, pero su relación termina y Dee vuelve a Inglaterra en 1589. Todo ello le llevó a ser considerado uno de los ocultistas más brillantes del Renacimiento. Pero aparte de esto hay que recordar sus profundos conocimientos en materias científicas, tan importantes en unos momentos de gran actividad náutica necesaria para la intensa expansión imperial británica y, en este sentido, formó a muchos navegantes. Por otra parte, influyó en muchos alquimistas y tuvo contacto directo con algunos de ellos.

Demócrito de Abdera (ca.460 a.C.-ca.370 a.C.): Filósofo griego, discípulo de Leucipo de Mileto (s.V a.C) y continuador de este en la teoría acerca de la discontinuidad de la materia. Dio nombre a las partículas más pequeñas de la materia, que ya no podrían dividirse, y las llamó *átomos* (del griego, indivisible). Los átomos de los distintos objetos sólo se diferenciarían entre sí por su distinto tamaño y forma, y estarían dotados de un movimiento propio y perpetuo, al azar, en el espacio vacío, colisionando continuamente entre sí. Podrían o bien rebotar y separarse, o bien engancharse unos con otros, dando lugar a los diferentes objetos. Según la concepción atomista el universo estaría, pues, compuesto únicamente por átomos y vacío. Por todo ello se le ha considerado como "padre de la física" y "padre de la ciencia moderna". Sin embargo, la teoría atómica de Demócrito encontró una enorme oposición en Aristóteles (ca.384 a.C.-322 a.C.), para quien esta teoría implicaba la existencia del vacío, en el que no se podía justificar el movimiento, y sin movimiento no habría cambio, idea que era otro de los pilares del pensamiento aristotélico.

Diderot, Denis (1713-1784): Gran erudito, escritor, filósofo y enciclopedista francés, figura clave de la Ilustración. Su obra cumbre es la *Encyclopédie ou*

Dictionnaire Raisonné des Sciences, des Arts et des Métiers, laborioso trabajo de compilación, redacción y edición, llevada a cabo junto a Jean-Baptiste le Rond d'Alembert (1717-1783). No obstante, es autor de algunas importantes obras en otros campos.

Diocleciano (ca.244-311): Emperador romano desde el año 284 hasta el 305. En relación con la alquimia, según el historiador Berthelot (1827-1907) habría publicado un edicto en el 296 por el que se condenaba a los alquimistas por considerar que sus trabajos eran un peligro para el Imperio. Por esta razón, los alquimistas habrían sido perseguidos, lo que explicaría que tuvieran que huir de Egipto para refugiarse en otros países, sobre todo en Siria. Sus escritos habrían sido quemados, lo que justificaría también que hayan quedado tan pocos. Sin embargo, posteriormente se ha puesto en duda la publicación de tal edicto y parece que más bien pertenece a la leyenda.

Durero, Alberto (o **Albrecht Dürer**, en alemán) (1471-1528): Artista alemán, muy conocido en toda Europa por sus pinturas, grabados y dibujos, así como por sus escritos sobre teoría del arte Es tal vez el artista más famoso del Renacimiento alemán. Influido por el hermetismo, por lo que en sus obras aparece el dibujo emblemático de una puerta, aunque otras versiones dan como causa su apellido, derivado de "Türer", fabricante de puertas en alemán.

Eduardo II de Inglaterra (1284-1327): Rey de Inglaterra desde 1307 hasta su muerte - Relacionado con John Cremer (s.XIII y XIV) y con Ramón Llull (ca.1232-1316).

Eduardo III de Inglaterra (1312-1377): Rey de Inglaterra desde 1327 hasta su muerte - Relacionado con John Cremer (ss. XIII y XIV).

Eduardo IV de Inglaterra (1442-1483): Rey desde 1461 hasta 1470, y luego nuevamente desde 1471 hasta su muerte. Primer rey de Inglaterra de la Casa de York - Relacionado con George Ripley (ca.1415-1490).

Eduardo VI de Inglaterra (1537-1553): Rey de Inglaterra e Irlanda desde 1547 hasta su muerte, tercer monarca de la dinastía Tudor. Hijo de Enrique VIII (1491-1547) – Relacionado con John Dee (1527-ca.1608)

Eliade, Mircea (1907-1986): Filósofo, historiador de religiones y novelista rumano. Estudioso de los mitos, sueños y visiones, escribió sobre el misticismo y elaboró un planteamiento comparativo de las religiones, en la que encontró relaciones entre diferentes momentos históricos y distintas culturas. De una extensa obra escrita, dentro de la cual se encuentra *Forgerons et Alchimistes* (*Herreros y Alquimistas*), de 1956, muy importante para el estudio de la alquimia.

Empédocles de Agrigento (ca.495 a.C.-ca.435 a.C.): Filósofo griego presocrático y también político, nacido en Agrigento, ciudad de la colonia griega de la Magna Grecia (sur de Italia). Es uno de los filósofos de la naturaleza más importantes, con el que se inician las explicaciones "pluralistas" y se abandonan las "monistas". Se interesó por las ideas de Parménides (ca.540-ca.470 a.C.) y, como él, creía que nada puede originarse de la nada y que lo que existe no puede desaparecer. Pero mientras que este último deducía de esto que la realidad era una e inmóvil,

Empédocles postuló que eran cuatro los principios materiales de la realidad y que se hallaban en constante movimiento. Es decir, el principio fundamental de todas las cosas no será un único elemento, sino varios. Toma los elementos anteriores de otros filósofos de *aire*, *agua* y *fuego* y añade el de *tierra*. Para él serán, pues, cuatro los elementos, lo cual recordaría a las fuerzas sobrenaturales de las teogonías prehistóricas (dios Lluvia, dios Viento, dios Rayo, dios Trueno...). Asimismo, guardarían una relación directa con observaciones inmediatas a la vida cotidiana de los seres humanos: los cuerpos sólidos (tierra), lo líquido (agua), lo gaseoso (aire) y lo incandescente (fuego). De la continua mezcla de esos cuatro elementos surgirían todos los objetos del mundo sensible; y no se mezclarían al azar, sino por acción de dos opuestos, dos formas contrarias. Estas son las dos fuerzas cósmicas de atracción-repulsión, de *amor-odio*: el amor los mezclaría y el odio los separaría, según un ciclo sin fin que se repetiría, uniéndose y separándose alternativamente.

Enrique IV de Castilla (1425-1474): Fue rey de Castilla desde 1454 hasta su muerte. Hermano Isabel la Católica (1451-1504) por parte de padre. Tuvo como privado y ministro a Alonso Carrillo de Acuña (1410-1482), el Arzobispo Carrillo, protector de alquimistas - Ver Alonso Carrillo de Acuña

Enrique VIII de Inglaterra (1491-1547): Rey de Inglaterra y Señor de Irlanda 1509 hasta su muerte, segundo monarca de la casa Tudor. Entre los hechos más notables de su reinado se incluye la ruptura con la Iglesia católica y el establecimiento de la Iglesia de Inglaterra (Iglesia Anglicana) – Relacionado con John Dee (1527-ca.1608).

Epicuro de Samos (341-ca.272 a.C.): Filósofo griego, fundador de la escuela que lleva su nombre, el epicureísmo, cuyos aspectos más destacados son el hedonismo racional y el atomismo. En esto último estuvo muy Influido por Demócrito (ca.460 a.C.-ca.370 a.C.): vuelve a la teoría atómica de este y la perfecciona, sosteniendo que los átomos eran las partículas mínimas de la materia. Sus ideas tuvieron (aunque muy posteriormente) una profunda trascendencia. De todos los escritos de Epicuro, unos trescientos, queda muy poco. Sus ideas son conocidas a través de la obra que recoge sus teorías, *De rerum natura* (*Sobre la naturaleza de las cosas*) escrita en el 60 a.C. por al poeta romano Tito Lucrecio Caro (95 a.C.-55 a.C.).

Erasmo de Rotterdam (1466-1536): Sacerdote católico neerlandés, que fue un gran filósofo humanista, filólogo y teólogo cristiano, considerado por ello como uno de los mayores eruditos clásicos del Renacimiento nórdico. Aunque vivió en el contexto de las reformas religiosas, siempre reconoció la autoridad del papa y se mantuvo alejado de las distintas corrientes protestantes. Autor de una importante obra escrita, entre otros textos el *Elogio de la Locura*. Como sacerdote católico, también escribió ediciones latinas y griegas del Nuevo Testamento, que influyeron tanto en la Reforma Protestante como en la Contrarreforma.

Ercker, Lazarus (ca.1528-1594): Metalúrgico alemán, que nació en una localidad de Sajonia próxima a lo que es hoy la República Checa, y que murió en Praga (entonces Sacro Imperio Romano Germánico). Estudió en la Universidad de Wittenberg, y después trabajó como metalurgista para los electores de Sajonia. En

1567 fue nombrado director responsable del ensayo de metales y la acuñación en las minas de una localidad cercana a Praga. Asimismo, durante casi treinta años fue asesor en temas de minería del emperador Rodolfo II (1552-1612) como inspector general de minas del Sacro Imperio. Autor de varias obras, siendo la más importante una publicada en Praga en 1574, conocida por su título en latín de *Aula Subterranea*, en la que recopila de manera sistemática las técnicas empleadas en su tiempo para ensayar aleaciones y minerales, y para obtener metales a partir de dichos minerales. Se considera así como uno de los primeros manuales de química analítica y metalúrgica. De gran éxito, tuvo numerosas reediciones en vida del autor y posteriormente, hasta el primer tercio del siglo XVIII.

Ernst de Wittelsbach (1500-1560): Miembro de la familia noble de los Wittelsbach, de Baviera, nieto del emperador del Sacro Imperio Romano Germánico Federico III (1415-1493). En 1540 fue elegido administrador de la archidiócesis Salzburgo, cargo que ocupó durante diez años. Dada su afición a la alquimia y a las ciencias herméticas, durante ese periodo invitó a Paracelso (1493-1541) a esa ciudad.

Estéfanos (también **Stefanos, Stephanus o Esteban) de Alejandría** (ca.580-ca.640): Filósofo, matemático, astrónomo y alquimista. No se conoce mucho de su vida, ya que hay varios personajes de esa época que llevaban el mismo nombre, por lo que a veces se les identifican en uno sólo. Los datos más importantes que nos han llegado es que era de religión cristiana, que estudió Alejandría y que luego se trasladó a Constantinopla, por lo que ya se le considera perteneciente al periodo bizantino de la alquimia. En realidad, más incluso que alquimista fue filósofo neoplatónico. Era firme partidario de la transmutación y atacaba las prácticas de la aurificción, como dejó escrito en su texto *Del Gran y Sagrado Arte o De la Fabricación del Oro* (*De Chrysopoeia*)

Federico Augusto I (1670-1733): Elector de Sajonia y también fue rey de Polonia, conocido en este caso como Augusto II el Fuerte – Relacionado con Johann Friedrich Boettger (1682-1719).

Federico I de Prusia (1657-1713): Miembro de la casa de Hohenzollern, fue el primer rey en Prusia, desde 1701 hasta su muerte, con lo cual Prusia dejó de ser parte integrante del Sacro Imperio Romano Germánico – Relacionado con Johann Friedrich Boettger (1682-1719).

Federico Guillermo II (1744-1797): Cuarto rey de Prusia, que reinó desde 1786 hasta su muerte. Inclinado al misticismo, se unió a los Rosacrucistas.

Felipe II (1527-1598**):** Rey de España desde 1556 hasta su muerte, y también de Portugal desde 1580. Hijo del rey Carlos I de España y V como emperador del Sacro Imperio Romano Germánico (1500-1558), a quien sucedió en el trono de España, juntamente con sus posesiones en América, los Países Bajos**,** Milán, Cerdeña**,** Nápoles y Sicilia. Le corresponde la etapa histórica del Renacimiento. Con él la monarquía española llegó a ser la más poderosa de las europeas y el Imperio español alcanzó su máxima brillantez, si bien la trayectoria personal de Felipe II está llena de luces y sombras. Dejando aparte los aspectos políticos, militares y culturales de su reinado, y nos centramos en la perspectiva científica, este monarca protegió las ciencias más bien aplicadas, como son geografía, cosmografía, medicina, etnografía, ciencias naturales, matemáticas, ingeniería naval o arquitectura. Además, promovió la primera expedición científica del mundo moderno, la de Francisco Hernández de Toledo (ca.1514-1587), instituyó la Academia de Ciencias de Madrid y creó en Salamanca una cátedra de Matemáticas donde se explicaba el sistema copernicano. En cuanto a la alquimia, Felipe II fue protector del lulismo y se rodeó, al igual que su padre, de destacados lulistas, como lo era Juan de Herrera (1530-1597), el arquitecto de El Escorial, autor incluso de una obra cabalística. Fue tan entusiasta de la alquimia, que en la Biblioteca escurialense llegó a haber una enorme cantidad de libros de alquimia que incluía, entre otros, obras de los más destacados alquimistas medievales. Se ha dicho que el interés de Felipe II por la alquimia fue variable, guardando una relación con los momentos más difíciles desde el punto de vista económico del Imperio español, si bien con el tiempo se fue dirigiendo hacia la alquimia curativa y medicinal. En este sentido, en el Monasterio del Real Sitio de El Escorial, su más representativa obra arquitectónica, mandó construir una Botica, e independiente de esta un Laboratorio de Destilación, cuyos objetivos prioritarios eran la preparación de medicamentos y la obtención de perfumes. En él había cuatro importantes aparatos destilatorios, entre ellos una "torre filosofal" de unos cinco metros de altura, con ciento veintiséis alambiques y un artefacto con 72 vasos de destilación. Estaban ideados por Diego de Santiago (mediados s. XVI-mediados s. XVII), quien tenía el título de "destilador de su Majestad", estando descritos en su libro *Arte Separatoria*. También estuvo en este laboratorio el alquimista irlandés Richard Stanihurst (1547-1618), autor del tratado *El Toque de Alquimia*, publicado en San Lorenzo el Real en 1593. En su labor de mecenas, Felipe II también protegió en su corte, entre otros, al médico y alquimista boloñés Leonardo Fioravanti (1551-1588), uno de los responsables de la difusión de las obras de Paracelso (1493-1541) dentro del ambiente alquímico español, y que dedicó al rey su obra *Della Física*.

Fernando III de Habsburgo (1608-1657): Emperador del Sacro Imperio Romano Germánico desde 1637 hasta su muerte. Tenía gran interés por la alquimia y protegió a muchos alquimistas en su corte de Viena, lo mismo que su hijo y sucesor, Leopoldo I (1640-1705).

Ficino, Marsilio (1433-1499): Sacerdote florentino, gran figura del Renacimiento italiano. Filólogo, médico y filósofo, artífice del neoplatonismo renacentista y que, junto a su discípulo Giovanni Pico della Mirandola (1463-1494), fue uno de sus máximos representantes. Estuvo bajo la protección de Cosme de Medici, o Cosme el Viejo (1389-1464), fundador de esta poderosa familia, y encabezó la Academia Platónica Florentina creada también por Cosme.

Filaleteo, Ireneo (o **Eirenaeus Philalethes**) (mediados s. XVII): Alquimista británico de identidad desconocida y del que muy poco se sabe. Aun así, llegó a ser uno de los grandes maestros de la alquimia de su tiempo. Autor de numerosos escritos sobre alquimia, algunos considerados como clásicos en ese campo. Uno de los más destacados es *La Puerta Abierta al Palacio Cerrado del Rey* (Londres, 1669). También escribió un interesante comentario sobre las obras de George Ripley (ca.1415-1490), *Visión de Ripley* (Londres, 1677). Sus obras fueron leídas por importantes figuras de su época que han quedado para la ciencia, como Isaac Newton (1642-1727), Robert Boyle (1627-1691), John Locke (1632-1704), Gottfried Leibniz (1646-1716). En particular sus escritos fueron cuidadosamente estudiados y comentados por Newton. La verdadera identidad de Eirenaus Philalethes es desconocida, ya que ese nombre muy posiblemente no sea más que un pseudónimo (Philalethes en griego significa "amante de la verdad"). En recientes investigaciones se planteó la hipótesis de que su verdadera identidad era la de George Starkey (1627-1665), médico, científico y alquimista inglés de origen estadounidense, al que se le atribuían sus obras escritas. Y aunque posteriores estudios lo han puesto en duda, parece la opción más aceptable.

Fioravanti, Leonardo (1551-1588): Médico y alquimista boloñés. Su postura era intermedia entre la alquimia y la ciencia académica tradicional, y se le ha considerado a veces como un personaje extravagante. En los años 1576 y 1577 estuvo en España y probablemente fue uno de los responsables de la difusión de las obras de Paracelso (1493-1541) dentro del ambiente alquímico español. Después, en 1582, publicó en Venecia una obre de cuatro libros, *Della Fisica*, dedicada a Felipe II (1527-1598).

Flamel, Nicolás (ca.1338-1418): Escribano, librero y alquimista francés, a quien se atribuye la autoría de uno de los tratados de alquimia más famosos, *Libro de las Figuras Jeroglíficas*. Nació en un pueblecito próximo a París, ciudad en la que vivió y murió, y parece ser que era hijo de un judío converso que era copista, del que aprendió el oficio, con lo que se hizo así escribano público, copista y librero. Según cuenta él mismo en su libro, un buen día llegó a sus manos el manuscrito de un alquimista, cuyo contenido era incapaz de descifrar. Por este motivo, decidió hacer el Camino de Santiago, buscando en España algún experto en cábala que le ayudase en esa tarea (aunque muy posiblemente se trate de un viaje tan sólo simbólico). Al fin encuentra a un médico judío converso, el Maestro o Maese Canches, quien le introduce en el lenguaje y simbolismo de la alquimia, con lo que ya puede entender el contenido del misterioso escrito. A su retorno a París en 1382, emprende junto a su mujer, Perenelle (1320-1397), la tarea de buscar la Piedra Filosofal. Escribe su libro en 1413, después de la muerte de Perenelle, pero no fue publicado hasta mucho después, en 1612. La existencia del Flamel escribano es totalmente real: se sabe que existió un personaje con ese nombre y en la misma época, un acaudalado escribano que se casó con una mujer llamada Perenelle, y que vivió en Paris, como lo prueban el edificio que habitó (en la calle de Montmorency 15, que aún se conserva, uno de los más antiguos de esa ciudad) y también la lápida de su tumba ricamente grabada (que se guarda en el Museo de Cluny, París). De todo ello se tiene constancia firme. Sin embargo, la existencia del Flamel alquimista está llena de fundadas dudas, y muy probablemente el autor del libro sea alguien muy posterior. El hecho de que se pensara que Flamel se dedicaba a la alquimia se debe a que en poco tiempo acumuló una considerable fortuna, lo que algunos achacaron a que había conseguido oro alquímico mediante una transmutación con la Piedra Filosofal. Nació así su leyenda y, como fue un personaje que adquirió cierta fama, se le adjudicó esa obra: un caso más de pseudoepigrafía. *Como curiosidad* - En su honor, a una calle de París se le ha dado su nombre (cerca del Museo del Louvre) – Ver Perenelle Flamel

Flamel, Perenelle (1320-1397): Mujer del escribano y alquimista Nicolás Flamel (ca.1338-1418). Ella y su marido hicieron muchas obras de caridad, ayudando en hospitales, asilos e iglesias, en beneficio de los desamparados. Cuando se casó con Flamel, al parecer ya había sido viuda por dos veces, y aportó alguna fortuna al matrimonio. Se la considera alquimista, ayudando a su marido en esos trabajos. Sin embargo, la reputación tanto de una como de otro en ese sentido muy probablemente sea sólo fruto de la leyenda. Sobre su nombre hay un detalle a comentar: en francés antiguamente correspondía a Petronelle o Petronila, que derivaría de la palabra latina *petro, petronis*, cuyo significado es "perteneciente a la piedra". Como *curiosidad* - En su honor, a una calle de París se le ha dado su nombre - Ver Nicolás Flamel

Fludd, Robert (o **Robertus de Fluctibus**) (ca.1574-1637): Prestigioso médico paracélsico, astrólogo, místico, alquimista, musicólogo, matemático y filósofo, sobre todo conocido por su investigación en el campo de la filosofía oculta y el saber hermético. Para analizar su legado, hay que considerar que ante todo era un espiritualista. Hijo de un funcionario de alto rango del gobierno, reinando Isabel I (1533-1603), fue educado en el anglicanismo. Muy joven, en 1598, emprendió un viaje de estudios por el continente europeo, recorriendo España, Francia, Italia y Alemania, donde estudió medicina, alquimia y ciencias ocultas. En 1604 regresó a su país, donde en la Universidad de Oxford obtuvo su doctorado en medicina. Después se instaló en Londres, donde fue protegido por los reyes de Inglaterra Jacobo I (1566-1625) y Carlos I (1600-1649). Fue defensor del pensamiento alquímico y del Rosacrucismo (aunque nunca llegara a ser miembro de esta sociedad, como se ha llegado a decir), basándose en muchas de sus doctrinas para describir al ser humano, la naturaleza y el universo. Posiblemente fue durante su estancia en Alemania cuando Fludd entró en contacto directo con el movimiento rosacruz, reforzado este hecho por su amistad con Michael Maier (1568-1622), que sí era rosacruciano. En su vertiente de médico y alquimista, se interesó por las ideas de Paracelso (1493-1541) y también estuvo influido por el pitagorismo y el neoplatonismo, adoptando su fusión paganismo-cristianismo y la idea macrocosmos-microcosmos. Todo lo cual le llevó a una concepción armónica del mundo y del ser humano, tan característica de su época, el Renacimiento. En medicina fue un precursor, especialmente por ser el primero en estudiar la circulación de la sangre, y lo hizo a través de la analogía del macrocosmos-microcosmos, teoría según la cual todo cuanto acontece en el microcosmos (ser humano) está bajo la influencia del macrocosmos (cielo). En este sentido, plantea la idea de que la sangre circula porque el corazón sería como el Sol, y la sangre, como los planetas (hay que tener en cuenta que en esa época ya regía el sistema heliocéntrico, pues se sabía que los planetas giran alrededor del Sol, y no alrededor de la Tierra, como en tiempos anteriores). Y lo curioso es que con esta teoría llegó a una conclusión correcta, si bien después fue el también médico inglés William Harvey (1578-1657) quien explicara este fenómeno fisiológico ya en términos experimentales. Fue célebre la intensa discusión que mantuvo Fludd con Kepler (1571-1630) sobre el enfoque científico o hermético del conocimiento. Es autor de gran cantidad de tratados abordando temas muy diversos, desde música e instrumentos musicales, geometría, arte... a astronomía, anatomía, adivinación, quiromancia, la creación del mundo o la constitución del ser humano. Puede afirmarse que abarcó casi todos los saberes de su tiempo. Sus escritos, voluminosas obras herméticas, son casi todos de carácter compilatorio y van acompañados además de excelentes grabados que ilustran sus ideas. Su obra cumbre es la que abreviadamente se conoce como *Utriusque Cosmi Historia* (1617), en la que está expresada gran parte de su filosofía, y que en 1625 fue incluida en el Índice de los Libros Prohibidos de la Santa Sede. Hay que destacar asimismo *Amphitheatrum Anatomicum*, publicada en 1623, donde hace su descripción místico-cosmológica de la circulación de la sangre.

Focio (ca.820-893): Escritor bizantino, natural de Constantinopla, y también patriarca de esta ciudad. Tuvo gran influencia en la evangelización de los eslavos. Es santo de la Iglesia ortodoxa, por lo que asimismo se le conoce como San Focio.

Francisco I de Medici (1541–1587): II Gran Duque de Toscana, hijo y sucesor de Cosme I de Medici (1519-1571). Muy interesado por la pintura, la arquitectura, las ciencias, el esoterismo y la alquimia, en la que llegó a trabajar en su laboratorio.

Froben, Johann (o latinizado **Frobenius, Johannes**) (1460-1527): Famoso impresor y editor suizo, nacido en Basilea, gracias al cual esta ciudad se convirtió en el centro del comercio de libros en Suiza. Fue editor de los libros de Erasmo de Rotterdam (1466-1536), de quien además fue gran amigo. Con Froben realizó Paracelso (1493-1541) una de sus extraordinarias curaciones, al sanarle una pierna, impidiendo así que le fuera amputada.

Fulcanelli (¿? ss. XIX-XX): Pseudónimo del autor de dos conocidísimos libros de alquimia del siglo XX, cuya identidad sin embargo es desconocida. Esto ha dado lugar a las más variadas especulaciones acerca de quién, incluso quienes, podrían ocultarse bajo ese nombre. Se ha llegado a proponer que realmente se trataba de su único discípulo, Eugène Canseliet (1899-1982), que también escribió el prefacio de sus dos obras, aunque no deja de ser una conjetura bastante incierta. Un caso más de ocultación de la identidad, tan característico en los alquimistas Su primer libro, *El misterio de las Catedrales* (París, 1926), causó una verdadera sensación, y no sólo entre los criculos ocultistas, e incluso hoy en día sigue despertando interés. Sostenía que las catedrales góticas habían sido diseñadas siguiendo unas directrices de los secretos alquímicos, con lo que a través de sus esculturas y otros elementos arquitectónicos se pueden explicar muchas de las operaciones y misterios de la alquimia. En su otro libro, *Las Moradas Filosofales* (París, 1930), describe tres tipos de Piedra Filosofal.

Galeno (o Claudio Galeno Nicon de Pérgamo) (129 d.C.-201/216 d.C.): Médico, cirujano y filósofo griego, pero ya en época del Imperio romano, que llegó a ser médico del emperador Marco Aurelio (121-180). Fue un gran investigador médico, cuyas teorías dominaron la medicina europea a lo largo de más de mil años, sobre todo en anatomía, fisiología, farmacología, patología y neurología. Sus escritos sobre anatomía fueron la base de los estudios universitarios de los médicos medievales, si bien contenían algunas ideas incorrectas debido a que nunca diseccionó cuerpos humanos a causa de los tabúes sobre esta práctica en la sociedad grecorromana. Lo que hacía era un estudio comparativo a través de disecciones de animales, como cerdos, perros o monos.

Galileo Galilei (1564-1642): Astrónomo, matemático, físico e ingeniero italiano, nacido en Pisa. Representa al hombre característico del Renacimiento, interesado tanto por las ciencias como por las artes. En estrecha relación con la revolución científica. Entre sus grandes logros está la mejora del telescopio, con el que pudo realizar gran variedad de observaciones astronómicas, mediante las cuales dio una confirmación empírica al sistema heliocéntrico de Nicolás Copérnico (1473-1543), y fueron un complemento a los trabajos de Johannes Kepler (1571-1630). Dio así un enorme apoyo a la revolución copernicana y a su propuesta del heliocentrismo frente al geocentrismo vigente, por lo cual fue sometido a un proceso de la Inquisición, quedando como símbolo del triunfo de la razón sobre el oscurantismo medieval. Además, formuló las primeras leyes sobre el movimiento. A estos enormes méritos de Galileo hay que unir el que introdujera la metodología experimental: mediante el análisis de experimentos controlables y medibles construye, con los datos obtenidos, modelos teóricos. Con ello asienta las bases del método científico en la investigación. Por todo ello se le considera como "padre de la ciencia moderna".

Geber (o **Xeber**) (¿s. XIII?): Nombre latinizado (que en principio correspondería a Jabir) que dieron los cristianos medievales al presunto autor de un conjunto de tratados de alquimia en latín, que circuló entre ellos hacia 1300, y por los que consideraban a Geber como el mejor de los alquimistas. Esta obra está integrada por cuatro libros, siendo el de mayor importancia el *Summa Perfectionis Magisterii* (*La Cumbre de la Perfección del Magisterio*). Como no se ha hallado la versión árabe de estos textos latinos de Geber, se pensó que podrían haber sido escritos en el siglo XIII, época muy posterior a la de Jabir, directamente en latín por un occidental que conociera el árabe. De ahí el título de "corpus del pseudo-Geber" (o falso-Geber) con el que suelen conocerse estos textos. Recientemente se ha propuesto que fue obra de un alquimista franciscano del siglo XIII del sur de Italia, llamado Pablo de Tarento - Ver Jabir

Gerardo de Cremona (ca.1140-1179): Erudito italiano, traductor del árabe al griego y al latín. Nació en Cremona (Lombardía) y murió en Toledo, donde aprendió árabe y trabajó en sus traducciones, labor por la que es conocido. Se le considera uno de los más prolíficos de los traductores medievales, atribuyéndosele más de sesenta trabajos, de los que hay que destacar el *Almagesto* de Ptolomeo (ca.100 d.C.-ca.170 d.C.), obras de Aristóteles (ca.384 a.C.-322 a.C.) (entre ellas *Meteorológicos*, de tanta trascendencia para la alquimia), textos de álgebra y trabajos del alquimista Al-Razi (ca.854-925), así como el *Canon de la Medicina*, de Avicena (ca.980-1036).

Gerbert d´Aurillac (ca.940-1003): Benedictino y humanista francés, de amplios y profundos conocimientos, que después sería el papa Silvestre II. Nació en la región de Auvernia (Francia) y muy joven ingresó en la abadía benedictina de Saint Géraud de Aurillac, donde comenzó sus estudios. Permaneció una época en Gerona (Monasterio de Ripoll) y después en Córdoba y Sevilla, donde entró en contacto con textos árabes, si bien se dedicó más a las matemáticas y a la astronomía que a la alquimia.

Glauber, Johann Rudolf (1604-1670): Farmacéutico y gran químico experimental alemán, dentro de la iatroquímica, nacido en Karlstadt. Descubrió la utilidad en medicina como laxante de la sal sulfato de sodio, que había encontrado en aguas de manantiales austriacos y que logró después obtener en el laboratorio. La llamó por sus propiedades curativas *sal mirabilis* o "sal milagrosa", aunque después se la conoce en su honor como *sal de Glauber*. Hizo además importantes descripciones para preparar agua regia y muchas sales de los tres ácidos minerales fuertes. Llegó a ser Jefe de Boticarios en la corte de Giessen (Alemania), ciudad que tuvo que abandonar a causa de la Guerra de los Treinta Años (1618-1648). Murió muy probablemente por el envenenamiento producido por los metales pesados, como el mercurio, con los con frecuencia trabajó. A pesar de ese carácter eminentemente de químico práctico, que le hizo ser considerado como el primer químico industrial, era partidario de operaciones y teorías alquímicas, lo mismo que Paracelso (1493-1541). Fue además autor de numerosos textos (sobre la química de las sales, de recetas de productos químicos y farmacéuticos…), escritos en su mayoría en alemán, su lengua de origen (también como Paracelso), aunque los títulos estaban generalmente en latín. Los más importantes son *Furni Novi Philosophici* (*Nuevos Hornos Filosóficos*) y también el de *Opera Chymica* (*Trabajos Químicos*).

Goethe, Johann Wolfgang von (1749-1832): Novelista, dramaturgo, poeta y naturalista alemán, autor fundamental del Romanticismo, que contribuyó al nacimiento y desarrollo de este movimiento. De gran influencia. Impresionado por la figura y la obra de Paracelso (1493-1541), cuya idea del homúnculo le inspiró su novela *Fausto*

Gourmet, Marie de (1565-1646): Escritora, poeta y filósofa francesa, cuyo afán por el saber la llevó a interesarse también por la alquimia. Nació en una familia noble, pero prácticamente arruinada, por lo que adquirió su extensa cultura de forma autodidacta. Tuvo una gran amistad con el insigne filósofo y escritor Michel de Montaigne (1533-1592), quien admiró su talento. Fue asimismo defensora de las mujeres, una de las primeras feministas. En su preocupación por ampliar sus conocimientos comenzó a introducirse en la alquimia, tanto en los aspectos teóricos y filosóficos, como en los prácticos. Incluso, y a pesar de sus escasos recursos económicos, invirtió dinero para realizar experimentos. Esto le valió críticas e, incluso, burlas, cuando discutía sus ideas sobre la alquimia en los salones intelectuales en los que Marie participaba activamente.

Gutenberg, Johannes (ca.1400-1468): Orfebre e inventor alemán, nacido en la ciudad de Maguncia (Sacro Imperio Romano Germánico, hoy en Alemania), quien hacia 1440 inventó la imprenta de tipos móviles. La imprenta posibilitó la publicación de libros en grandes cantidades, por lo que fue un invento decisivo para la difusión de las ideas del Renacimiento y uno de los impulsores de la modernidad. El primer libro imprimido con tipografía móvil y también el trabajo de Gutenberg más conocido es la llamada *Biblia de 42 líneas* (por el número de líneas impresas en las dos columnas de cada página), terminada entre 1454 y 1455, que por otra parte fue un factor clave para la propagación de la Reforma

Protestante de Martín Lutero. *Como curiosidad* - Su verdadero apellido era Gensfleisch, que traducido del alemán significa "carne de ganso", por lo que decidió cambiarlo por el de Gutenberg, tomado del nombre de la casa de sus padres, *zum Gutenberg*, donde nació.

Haroun-Al-Rachid (763/766-809): Quinto califa de la dinastía abasí de Bagdad. Su reinado representa un período de enorme esplendor cultural, científico y económico, en el que el califato abasí alcanzó también la cumbre de su poder. Fue el más famoso de los califas posiblemente debido, al menos en parte, al libro *Las Mil y una Noches*, donde interviene en algunos capítulos.

Harvey, William (1578-1657): Médico inglés, a quien se atribuye el descubrimiento de la circulación de la sangre, así como de sus propiedades al ser distribuida por todo el organismo mediante el bombeo del corazón. Fue contemporáneo de Robert Boyle (1627-1691).

Helmont, Jean Baptiste van (1577-1644): Gran médico iatroquímico, químico y también alquimista flamenco. Nació en Bruselas, durante el dominio español en los Países Bajos, en una familia de la aristocracia flamenca. Estudió en Lovaina y llegó a graduarse en esa ciudad como doctor en medicina (1609). También viajó por varios países europeos y al volver se instaló cerca de Bruselas. Apenas ejerció la profesión de médico, dedicándose casi exclusivamente a la experimentación química. Fue uno de los científicos más señeros de su época, de espíritu solitario y modesto que casi siempre permaneció en el laboratorio construido en su propia casa. Seguidor de Paracelso (1493-1541), como él fue contrario a la medicina oficial de los galenistas, aunque no siempre estuvo de acuerdo con él, pues rechazó su teoría de los *tria prima*. Estudió filosofía natural y tampoco aceptó la teoría de los cuatro elementos de Aristóteles (ca.384 a.C.-322 a.C.), elaborando su propia teoría de la materia: propuso que el mundo de lo material sería debido a la materia, o sustrato de los cuerpos, y al fermento primitivo, o principio organizativo activo. A su vez, la materia estaría compuesta de dos sustancias fundamentales, el agua y el aire, pero el aire era un medio físico, independiente, mientras que el *agua* sí era la que intervenía en las transmutaciones, transformándose en todas las distintas sustancias de la naturaleza. En definitiva, las propiedades y formas de las sustancias serían debidas al agua y al fermento. La tierra sería resultado de la acción de los fermentos sobre el agua, pero el fuego sería tan sólo un agente transformador, y no un elemento. Por eso se le llamó "filósofo del fuego". Era un místico, lo que le llevó en gran parte a esta teoría, influida por el *Génesis*, ya que desde el primer día de la Creación ya se formó el agua. Van Helmont creía en la alquimia, pero no en que la Piedra Filosofal fuera también el elixir de la vida. Influido asimismo por el neoplatonismo. Para él la materia tenía un alma de la que no se podía separar, defendía el carácter panteísta de la naturaleza y consideraba que la iluminación personal tenía una importancia mucho mayor que la razón. Por otra parte, van Helmont fue un gran químico experimental, que realizó una elevada cantidad de experimentos, tanto con organismos vivos como con materiales inorgánicos, muy cuidados y llevados a cabo con control cuantitativo, su gran aportación. Son famosos sus experimentos sobre el "crecimiento de un sauce" mediante la acción del agua. Propuso también la existencia de un disolvente universal o *alkahest*, que trasformaba muchos objetos en agua. Se interesó por las "sustancias aéreas" o "aires" que se desprendían en muchas reacciones químicas, aunque para él no eran aire, y los bautizó con la palabra *gases* (del griego "chaos", caos, desorden), debido a que no tenían forma. Los clasificó según ciertas propiedades físicas, puesto que químicamente aún no se podían distinguir, y mencionó distintas clases de gases, tales como el gas desprendido al quemar el carbón vegetal; el desprendido en las fermentaciones; el producido al tratar conchas de moluscos con vinagre; el de aguas minerales y de algunas cuevas; el de los pantanos, etc. Asimismo, reconoció la combustibilidad de ciertos gases, como el de las putrefacciones intestinales (gas pingue), por lo que consideró así dos clases de gases: los inflamables y los no inflamables. También distinguió entre gases y vapores, estos últimos convertibles al estado líquido cuando se enfriaban. Como iatroquímico, demostró que la digestión era un proceso químico de fermentación, en el que intervenía un ácido, y asimismo que los organismos segregaban unos productos de tipo alcalino, como la bilis. Pero para él estos procesos estaban impregnados de una esencia sobrenatural, siendo gobernados por un proceso astral y espiritual, el "archeus" de Paracelso. Personaje contradictorio, en el que a una visión moderna de la química y de la fisiología se unen concepciones de fuerte carga sobrenatural.

Heráclito de Éfeso (ca.540 a.C.-ca.480 a.C.): Filósofo griego presocrático, natural de Éfeso, ciudad de Jonia (en la actual Turquía). Prácticamente no creó escuela. Explica la realidad como una tensión permanente, en una lucha de contrarios. La clave para él es el cambio continuo de las cosas, dentro del cual existe un principio eterno, el *fuego*.

Hermes Trimegisto (se le sitúa alrededor del 150 a.C.): Personaje mítico, sumido en la leyenda, al que se le considera como el fundador de la alquimia y al que se atribuye la autoría de dos piezas clave en esta disciplina y en las llamadas ciencias herméticas, la *Tabla Esmeralda* y el *Corpus Hermeticum*. El sobrenombre de *Trimegisto* o *Trismegisto* proviene del griego y al traducirlo significa Tres-Veces-Grande. En cuanto al nombre de Hermes, hay un sincretismo entre el dios egipcio de todo el saber escrito (Thoth en griego) y el dios Hermes de la mitología griega, dios del comercio y de todas las artes y del que se decía que hacía milagros, con lo cual es comprensible que magos y astrólogos estuvieran bajo sus auspicios. Así, en conjunto *Hermes Trimegisto* significa Hermes Tres-Veces-Grande. Haya sido o no un personaje real, lo cierto es que su influencia ha sido enorme, especialmente por el contenido de la *Tabla Esmeralda*, que en muy pocas palabras encierra el secreto de la Gran Obra alquímica.

Herrera, **Juan de** (1530-1597): Arquitecto, matemático, geómetra y militar español, posiblemente de origen judío. Tal vez sea el máximo representante de la arquitectura renacentista española. De estilo sobrio y severo (estilo herreriano), cuya mejor representación es el Monasterio de El Escorial, obra que le fue encomendada por Felipe II (1527-1598).

Hiller-Erlanger, **Irêne** (1878-1922): Poeta francesa, autora del libro *Voyage en Kaléidoscope*, a propósito del cual fue citada con admiración por Fulcanelli (finales s. XIX-principios s. XX). Se publicó en París en 1919, por lo que es anterior a los libros de alquimia de Fulcanelli, Canseliet (1899-1982) y Barbault (1906-1974). Los dos primeros pronto advirtieron las implicaciones alquímicas y cabalísticas de esta obra, que vio la luz en los comienzos del *dadá* parisino. La autora, de la que se ha dicho que era descendiente de reyes y rabinos, mantenía un salón frecuentado por artistas, pintores y jóvenes surrealistas del momento.

Hipatia (355/370-ca.415): Filósofa y maestra neoplatónica griega, nacida en Alejandría, capital de la diócesis romana de Egipto. Seguidora de Plotino (205-270), estudió lógica y ciencias exactas, destacando en matemáticas y en astronomía. Fue cabeza de la Escuela Neoplatónica de Alejandría, donde fue maestra sobre todo aristócratas, tanto paganos como judíos y cristianos, algunos muy ilustres, como Sinesio de Cirene (ca.373-ca.414), que fue nombrado obispo. Hija de un célebre matemático y astrónomo, pese a lo cual llevó una vida ascética. Murió torturada a manos de una multitud de cristianos, que tras desnudarla, la lapidaron hasta descuartizarla y sus restos fueron escarnecidos. Todo este crimen ocurrió dentro del ambiente de odio y hostilidad de un cristianismo emergente en poder ante un paganismo que lo iba perdiendo. Se la considera pionera de las mujeres científicas. *Como curiosidad* - Hipatia es la figura central de la película "Ágora", del director Alejandro Amenábar (2008).

Hipócrates de Cos (ca.460 a.C.-ca.370 a.C.): Médico griego, que ejerció durante la época de gran apogeo cultural de Atenas conocida como siglo de Pericles (siglo V a.C.). Una de las figuras más destacadas de la medicina, que revolucionó la de su época, convirtiendo el ejercicio de médico en una auténtica profesión. Por ello se le considera como el "padre de la medicina". Introdujo ciertas prácticas que aún perduran, como es el *juramento hipocrático*, compromiso de carácter ético que hacen los graduados universitarios en las carreras de Medicina.

Hoefer o **Höfer, Ferdinand** (1811-1878): Médico, lexicógrafo e historiador de la ciencia germano-francés, conocido sobre todo por sus libros en ese último aspecto. Uno de los de mayor importancia es *Histoire de la Chimie* (1842-43)

Holmyard, Eric J. (1891-1959): Profesor de ciencias e historiador de ciencia y tecnología británico. Estudioso de la historia de la alquimia, especialmente de textos islámicos.

Ibn Rushd: Ver Averroes, su nombre latinizado

Ibn Sina: Ver Avicena, su nombre latinizado

Inocencio VIII (1432–1492): Papa de la Iglesia católica desde 1484 hasta su muerte. Nacido en Génova – Relacionado con el alquimista George Ripley (ca.1415-1490).

Isabel I de Inglaterra (1533-1603): Fue reina de Inglaterra e Irlanda desde 1558 hasta su muerte. Isabel era hija de Enrique VIII (1491-1547) y Ana Bolena (ca.1501-1536), quinta y última monarca de la dinastía Tudor - Relacionada con John Dee (1527-ca.1608).

Jabir Ibn Hayyan (ca.721-ca.806/816): Alquimista, astrónomo, ingeniero, geólogo, numerólogo, filósofo, físico y médico, nacido en la ciudad persa de Kufa.

Figura llena de interrogantes, cuya existencia se ha puesto incluso en duda, pero no puede negarse la existencia de un Jabir histórico. Se cree que su padre era farmacéutico, perteneciente a la rama chiita de la religión musulmana. Muchos de los tratados alquímicos de Jabir son posteriores a él, y parece que habrían sido escritos o recopilados por la sociedad secreta de los "Hermanos de la Pureza" de la ciudad de Basora (en el actual Irak), relacionada con la secta musulmana de los ismaelitas, corriente religiosa dentro de la rama de los chiitas, influida por el neoplatonismo, y muy extremista. A mediados del siglo IX aparece *El Libro de la Misericordia*; a finales de ese siglo circulan *Los Ciento Doce Libros* y *Los Setenta Libros* (dos colecciones de trabajos sobre aspectos prácticos de alquimia) y a lo largo del siglo X, las dos últimas colecciones, *El Libro de los Equilibrios* y *Los Quinientos Libros*. En esos tratados se describen técnicas y operaciones básicas del laboratorio alquímico, así como el descubrimiento de muchas sustancias (ácidos minerales fuertes, arsénico, antimonio y bismuto), invención del agua regia, etc. A Jabir se le atribuye la teoría de los dos principios *mercurio – azufre*, que al mezclarse y combinarse en el interior de la tierra generarían los metales (en *El Libro de los Equilibrios* se explica cómo los metales difieren unos de otros en la proporción de su contenido en azufre y mercurio). Todo ello constituye el "corpus árabe de Jabir" – Ver Geber

Jacobo I de Inglaterra (1566-1625): Fue rey de Escocia como Jacobo VI, desde 1567, y rey de Inglaterra e Irlanda como Jacobo I, desde 1603 hasta su muerte. Hijo de María Estuardo (1542-1587) y sucesor de Isabel I (1533-1603) – Relacionado con Robert Fludd (ca.1574-1637).

Jaime I de Aragón (1208-1276): También llamado Jaime el Conquistador. Nació en Montpellier (hoy en Francia) y fue rey de Aragón, Valencia y Mallorca, conde de Barcelona, conde de Urgel, señor de Montpellier y de otros feudos en Occitania – Relacionado con Ramón Llull (ca.1232-1316).

Jaime II de Aragón (1267-1327): Apodado "el Justo". Nació en Valencia y fue rey de Aragón, de Valencia , y también rey de Sicilia – Relacionado con Arnaldo de Vilanova (ca.1238-ca.1314).

Jennis, Lucas (1590-1630): Grabador alemán, hijo de un rico orfebre, joyero y también grabador originario de Bruselas. Fue el principal editor, en la ciudad de Frankfurt, de los textos alquímicos de su tiempo, entre ellos de Michael Maier (1568-1622) y Daniel Stolz von Stolzenberg (1600–1660).

Joaquín de Fiore (1135-1202): Abad de Calabria, que anteriormente había ingresado en la Orden Cisterciense. Propuso una reinterpretación de los Evangelios para seguir el "Evangelio Eterno", y sugirió que la era cristiana terminaría en 1260 con la llegada del Anticristo - Ver Joaquinismo

Johnson, Ben (1572-1637): Dramaturgo, poeta y actor inglés del Renacimiento.Sus obras más conocidas son su comedia *Volpone* y sus poemas líricos. En relación con la alquimia, su pieza teatral *The Alchemist* es una sátira sobre la fabricación de oro.

Juan de la Cruz (o san...) (1542-1591): Religioso español, reformador de la Orden de Nuestra Señora del Monte Carmelo y cofundador de la Orden de los Carmelitas Descalzos con santa Teresa de Jesús (1515-1582). Gran poeta místico del Renacimiento, considerado como la cumbre de la mística española y también por muchos como el mejor de los poetas en esta lengua.

Jung, Carl Gustav (1875-1961): Psicólogo suizo, fundador de la psicología analítica. En sus comienzos fue colaborador de Sigmund Freud (1856-1939), representando una figura fundamental en la etapa inicial del psicoanálisis. La alquimia le proporcionó elementos claves para su teoría del inconsciente colectivo, según la cual los aspectos más irracionales de aquella estarían enraizados en lo más profundo de nuestra psique. Todas estas ideas están recogidas en varios libros, siendo tal vez el más famoso *Psicología y Alquimia* (1944). En sus estudios sobre la alquimia dedica a Paracelso (1493-1541) un considerable espacio para estudiar su obra y personalidad,

Justiniano I (482-565): Emperador del Imperio Romano de Oriente desde 527 hasta su muerte. Se le considera el más grande emperador bizantino.

Kelly, Edward (1555-1597): Alquimista británico y también investigador de lo oculto, si bien se le ha considerado como un impostor y un charlatán. Conoció a John Dee (1527-ca.1608) en 1582, quien le tomó como médium entre él y los ángeles. Dan así juntos una serie de "conferencias espirituales" por Europa, donde tienen audiencias con el emperador Rodolfo II (1552-1612) y con el rey de Polonia. Cuando termina su relación con Dee, en 1589 Kelly vuelve a Praga, donde es protegido por Rodolfo II y trabaja en su laboratorio de alquimia. Pero cae en desgracia, se dice que al ser acusado de estafa, y tras varias vicisitudes es encarcelado y muere posiblemente por caer al vacío cuando intentaba huir de su prisión.

Kepler, Johannes (1571-1630): Astrónomo y matemático alemán, conocido sobre todo por sus leyes sobre el movimiento de los planetas en su órbita alrededor del Sol. Por tanto, es una figura clave de la revolución científica. Seguidor de Nicolás Copérnico (1473-1543) y de su concepción del sistema geocéntrico, intentó comprender las leyes del movimiento planetario, y en un principio consideró que el movimiento de los planetas debía cumplir las leyes pitagóricas de la armonía, teoría conocida como la "música o la armonía de las esferas celestes". En 1600 se trasladó a Praga, aceptando la propuesta del astrónomo Tycho Brahe (1546-1601) para colaborar juntos. Al morir este le sustituyó como matemático imperial de Rodolfo II (1552-1612) y pudo acceder a todos los resultados de las observaciones astronómicas de Brahe, realizadas antes de inventarse el telescopio. Así, pudo terminar las *Tablas Rudolfinas* (que consistían en un catálogo estelar y unas tablas planetarias). Y sobre todo, gracias a los importantísimos datos sobre el movimiento de los planetas (en especial, los relativas a Marte) aportados por Brahe, consiguió formular sus tres famosas leyes del movimiento planetario o *leyes de Kepler*, publicadas entre 1609 y 1619 (por ejemplo, en la primera ley establece que los planetas describen órbitas elípticas, en uno de cuyos focos se halla el Sol). Se trata pues de leyes experimentales, desarrollos matemáticos fundados en observaciones de una realidad – Ver Tycho Brahe y Nicolás Copérnico

Keynes, John Maynard (1883-1943): Economista británico, considerado como uno de los más influyentes del siglo XX, ya que sus ideas tuvieron una fuerte repercusión en las teorías políticas y económicas. En relación con la alquimia, se da el hecho de que recopiló y estudió un enorme número de manuscritos de Isaac Newton (1642-1727) sobre alquimia, nunca publicados por este y que había adquirido en una subasta en 1936 (sumaban más de cien, aproximadamente un millón doscientas mil palabras).

Khalid ibn Yacid (o **Calid** entre los cristianos) (ca.668-704/709): Príncipe árabe, hijo menor del segundo califa Omeya. Tenía gran interés por la alquimia, por lo que mandó llamar al monje eremita y también alquimista Morienus (finales s. VII) - Ver Morienus

Khunrath, Heinrich (ca.1560-1605): Médico, filósofo hermético y alquimista alemán, natural de Dresde (entonces en el Sacro Imperio Romano Germánico). Utilizaba distintos nombres, por lo que hay bastantes incertidumbres sobre su vida. Se sabe que estudió en la Universidad de Basilea (Suiza), obteniendo el título de Doctor en Medicina. Seguidor de las ideas de Paracelso (1493-1541), ejerció la medicina en varias ciudades. Viajó mucho, y en Bremen tuvo un encuentro con John Dee (1527-ca.1608), al que elogió por sus últimos trabajos. Permaneció por un tiempo en la corte de Praga, sede del Emperador Rodolfo II (1552-1612). Después, se trasladó a otra ciudad checa, donde parece ser que también conoció a Johann Thölde (ca.1565-1614), posiblemente el verdadero autor de de los tratados sobre alquimia de Basilio Valentin (s.XV). Desarrolló una magia natural cristianizada, buscando la *materia prima* que nos llevaría a la sabiduría eterna, ideas siempre enmarcadas en torno a su compromiso con la teología luterana. También sostuvo que la experiencia y la observación eran esenciales para la investigación alquímica práctica. Autor de numerosos escritos, siendo el más famoso el *Amphitheatrum Sapientiae Aeternae* (*Anfiteatro de la Sabiduría Eterna*), un clásico alquímico, en el que combina cristianismo y magia (Hamburgo, 1595). En esta obra Khunrath se mostró un adepto de la alquimia espiritual e ilustró el camino intrincado y de múltiples etapas hacia la perfección espiritual. Contiene el famoso grabado "La primera etapa de la Gran Obra", más conocido como "El laboratorio del alquimista". En sus obras, algunas de las ideas son de naturaleza cabalística y presagian el Rosacrucismo, diciéndose incluso que es un vínculo entre este último y la filosofía de John Dee (1527-ca.1608).

Ko Hung (o **Ge Hong**) (ca.280-ca.340 d.C.): Erudito chino, filósofo, alquimista, médico y escritor de numerosos textos. Entre ellos el *Baopuzi*, el más importante, de gran influencia en el desarrollo de la alquimia china, así como en la práctica y el pensamiento taoístas. Escribió sobre el elixir de la larga vida, el *kin tan*, que al tomarlo junto al oro evitaba el envejecimiento. También escribió sobre el *tan sha*, o cinabrio, cómo por acción del calor se transformaba en mercurio y cómo este, mediante ciertos tratamientos, podía transformarse de nuevo en cinabrio. Su interés se centraba en la búsqueda de la inmortalidad taoísta, e investigaba sobre las técnicas que podrían conducir a ella.

Kraus, Paul (1904-1944): Judío nacido en Praga, prestigioso arabista Autor de trabajos muy importantes sobre filosofía árabe temprana, enfocados especialmente hacia la alquimia y a la química islámica. La llegada de los nazis le hizo trasladarse primero a París y después a El Cairo, donde de murió.

Kunckel, Johann (1630-1703): Químico experimental muy hábil, boticario y también alquimista. Alemán. Estuvo en las cortes de Dresde y de Berlín, donde alcanzó gran fama por los conocimientos que poseía. Por esta razón, fue requerido por el rey de Suecia Carlos XI (1665-1697) para instalarse en su corte de Estocolmo, donde le concedió un título de nobleza. Como químico, lo más destacable es que logró preparar en el laboratorio el fósforo blanco y descubrió la forma de cómo fabricar rubí artificial, es decir, un tipo de vidrio rojo. En cuanto a alquimista, creía en la transmutación, si bien denunció por fraude a muchos que pretendían haberla conseguido.

Lambsprinck (ss. XV-XVI): Pseudónimo de un alquimista alemán con el que firmó el libro *De Lapide Philosophico* (*Tratado sobre la Piedra Filosofal*), publicado en 1599. De su vida prácticamente no se conoce nada, llegándose a suponer incluso que se trataba de una mujer (una monja de la abadía benedictina de ese nombre). Este breve tratado, escrito en verso, contiene una serie de láminas de gran belleza y resulta ser uno de los más interesantes textos alquímicos, una de las más hermosas alegorías del proceso de la Gran Obra, pieza clave para comprender la iconografía alquímica.

Lao-Tse (ca. ss. VI-V a.C.): Considerado como uno de los filósofos más relevantes de la civilización china. Aunque cuya existencia histórica es dudosa y objeto de debate, la tradición china establece que vivió en el siglo VI a.C. y que sería ser contemporáneo de Confucio (551 a.C.-479 a.C.), aunque algunos historiadores opinan que habría vivido en el siglo IV a.C. Es autor del *Tao Te Ching* (o *Dào Dé Jing*), obra esencial del taoísmo, según el cual se interpreta el universo en términos de dos principios contrarios del *yin* y el *yang*, que están en una eterna relación y de cuyo combate resultan los cinco elementos que compondrían todos los distintos objetos de la materia. El *tao* o *dao*, "camino", puede verse como el cambio permanente y este como la verdad universal.

Lavoisier, Antoine-Laurent de (1743-1794): Gran químico francés, a quien se considera protagonista de la revolución científica en la química. Nacido en una familia acomodada, se licenció en derecho para seguir la tradición familiar. Sin embargo, su pasión eran las ciencias, especialmente la química, por lo que estudió esta disciplina, así como física, botánica y mineralogía a través de cursos podría decirse que de carácter divulgativo. En el laboratorio que se había hecho instalar se lanzó al trabajo experimental, realizado siempre con cuidado y medidas precisas, como eran sus pesadas exactas con auxilio de una balanza. Estudió la oxidación de las sustancias, los procesos de combustión, la respiración animal, la fotosíntesis, analizó el aire... Con todo ello, entre otras muchas aportaciones consiguió demostrar experimentalmente la ley de conservación de la masa y que la teoría del flogisto no era cierta. Y además, que el agua estaba constituida por oxígeno e hidrógeno y que el aire era una mezcla de dos gases, oxígeno y azoe (llamado después nitrógeno). En definitiva, llegó a la conclusión de que ni el agua ni el aire eran sustancias simples, por lo que no podían ser elementos en el sentido aristotélico. Con esto rompe definitivamente con la teoría clásica de de los cuatro elementos y en una de sus mejores obras escritas, *Tratado Elemental de Química* (1789), definió el concepto de elemento como una sustancia simple que no se puede dividir mediante ningún método de análisis químico conocido. Esto ya había sido expresado por Robert Boyle (1627-1691), pero Lavoisier logró demostrarlo experimentalmente. Consiguió éxitos y honores, pero su vida acabó trágicamente. Para mantener una vida desahogada y poder financiar todos sus experimentos, se había hecho miembro de la *Ferme Générale*, compañía con una concesión del gobierno para recaudar impuestos, lo cual a la larga fue motivo de su desgracia, porque durante los primeros tiempos de la revolución francesa fue acusado de pertenecer a esta odiada asociación y condenado a la guillotina – Ver Jean Baptiste van Helmont, Joachim Becher, Robert Boyle y teoría del flogisto

Leade, Jane (1624-1704): Mujer británica próxima a la alquimia, relacionada con el sacerdote anglicano John Pordage (1607-1681), astrólogo y alquimista que había fundado el *Grupo de Behmenistas Ingleses*, integrado por cristianos místicos y al que Jane pertenecía. A la muerte de Pordage, ella hereda la dirección de ese grupo, que pasa a convertirse en la *Sociedad de los de Filadelfia* (o *Sociedad Filadelfiana para el Avance de la Piedad y Filosofía Divina*) - Ver John Pordage

Leibniz, Gottfried Wilhelm (1646-1716): Filósofo, matemático, lógico, teólogo, jurista, y político alemán, uno de los grandes pensadores de los siglos XVII y XVIII, reconocido como "genio universal", formado en todos los campos del conocimiento. Igualmente importante en la historia de la filosofía como en la de las matemáticas. Desarrolló el cálculo infinitesimal de manera independiente a Newton (1642-1727) (aunque este lo había desarrollado diez años antes, pero no lo había publicado). Muy interesado por las obras del alquimista Ireneo Filaleteo (mediados s. XVII).

Lemery, Nicolás (1645-1715): Químico, o mejor iatroquímico, francés. Nació en Rouen, en Normandía, hijo de un abogado protestante calvinista. Cuando tenía quince años inició su formación como aprendiz de farmacia bajo las órdenes de un tío suyo que era maestro boticario, y así permaneció durante seis años aprendiendo las operaciones farmacéuticas. A continuación, emprendió un viaje de estudios para completar su formación, visitando farmacias de otras poblaciones, lo cual era entonces una tradición en Francia. Después estuvo en París, donde en el Jardín Real de Plantas Medicinales asistió a las clases de química impartidas por el farmacéutico del rey, con quien también trabajó. Seguidamente estuvo en Montpellier para seguir algunos cursos en la Facultad de Medicina. Regresó a París en 1672, donde pudo disponer de un gran laboratorio. Pronto comenzó a impartir unos cursos y conferencias de química, en los que incluía demostraciones experimentales. Estas conferencias pronto le dieron gran fama, ya que a ellas asistían no sólo médicos y boticarios, sino también representantes de la nobleza parisina, entre ellos un buen número de damas de la corte. Obtuvo el título de maestro de farmacia en 1674 y el cargo de boticario del rey, lo que le permitió tener su propio laboratorio, donde continuó impartiendo sus clases. Es por entonces cuando publicó su obra *Cours de Chymie* (1675), a fin de dar a conocer en mayor extensión el contenido de sus lecciones. Este libro tuvo un enorme éxito, siendo considerado durante mucho tiempo como el mejor tratado de química, por lo que su autor constituyó durante más de cien años la suprema autoridad en esta materia. Se publicaron numerosas ediciones en francés (hasta 15), varias en inglés y fue traducido también al latín, alemán, italiano y español. Estos serían los años dorados de Lemery, pero empezó a declinar cuando por su condición de protestante calvinista (hugonote) se le prohibió expresamente dedicarse a la enseñanza y ejercer la farmacia. Por ello marchó a Londres, de donde regresó en 1683 para doctorarse en medicina en la Universidad de Caen. Así pudo trabajar como médico en París, hasta que el edicto de Nantes (1598) prohíbe a los médicos protestantes ejercer su profesión, con lo que sin otros recursos económicos se convirtió al catolicismo como única alternativa para seguir en su trabajo. Con esto, en 1686 reabre su farmacia, continúa con su laboratorio y en 1699 le nombran académico asociado de la Academia de Ciencias de París. Muere en 1715 de ataques de apoplejía en su propia farmacia. Definía la química como un arte que enseña cómo separar las diferentes sustancias que se encuentran en una mezcla. Reconocía cinco principios, tres activos (espíritu del mercurio, aceite o azufre y sal) y dos pasivos (agua o flema y tierra). Asimismo clasificó las sustancias en tres grupos: mineral, vegetal y animal. Puede decirse que fue el primero en desarrollar una teoría de ácidos y bases (1680), basada a su vez en la teoría corpuscular de la materia, teoría esta última a la que se puede considerar como una concepción atomista primitiva, compartiendo las ideas de Robert Boyle (1627-1691). Las partículas de los ácidos serían una especie de esferas con unos crecimientos puntiagudos, mientras que las partículas de bases serían esferas con poros o agujeros de varios tamaños. Así, la reacción de un ácido y una base para dar una sal consistiría en encajar las puntas de uno en los agujeros de la otra. Por otra parte, describió el método para obtener ácido sulfúrico y explicó algunos fenómenos naturales como son terremotos, truenos y relámpagos. En cuanto a la alquimia, Lémery se opuso abiertamente a ella, denunciando y exponiendo muchos de sus trucos, y la llegó a calificar de "el arte sin arte"- Ver hugonotes

Leonardo da Vinci (1452-1519): Pintor, arquitecto, escultor, anatomista, botánico, ingeniero, urbanista, inventor, escritor, filósofo, músico, poeta... florentino. En definitiva, tuvo grandes conocimientos en muy diversas materias, tanto científicas como humanísticas, por lo que es un claro ejemplo del polímata renacentista.

Leopoldo I de Habsburgo (1640-1705): Emperador del Sacro Imperio Romano Germánico desde 1658 hasta su muerte. Hijo y sucesor de Fernando III (1608-1657) y, como él, protegió a muchos alquimistas en su corte de Viena. Entre otros a Joachim Becher (1635-1682), también químico, al que se considera como precursor de la teoría del flogisto.

Leucipo de Mileto (s.V a.C): Filósofo griego presocrático. No se sabe mucho de su vida, pero se dice que nació en Mileto, polis griega de la costa jonia (hoy de Turquía), aunque se trasladó a Elea (sur de Italia, Magna Grecia entonces), donde habría sido discípulo de Zenón de Kitión (ca.336 a.C.-ca.264 a.C.) y maestro de Demócrito de Abdera (ca.460-ca.370 a.C.). Fue el primero en poner en duda la teoría de la continuidad de la materia, según la cual esta siempre se podría ir dividiendo hasta el infinito; es decir, que por muy pequeños que fueran los trozos de materia, siempre se podrían dividir en trozos más pequeños. Propone así que la materia sería discontinua, ya que al dividirla se llegaría un momento en que las partículas serían tan pequeñas que ya no podrían dividirse más. Se le considera así fundador del atomismo, teoría que fue continuada y completada Demócrito.

Li Shaojun (siglo II a.C.): Alquimista chino, el más antiguo del que se tiene conocimiento. Pertenece a la alquimia *waitan* o alquimia externa y es el único alquimista de esa época que aparece documentado en fuentes históricas y alquímicas.

Libavius (o también **Libavio**), **Andreas** (1540-1616): Nombre derivado del suyo original, Libau, por latinización. Médico, iatroquímico y químico luterano que creía en la transmutación de los metales a oro. Aunque recogió muchas teorías de Paracelso (1493-1541), le contradice en muchas otras: así, vuelve a la teoría árabe sobre los metales del azufre-mercurio y no acepta la de los *tria prima* de Paracelso o los tres principios de azufre, mercurio y sal. Además, mientras Paracelso afirmaba que sólo era posible adquirir el conocimiento sobre química mediante la inspiración divina, Libavius mantenía que se podía enseñar y aprender como otras muchas disciplinas. En 1597 escribió *Alchemia*, su gran obra, considerada el primer manual de química: contiene una clasificación de las técnicas, aparatos y experimentos de laboratorio, manuales con recetas sencillas y claras para la preparación de remedios medicinales y las bases de un lenguaje sistemático y estandarizado (germen de la nomenclatura química). Tuvo enorme trascendencia para el desarrollo de la química como ciencia y alcanzó gran éxito, tanto que a partir de él se fueron escribiendo otros muchos manuales, plagiados incluso de este. Además, es autor de más de cuarenta obras (sobre lógica, teología, física, medicina, química, farmacia y poesía). Asimismo escribió varios trabajos (1615 y 1616) criticando abiertamente a los Rosacruces, a los que trataba de herejes y acusaba de emplear métodos mágicos diabólicos, lo que motivó que el inglés Robert Fludd (ca.1574-1637) le respondiera publicando una obra en defensa de esta orden.

Liebig, Justus von (1803-1873): Gran químico alemán, uno de los pioneros en la especialidad de la química orgánica. Importante investigador, que aplicó también sus logros al área de la vida práctica, como la invención del extracto de carne, o en la agricultura, con la creación de fertilizantes. Asimismo fue profesor en algunas universidades, y sus clases sobre el trabajo de laboratorio se hicieron famosas en toda Europa. Por sus méritos recibió el título de barón.

Llull, Ramón (o también **Raimundo Lulio**) (ca.1232-1316): Filósofo, teólogo, místico, poeta y misionero mallorquín, de grandes conocimientos filosóficos y científicos. Nació en Palma de Mallorca, poco después de su conquista por el rey Jaime I de Aragón (1208-1276), a cuya corte estuvo muy unido durante la primera fase de su existencia. De vida azarosa y viajera, murió lapidado en la ciudad de Bugía, en el norte de África, cuando predicaba los Evangelios. Pero hay ciertas dudas sobre la veracidad de este hecho, como sobre otros capítulos de su vida y obra. Muy próximo a los franciscanos, parece ser que ingresó en la Tercera Orden de San Francisco, integrada por laicos. En religión fue un heterodoxo, siendo su filosofía condenada en el siglo XV por la Inquisición de Aragón, uno de los motivos de que no fuera canonizado. Es autor de numerosas obras (unas 270), en las que expresó sus conocimientos filosóficos, científicos y técnicos, además de textos novelísticos. La gran mayoría escritas en mallorquín medieval, siendo uno de los primeros escritores en usar una lengua neolatina, aunque también escribió en latín y árabe. No obstante muchas son apócrifas, debidas en realidad a sus discípulos, los lulistas (caso de pseudoepigrafía). Llull fue una de las figuras más avanzadas de la Edad Media en los ámbitos espiritual, teológico y literario. Tantos eran sus méritos que se le conocía por los apodos de *Doctor Inspiratus* (Doctor Inspirado) y de *Doctor Illuminatus* (Doctor Iluminado). De sus libros, destaca el *Ars Magna* (*Gran Arte*).Textos de alquimia atribuidos a Lulio son *De Secretis Naturae* (*Sobre los Secretos de la Naturaleza*) y *Testamentum* (*Testamento*). Se dice que conoció a John Cremer (s.XIII-XIV) y este narró en su obra *Testamentum Cremeri* un episodio con Llull transcurrido en Inglaterra – Ver John Cremer

Luanco, José Ramón de (1825-1905): Químico y erudito español, catedrático de Química General en varias universidades españolas e historiador de la alquimia. En relación con esta materia es autor de *La Alquimia en España* (1889-1897).

Lucrecio (o Tito Lucrecio Caro) (ca.99 a.C.-ca.55 a.C.): Poeta y filósofo romano, de cuya vida se sabe muy poco. Sin embargo, gracias a la única obra que se conoce de él, *De Rerum Natura* (*Sobre la Naturaleza de las Cosas*), ocupa un puesto muy importante en la literatura clásica. Es un gran poema, una obra filosófica que defiende las doctrinas del epicureísmo y del atomismo, la física atomista, que tuvo una de influencia considerable en los poetas romanos. Se consideró virtualmente desaparecida durante la Edad Media, pero fue redescubierta a principios del siglo XV en un monasterio alemán, por lo que gracias a esta obra las ideas del filósofo Epicuro pudieron sobrevivir. Influyó en muchos pensadores del Renacimeinto y tuvo un papel importante en el desarrollo del atomismo y la ciencia moderna.

Luis XIII de Francia (1601-1643): Rey de Francia y de Navarra desde 1610 hasta su muerte. Hijo **de** Enrique IV de Francia (1553-1610), el primero de la casa de Borbón, y padre de Luis XIV (1638-1715) – Relacionado con Martine de Bertereau.

Luis XIV de Francia (1638-1715): Rey de Francia y de Navarra desde 1643 hasta su muerte. Llamado también el "Rey Sol" por la brillantez de su reinado en todos los aspectos – Relacionado con Marie Meurdrac

Lutero, Martín (1483-1546): Teólogo, filósofo y fraile católico agustino, que fue el primer protagonista de la Reforma Protestante. Comenzó con su ardiente crítica a la Iglesia de Roma por la venta de indulgencias, lo cual quedó plasmado con la publicación de sus famosas 95 tesis en la iglesia del palacio de Wittenberg, el 31 de octubre de 1517. Una de sus ideas más importantes era la doctrina de la justificación sólo por la fe, ya que la salvación es un regalo exclusivo de Dios, dado por la gracia y recibido solamente por la fe, pero no por las buenas obras. Además, para Lutero las verdades centrales que enseñaba el cristianismo en las Escrituras y su interpretación no eran monopolio exclusivo del clero, sino que cualquier creyente podía leer y examinar libremente la Biblia: por ello debía ser traducida a todos los idiomas a fin de que los creyentes pudieran entenderla, con lo que él mismo la tradujo del latín al alemán. Sus ideas muy pronto se extendieron por Alemania, consiguiendo un enorme número de seguidores. Todo ello condujo a su rápida excomunión en 1520, así como a que se convirtiera en la cabeza visible de un movimiento religioso que rechazaba la autoridad del Papado y aspiraba a un retorno a la espiritualidad primitiva. El protestantismo se consolidó como una religión cristiana separada del catolicismo romano. Fueron surgiendo diversas corrientes, no sólo en Alemania sino también en otros países europeos a través de sus reformadores, con lo que crearon sus propias Iglesias con doctrinas teológicas diferenciadas. Tales son las de la Iglesia de Inglaterra de Enrique VIII (1491-1547) o las de Suiza, con los reformadores Ulrich Zwinglio (1484-1531) y Juan Calvino (1509-1564). Las doctrinas de Lutero y sus enseñanzas dieron lugar a la doctrina religiosa llamada luteranismo.

Mahoma (ca.570-632): Fue el fundador del islam. Nació en la ciudad de La Meca (en la actual Arabia Saudí) y, huérfano a temprana edad, fue acogido por su tío. Parece ser que trabajó como pastor y después como mercader en las rutas de caravanas. Se casó con Jadiya, una comerciante viuda adinerada, a la que estuvo muy unido. A los cuarenta años, mientras meditaba, Mahoma tuvo una visión del arcángel Gabriel, que le comunicó que había sido elegido como el último de los profetas. Así comenzó a predicar la palabra de Dios sobre la base de un estricto monoteísmo: era una nueva doctrina religiosa, el islam. Rápidamente tuvo seguidores, sobre todo entre las gentes más pobres, pero la situación de Mahoma se fue haciendo peligrosa por su crítica al politeísmo de las tribus más ricas de La Meca. Se vio así obligado a huir a la actual Medina en el año 622, lo que se toma como punto de partida en el calendario islámico ("Hégira", huida o emigración). En Medina tuvo gran éxito y Mahoma se convirtió en un caudillo no sólo religioso, sino también político y militar, lo cual terminó en un enfrentamiento con La Meca, del que salió victorioso. Esta nueva doctrina, el islam, tuvo enorme aceptación y pronto se extendió por toda la península arábiga, con lo cual consiguió unificar a las numerosas tribus nómadas de esas tierras desérticas, que hasta esos momentos estaban casi constantemente luchando entre sí. Una sola religión y, además, una sola ley y una sola lengua, el árabe, con lo que la cohesión es aún mayor. A la muerte de Mahoma comienza lo que se considera la gran expansión del pueblo árabe desde su península a otras regiones, con el objetivo común de extender la fe islámica por todo el mundo, hasta llegar a constituir un gran imperio.

Maier, **Michael** (1568-1622): Médico y alquimista alemán Nació en una localidad situada en el norte de Alemania, muy cerca de Dinamarca y del mar Báltico. Empezó a estudiar filosofía y medicina en Rostock (1587) y en otras universidades europeas. Finalmente, en Basilea consiguió doctorarse en medicina (1596). Tras ello volvió a Rostock y a otras ciudades alemanas para practicar la profesión médica. Por esa época comienza a leer obras de alquimia. En 1608 marchó a Praga a la corte de Rodolfo II (1552-1612) y, dada la elevada afición del emperador por esta disciplina y por las ciencias ocultas, protegió a Maier, teniéndolo en gran estima. Hasta tal punto que al año siguiente (1609) este se convirtió en médico y consejero imperial. Pero su posición en la corte se fue deteriorando, hasta tal punto que en 1611 tuvo que abandonar Praga, abriéndose un periodo entre 1611 y

1616 en el que visitó varios estados alemanes del Sacro Imperio y, asimismo permaneció un tiempo en Inglaterra, en Londres, en la corte de Jacobo I (1566-1625). En septiembre de 1616 Maier volvió a Alemania, donde sirvió a varios príncipes alemanes, algunos de ellos protectores de la alquimia. Primero estuvo en Frankfurt del Meine. En ese periodo es cuando escribió su más famosa obra, *La Fuga de Atalanta* (*Atalanta fugiens*), libro emblemático sobre alquimia, publicado en 1617, y que junto a imágenes, poemas y emblemas incluía cincuenta piezas de música en forma de fugas. Maier sirvió a otros príncipes alemanes, en particular al de Nassau, gran protector de la alquimia. Su último viaje fue en 1620, cuando se trasladó a Magdeburgo para practicar la medicina, y allí falleció dos años después, a la edad de 54 años. Es autor de numerosas obras, así como de un número considerable de trabajos no publicados que dejó al morir. Otro de sus libros más importantes es *Symbola Aureae Mensae Duodecim Nationum*. Durante toda su vida fue un devoto luterano. Estuvo involucrado directamente en el movimiento Rosacruz, que surgió por esa época. Fue gran amigo de Robert Fludd (ca.1574-1637) e influyó en muchos alquimistas y científicos, especialmente en Isaac Newton (1642-1727).

María la Hebrea (o **María la Judía**) (ca.III d.C): Alquimista greco-egipcia, a la que se sitúa en esa época. Como indican sus sobrenombres, sería de origen judío. Es una de las personalidades más interesantes de la alquimia, rodeada de leyendas, tal como era suponerla hermana de Moisés y del profeta Aron, muy anteriores a ella, llamándola incluso María la Profetisa. Lo que se conoce de María no es directamente, sino a través de los testimonios que otros han dejado sobre ella Estudió las teorías de Ostanes (ca.300 a.C) y de Bolos (ss. III-II a.C.). Describió y dio nombre a las fases fundamentales de la transmutación. Inventora de una serie de aparatos para calentar, sublimar y destilar, tales como baños de calefacción (baño-maría), *kerotakis* y *dibikos* y *tribikos*, respectivamente. Estos aparatos supusieron un adelanto enorme en las operaciones del laboratorio alquímico y han llegado (con las correspondientes modificaciones) hasta nuestros días.

María Tudor (o **María I**) (1516-1558): Reina de Inglaterra e Irlanda desde 1553 hasta su muerte. También apodada "María la Sanguinaria". Hija de Enrique VIII (1491-1547) y hermana de Isabel I (1533-1603) — Relacionada con John Dee (1527-ca.1608)

Maximiliano II (1527-1576): Emperador del Sacro Imperio Romano Germánico desde 1564 hasta su muerte. Nació en Viena, de la Casa de los Habsburgo, sobrino y yerno de Carlos V (1500-1558). Su sucesor fue Rodolfo II (1552-1612).

Medina, Bartolomé de (ca.1479-1585): Metalúrgico español, nacido en Sevilla y muerto en la ciudad de Pachuca (México, entonces nueva España). En Sevilla era un próspero comerciante en tejidos y pieles, que comenzó a interesarse por los metales preciosos. Tuvo contactos con un metalúrgico alemán, quien le informó de un método para obtener plata pura, más eficaz y barato que los empleados por entonces. Consistía en mezclar el metal impuro con mercurio; es decir, en su amalgamación. Medina decide probar este nuevo método directamente en las abundantes minas de plata de Nueva España, con lo que embarca en esa dirección en 1554 y se instala en Pachuca de Soto, rica zona minera a unos cien kilómetros de la ciudad de México. Allí trabaja con esa técnica de amalgamación y descubre el procedimiento para llevarla a cabo, que en su honor se ha llamado "método de Medina", aunque más comúnmente se conoce como "método o beneficio del patio". Este nombre se debe a que el mineral de plata se mezclaba con el mercurio y otros productos, con lo que se formaban unas tortas que se colocaban en grandes patios y allí se iban tratando. Con este método consiguió Medina procesar minerales de plata de baja ley. Pronto se extendió por todo México y por el Virreinato del Perú, y se ha seguido empleando allí durante más de 300 años. En suma, el proceso de amalgamación se aplicó a escala industrial, lo que supuso una innovación tecnológica importantísima.

Mehta, Zubin (n.1936): Director de orquesta sinfónica indio, considerado uno de los más importantes del mundo actual. Nacido en Bombay, en una familia parsi (cuya religión es el zoroastrismo).

Mendeleiev, Dmitri (1834-1907): Químico ruso, muy brillante e influyente en su tiempo, que llevó a cabo una extensa labor de investigación en muy diversos campos. No obstante, su trabajo principal y por el que es más conocido fue el que le condujo a formular la ley periódica, base de lo que conocemos como Tabla Periodica de los elementos químicos. Por este motivo, es una de las figuras centrales de la Historia de la Química.

Mercury, Freddie (1946-1991): Cantante, compositor, pianista, guitarrista **y** diseñador gráfico británico, nacido en Zanzíbar pero de familia india y parsi (cuya religión es el zoroastrismo). De gran éxito y reconocimiento a nivel mundial. Fue vocalista principal de la banda de rock Queen y, como compositor, escribió muchos de los éxitos de esta banda (como es, entre otros, *Bohemian Rhapsody*).

Meurdrac, Marie (¿?-1687): Mujer francesa química y alquimista del siglo XVII, época en la que la alquimia coexiste con una química que irá evolucionando hacia lo que será después la química moderna. Por ello es una representante de lo que los historiadores denominan *chymia*. No se conoce mucho de su vida, sòlo algunos datos: que su padre era notario y su familia acomodada, que tenía una hermana; que se casó con un militar de la guardia del duque de Angulema, que vivió en un castillo cercano a París y que murió de forma repentina en 1687. Fue prácticamente autodidacta, ya que parece ser que tan sólo asistió a algunos talleres sobre química y farmacia impartidos en París por un iatroquímico famoso. En 1666 publica un libro titulado *La Chymie Charitable et Facile en Faveur des Dames* (*La Química Caritativa y Fácil a Favor de las Mujeres*), tras la autorización dada para ello por el rey Luis XIV (1638-1715). Es uno de los doce tratados de química publicados en ese siglo, pero tiene la singularidad de ser el primero de este tipo escrito por una mujer y también el primero en estar dedicado a las mujeres, como la propia autora señala. Consiste básicamente en una recopilación de sus conocimientos sobre química y de los experimentos que había realizado. Explica que el objetivo de la química es el estudio de los cuerpos mixtos, en tanto que son divisibles y solubles, sobre los que se trabajará para extraer de ellos los tres principios alquímicos, que son sal, azufre y mercurio, lo cual se hace por dos operaciones generales, la disolución y la congelación. Por este motivo se la relaciona con la alquimia, por ser fiel al *solve et coagula* y otras ideas de la alquimia medieval, así como a los tres principios paracélsicos. Esta obra tuvo tanto éxito en su día, que a los pocos años (1674) se hizo una segunda edición (en cuya portada no aparece el nombre de la autora, tan sólo sus iniciales M.M. y su género, con la palabra "mademoiselle") y una tercera en 1687, ya muerta Marie. En esta última se hicieron algunas modificaciones, según las anotaciones hechas previamente por la autora (como es la inclusión de dibujos de aparatos de laboratorio para preparar sus recetas). Después aparecieron más ediciones en Francia, traspasando sus fronteras y traduciéndose a varios idiomas. En cuanto a sus aspectos sociológicos, Marie en el prólogo de su libro hace un discreto alegato feminista, al señalar las enormes trabas impuestas a las mujeres para publicar sus trabajos y al denunciar el 95aislamiento intelectual al que estaban sometidas. Y sobre todo, al afirmar que las mujeres podrían igualar a los hombres si pudieran estudiar y cultivarse tanto como ellos, lo que le valió no pocas críticas y ser ridiculizada por Molière (1622-1673) en su obra de teatro *Las Mujeres Sabias*.

Molière (1622- 1673): Nombre real Jean-Baptiste Poquelin. Fue un dramaturgo francés, y también actor y poeta, considerado como uno de los mejores escritores de la lengua francesa y la literatura universal, así como padre de la *Comedie Française*

Montaigne, Michel de (1533-1592): Filósofo, escritor, humanista francés, autor de los *Ensayos*, su obra más conocida. Uno de los mayores intelectuales del Renacimiento francés – Relacionado con Marie de Gourmet (1565-1646).

Morienus (o **Marianos el Romano**, y **Morien** entre los cristianos) (finales s. VII): Monje cristiano eremita que habitaba en las montañas de Jerusalén, que también era alquimista, parece ser que discípulo de Estéfanos de Alejandría (ca.580-ca.640). Por esta razón y según dice la tradición, fue llamado a Egipto por el príncipe Khalid ibn Yacid (ca.668-704/709), hijo menor del califa, que tenía un gran interés por la alquimia, a fin de que le descubriera los secretos del arte sagrado. Fruto de este episodio fue el texto escrito por Morienus *Liber de Compositione Alchimiae* (*Libro sobre la Composición de la Alquimia*). Fue traducido del árabe al latín por Robert de Chester (s. XII) en 1144, primera obra sobre alquimia conocida entre los cristianos y de gran difusión entre los alquimistas medievales. Estaba escrito en forma de diálogo, con preguntas de Khalid sobre la alquimia y las respuestas correspondientes de Morenius, por lo que también se conoce como *Las Conversaciones entre el Rey Calid y el Filósofo Morien sobre el Magisterio de Hermes*, ya que eran conocidos entre los cristianos como Calid y Morien, respectivamente).

Multhauf, Robert P. (1919-2004): Historiador de la ciencia norteamericano, con una importante y extensa obra escrita sobre esta temática. Ocupó también importantes cargos dentro de este ámbito y durante un periodo fue editor de la revista *Isis*, dirigida a la historia de la ciencia, la medicina y la tecnología.

Nagarjuna (vivió entre 150-250 d.C.): El más famoso de los alquimistas hindúes. Monje budista, filósofo, místico y médico, además de alquimista. Su vida está rodeada de misterios y leyendas y las fechas en que vivió no se saben con seguridad, sólo se dan como las más probables. Adquirió gran fama como médico y también en alquimia, la cual aprendió a través de la medicina. Autor del famoso libro *Rasaratanakaram* y de otros textos, muy numerosos, que en su mayoría se han perdido. De él se decía que había conseguido un procedimiento para convertir el mercurio en oro.

Needham, Joseph (1900-1995): Bioquímico británico, más conocido como eminente historiador de la ciencia, y en especial de la alquimia y la tecnología china.

Newman, William R. (n.1955): Profesor de Historia de la Ciencia y la Protociencia, norteamericano, dedicado sobre todo al estudio de la alquimia, especialmente la del siglo XVII. Ha colaborado algunas veces con otro investigador sobre alquimia, Lawrence M. Principe.

Newton, Isaac (1642-1727): Gran físico, astrónomo y matemático inglés, aunque también dedicó mucho tiempo a la teología y a la alquimia. Su obra cumbre es *Philosophiæ Naturalis Principia Mathematica*, más conocida como los *Principia*, donde describe la ley de la gravitación universal y establece las bases de la mecánica clásica mediante las leyes que llevan su nombre. Además, son muy importantes sus trabajos sobre óptica y la naturaleza de la luz, donde realizó importantes descubrimientos, así como en matemáticas, donde desarrolló el cálculo infinitesimal. Llevó a cabo también el desarrollo del cálculo integral y diferencial, lo que comparte con Gottfried Leibniz (1646- 1716), realizados de forma totalmente independiente, aunque en realidad Newton lo había llevado a cabo diez años antes, pero no lo había publicado. Se le ha calificado como el científico más grande de todos los tiempos, y su obra representa la culminación de la revolución científica. Newton tuvo una infancia muy difícil. Nació en una aldea inglesa, de padres campesinos puritanos y no llegó a conocer a su padre, pues murió poco antes de su nacimiento, con lo que su madre le entrego al cuidado de sus abuelos, que nunca le dieron un calor familiar. Pero esto no fue obstáculo para que desde niño demostrase ya en la escuela una gran inteligencia y un espíritu ingenioso, de gran habilidad para realizar construcciones mecánicas. A los 18 años inició sus estudios en la Universidad de Cambridge, y fue allí muy probablemente donde tuvo sus primeros contactos con la alquimia, hacia 1660, a través de la biblioteca con obras alquímicas de uno de sus profesores. Influido por el puritanismo familiar, fue siempre sumamente religioso y estudió la Biblia con tanta atención como estudió la ciencia, lo que le llevó a ser autor de un gran número de escritos de carácter teológico. En cuanto a su gran interés por la alquimia, lo que buscaba en ella muy probablemente era descubrir el secreto de la naturaleza y de sus energías ocultas, que él expresaba —como filósofo mecanicista que era— en términos de corpúsculos, con atracciones y repulsiones entre ellos. Y esperaba que la transmutación de los metales le proporcionase las pruebas de todo ello. En 1936, se encontró un enorme número de manuscritos de Newton sobre alquimia, más de cien (sumaban un total aproximado de un millón doscientas mil palabras), nunca publicados, que fueron recopilados y estudiados por el prestigioso economista también británico John Maynard Keynes (1883-1943).

Odoacro (ca.435-493): Caudillo germano, jefe de los hérulos (tribu germánica procedente de Escandinavia, muchos de los cuales lucharon como mercenarios en el ejército romano). En el año 476 depuso al emperador de Roma, Rómulo Augústulo (ca.465-ca.520), convirtiéndose en rey de Italia. Este hecho supuso el fin del Imperio romano de Occidente y frecuentemente es utilizado por los historiadores para marcar la transición de la a Antigüedad a la Edad Media.

Olimpiodoro (finales s. IV d.C.): Hay gran ambigüedad con el nombre de Olimpiodoro en la Antigüedad. El que lleva el sobrenombre de "el Alquimista" y que se asocia más a los primeros tiempos de la alquimia greco-egipcia, fue un cristiano que vivió en Egipto hacia finales del siglo IV d.C. y que muy posiblemente nació en Alejandría. Escribió un comentario sobre Zósimo (principios s. IV d.C), al cual hace referencia posteriormente el escritor bizantino y también patriarca de Constantinopla Focio (ca.820-893). Los otros dos Olimpiodoros serían posteriores y ambos de religión pagana: el historiador, de principios del siglo V, y el neoplatónico, del siglo VI.

Ostanes (ca. s. IV a.C): Místico persa citado también como mago, uno de los primeros filósofos relacionados con la alquimia. Parece que combinó la astrología y la magia con las doctrinas de Zoroastro (probablemente entre s.VII y VI a.C.) y sus dualismos del bien y el mal, la luz y la oscuridad. Posiblemente sea un nombre pseudoepigráfico, tomado de un Ostanes muy anterior, mago y hechicero de la época de Jerjes (ca.519 a.C.-465 a.C.).

Pablo de Tarento (s. XIII): Alquimista franciscano del sur de Italia, a quien se ha llegado a atribuir la obra *Summa Perfectionis Magisterii* (*La Cumbre de la Perfección del Magisterio*), de Geber.

Palissy, Bernard (1510-1590): Célebre ceramista francés. De familia muy humilde de artesanos, aprendió el oficio de pintor vidriero, pero careció de una instrucción formal. No obstante, gracias a sus grandes inquietudes y esfuerzos, con el tiempo alcanzó profundos conocimientos y habilidades: desde pintor sobre vidrio, alfarero, orfebre, diseñador de jardines y agrimensor hasta químico, biólogo, geólogo y escritor. Encarna para Francia el modelo del genio universal del Renacimiento. Pero en su tiempo fue famoso sobre todo por haber conseguido una loza esmaltada similar a la porcelana china. Tras grandes dificultades, esfuerzos y tiempo (unos 16 años), descubrió la técnica de fabricación de unos esmaltes blancos, brillantes y resistentes, base de los esmaltes policromados que después él mismo consiguió. Era una técnica parecida a la de la mayólica de los ceramistas italianos, mediante la cual se obtenía una cerámica de aspecto parecido al de las porcelanas de China, cuyo secreto sólo conocían los ceramistas de ese país. Como hugonote, sufrió las persecuciones de su tiempo, siendo encarcelado en 1559 por hereje en Burdeos. Pero, tales habían sido sus éxitos como ceramista, que fue liberado gracias a un protector aristócrata, y gozó a su vez de la protección de los monarcas. La misma reina, Catalina de Medici (1519-1589), le hizo importantes encargos, entre ellos una "gruta renacentista" y le invitó a abrir un taller en el palacio de las Tullerías, donde también daba clases. Logró evadir la histórica Matanza de San Bartolomé (1572) contra los hugonotes, fuera de París. Después se abre un periodo en el que imparte conferencias muy concurridas, a las que acudía la élite científica parisina. Es entonces cuando decide poner por escrito el contenido de sus clases, en una publicación de 1580 con el título de *Discursos Admirables*. Trata de sus estudios sobre aguas, agricultura, minerales y piedras, conchas fósiles, sales, alfarería y esmaltes: un verdadero volumen científico, con tratados de química, física y geología, donde relata también sus vivencias, sus viajes y experiencias. En este punto hay que decir que Palissy era un naturalista auténtico, que estudiaba la naturaleza en solitario, guiado tanto por sus razonamientos como por la importancia que siempre concedió a la experiencia y a la inducción. Es así como consiguió sus variadas e importantes aportaciones en el campo de la ciencia. Las más importantes fueron el origen de las fuentes, el de los fósiles y sus ideas sobre los cristales. Así, en química además hizo un profundo estudio de cristalografía, con la formación de cristales naturales, así como de las sales minerales en la vida vegetal. Por eso se ha dicho que, al impartir la enseñanza en las Tullerías, se convirtió en el primer profesor de química que hubo en su país. Finalmente, no pudo eludir su destino: cuando la Liga de los nobles católicos se hace con París en 1588, Palissy resultó encarcelado en un calabozo de la Bastilla, donde falleció en 1590. *Como curiosidad* - En su memoria, la base de datos sobre el patrimonio mobiliario de Francia se llama "Base Palissy".

Paracelso (1493-1541): Médico y alquimista suizo, de los primeros tiempos del Renacimiento. Claro representante de esta época, a caballo entre la Edad Media y la Edad Moderna, racional y al mismo tiempo de creencias fantásticas. Rodeado de leyendas, de un temperamento contestatario y provocador que le llevó a una vida aventurera y desordenada. Nació cerca de Zurich (Suiza, entonces perteneciente al Sacro Imperio Romano Germánico). Su nombre real era Philippus Theofrastus Bombast von Hohenheim, pero después él mismo se dio el nombre de *Paracelso*, "semejante a Celso", en referencia a este médico romano del siglo I (ca.25 a.C.-50 d.C.), a lo que después añadió *Aureolus* (derivado de la palabra latina "aurum", oro) en referencia al oro alquímico. Desde niño fue tomando afición a la medicina, la mineralogía, la alquimia y al conocimiento de las plantas a través de su padre, médico en una región minera del Tirol. A los 16 años fue a estudiar en la Universidad de Basilea y después fue a Viena, iniciando así una vida itinerante de constante aprendizaje, que mantuvo a lo largo de su existencia, viajando primero por distintas universidades europeas (según la tradición medieval), y llegando después a Constantinopla e, incluso a la India, aunque esto último pertenezca al terreno de la leyenda. Se interesó también por las ciencias ocultas, estudiando así astrología, magia, conocimiento hermético, cábala y también alquimia, lo cual influirá enormemente en su pensamiento y actividad. Obtiene el grado de bachiller y después, en la Universidad de Ferrara, un grado en medicina. A sus conocimientos mediante estudios oficiales, une su aprendizaje del saber popular, pues va recogiendo recetas, secretos y trucos de curanderos, brujas o barberos, lo que contribuyó en gran manera a los espectaculares éxitos de sus tratamientos. Hacia 1524 vuelve a Italia y trabaja en Venecia como cirujano militar en el ejército imperial. En1526 se traslada a Basilea, donde le protege Erasmo de Rotterdam (1466-1536), consiguiendo el cargo de médico municipal y también el de profesor de medicina en la Universidad de Basilea. En ambos aspectos consiguió grandes logros y en un principio tuvo muchos seguidores. Pero sus fuertes ataques a la medicina oficial le ocasionaron un fuerte rechazo de los otros médicos, por lo que finalmente fue expulsado de Basilea en 1528, debiendo volver a su vida errante. Y así hasta 1553, cuando el príncipe-arzobispo de Salzburgo le invita a esta ciudad, iniciándose un periodo de estabilidad y reconocimiento público hasta su muerte, en 1541, cuando tenía sólo 48 años. En alquimia, en la que se rigió por las ideas tradicionales, introdujo la doctrina de los *tria prima* o tres principios, añadiendo la *sal*, o cuerpo, a los principios de *azufre* y el *mercurio*, doctrina que le proporcionó su genial idea sobre las medicamentos minerales. Esta sea tal vez su mayor aportación a la medicina, que la hace pues a trvés de la alquimia. Aunque en medicina Paracelso fue un heterodoxo consiguió, no obstante, grandes logros: así, estudió y descubrió las características de muchas enfermedades, como la sífilis y el bocio, que combatió con mercurio y azufre, respectivamente, y fue además el primero en identificar una enfermedad profesional (de mineros, en este caso) Y sobre todo, impulsó la preparación y el empleo de medicamentos minerales (aunque también utilizaba los de origen vegetal, como el láudano). Creó así una rama de la química, la *iatroquímica*, con la que dio un vuelco a la medicina y a la farmacopea. Por otra parte, en su terapia seguía el principio de la similitud, según su máxima de que "*lo similar cura lo similar*", y solía aplicar dosis mínimas, según expresaba en otra de sus famosas frases, "*nada es veneno, todo es veneno, la diferencia está en la dosis*". Fue asimismo propulsor de la *medicina espagírica* o *espagirismo* ("espagírico", término para los alquimistas que utilizaban las técnicas y materiales alquímicos para preparar medicamentos). Su obra escrita es muy amplia, en gran parte publicada después de su muerte: textos autógrafos de Paracelso y otros dictados por él a sus discípulos o tomados de sus lecciones. Unas cien obras, la mayoría sobre medicina, aunque contienen muchas e interesantes notas de alquimia. Destacan *Paramirum*, *Opus Paragranum* y *Chirurgia Magna*, relativas a la medicina, y *Archidoxis*, sobre alquimia. Paracelso fue un ser contradictorio: por una parte racional, empírico, con grandes aciertos, y por otro con un mundo interior mágico, lleno de fantasías, que afirmaba mantener relaciones con la naturaleza a través de seres irreales (gnomos, silfos...) y que creía en posibilidad de fabricar artificialmente un ser humano, un *homúnculo*. Sus ideas han influido en muchos médicos y alquimistas de la Edad Moderna. Y además su figura ha sido objeto de estudio el psiquiatra Carl Gustav Jung (1875-1961) y ha inspirado a muchos escritores y pintores, apareciendo nombrado frecuentemente en la literatura o, incluso, en el cine. *Como curiosidad* – A un cráter de la luna y a un asteroide se les ha dado, en su honor, el nombre de "Paracelsus".

Parménides de Elea (ca.540 a.C.-ca.470 a.C.): Filósofo griego presocrático, nacido en la ciudad de Elea, colonia griega de Magna Grecia (sur de Italia). Fundador de la escuela eleática, como rival de la escuela pitagórica (fundada también en el sur de Italia, concretamente en Sicilia). Sus ideas son importantísimas, pues marcan una profunda diferenciación con las de los filósofos griegos anteriores. Niega el movimiento y el cambio, porque afirma que lo que existe es único: es decir, la realidad es una, por lo que no puede cambiar, y de esa realidad única e inmóvil no puede surgir la pluralidad de los objetos del mundo. Parménides llama a esa realidad única el *uno* o el *ser*, que tendría la forma de una esfera y que sería homogénea, indivisible, compacta, sin movimiento, atemporal y sin cambios. Como carece de cualidades perceptibles, a ella sólo se podrá acceder a través de la razón, pero no por los sentidos. También niega la posibilidad de la existencia del espacio vacío.

Partington, James R. (1886-1965): Químico e ilustre historiador de la química británico. Una de sus obras más famosas es *A History of* Chemistry, en cuatro volúmenes (1966-1970), por la que recibió importantes premios. Fue el primer presidente de la Sociedad para la Historia de la Alquimia y la Química Temprana, y también presidente de la Sociedad Británica de la Historia de la Ciencia.

Pelagio (principios s. IV d.C.): En los manuscritos alquímicos griegos se cita varias veces a este filósofo hermético. Pero no se sabe nada sobre su vida, tan sólo conjeturas, como que fue contemporáneo de Zósimo (principios s. IV d.C) y que escribió especialmente sobre la coloración de metales.

Petrarca, Francesco (1304-1374): Poeta, filósofo y filólogo italiano, precursor del humanismo, autor fundamental de la literatura italiana, que influyó en muchos autores europeos a través sobre todo de su obra cumbre, *Cancionero*. En relación con la alquimia, en su libro *Remedios contra la Buena y la Mala Suerte* hace una crítica a los adeptos de la alquimia, como engañadores y tramposos.

Pico della Mirandola, Giovanni (1463-1494): Humanista y pensador italiano. Se le considera como fundador de la cábala cristiana, al ser uno de los primeros en impulsar la cábala más allá de los círculos judíos. Su obra más conocida es la *Oratio de Hominis Dignitate*, que constituye uno de los textos fundamentales del humanismo renacentista, señalada como un "manifiesto del Renacimiento". Fue uno de los máximos representantes del neoplatonismo renacentista, como discípulo de Marsilio Ficino (1433-1499), filósofo, humanista italiano y artífice del resurgimiento del neoplatonismo.

Pitágoras de Samos (ca.570 a.C.-ca.496 a.C.): Filósofo griego presocrático, natural de Samos, isla del mar Egeo. En Sicilia funda la escuela pitagórica (hacia el 530 a.C.), cuyo mayor interés se centró en la religión y en las matemáticas, llegando a considerar los *números* como principio material de todas las cosas. En este sentido, es muy interesante la idea pitagórica de que el universo está gobernado según unas proporciones numéricas armoniosas, lo que se conoce como "armonía del universo" o "armonía del cosmos". Así, el movimiento de los cuerpos celestes se regiría según unas proporciones musicales, es decir, orbitarían de acuerdo a esas proporciones, y las distancias entre ellos corresponderían a los intervalos musicales: es la llamada "armonía de las esferas". Se le considera como el primer matemático puro, ya que contribuyó en gran manera al avance de las de las matemáticas griegas. En geometría es muy conocido por el teorema que lleva su nombre (teorema de Pitágoras).

Platón (ca.427 a.C.-347 a.C.): Filósofo griego discípulo de Sócrates (470 a.C.-399 a.C.), aunque también estuvo influido por Pitágoras (ca.570 a.C.-ca.496 a.C.). En el 387 a.C. fundó la Academia de Atenas, institución básica para la filosofía y toda la cultura del mundo clásico (que continuaría a lo largo de más de novecientos años), en la que fue maestro. Tuvo allí muchos discípulos, entre otros Aristóteles (ca.384 a.C.-322 a.C.), el más brillante de todos ellos. Platón fue un autor muy prolífico, y presentaba sus obras en la forma de diálogo. Sus ideas tuvieron gran influencia y fueron la base del llamado "neoplatonismo", doctrina que a su vez influyó en las religiones cristiana, islámica y judía a través de figuras como san Agustín (354-430), Avicena (ca.980-1036) y Maimónides (1138-1204), y que resurge en el neoplatonismo renacentista con Marsilio Ficino (1433-1499). Platón, junto a Sócrates y Aristóteles es considerado como uno de los padres de la filosofía occidental – Ver neoplatonismo

Plinio el Viejo (o **Cayo Plinio Cecilio Segundo**) (23-79 d.C.): Escritor y militar romano. De su extensa obra sólo se ha conservado su *Historia Natural*, recopilación en 37 libros de los principales conocimientos científicos de la Antigüedad.

Plotino (205-270): Filósofo helenístico griego, nacido en Egipto. Se educó en Alejandría y se estableció después en Roma, donde fundó una escuela en la que impartía sus lecciones. Atraído por el idealismo platónico funda el neoplatonismo, aunque este en realidad ya había sido iniciado por Amonio Saccas (ca.175-242), su maestro en Alejandría. Desarrolla esta corriente filosófica, el neoplatonismo, incorporando a ideas platónicas aportes de las doctrinas filosóficas de Pitágoras (ca.570 a.C.-ca.496 a.C.), Aristóteles (ca.384 a.C.-322 a.C.) o Zenón (ca.336 a.C.-ca.264 a.C.), así como aspectos místicos de origen oriental con otras ideas filosóficas griegas y orientales. Al igual que Platón (ca.427 a.C.-347 a.C.), creía que el cuerpo es la prisión del alma y su propósito es retornar al Uno por medio de una vida virtuosa de sabiduría. Su obra principal, *Enéadas*, consiste en una serie de tratados donde se recogen las lecciones que impartía en su escuela en Roma, compilados y organizarlos como libro después de su muerte por uno de sus discípulos (en seis grupos de nueve tratados cada uno, 54 tratados en total). Plotino influyó en gran menara en filósofos y pensadores posteriores, especialmente de la teología cristiana, como san Agustín de Hipona (354-430).

Plutarco (**Plutarco de Queronea o Lucio Mestrio Plutarco**) (ca.46-ca.120 d.C.): Historiador, biográfo y filósofo griego, nacido durante el mandato del emperador romano Claudio (10 a.C.-54 d.C.). Se le concedió la ciudadanía romana.

Polo, Marco (1254-1324): Mercader y viajero de Venecia, famoso por sus viajes por China y otros países de Asia Oriental, de los que trajo consigo hasta Europa muchas de las mercancías y conocimientos de esas lejanas tierras. Fueron descritos en su libro *Il Milione*, titulado en español *El Libro de las Maravillas* o *El Libro del Millón*, aunque es más conocido como *Los Viajes de Marco Polo*. Sin embargo, algunos historiadores han puesto en tela de juicio que realmente efectuara esos viajes, sobre todo los referentes a Mongolia y China.

Pordage, John (1607-1681): Sacerdote anglicano británico, astrólogo y alquimista, que fundó el *Grupo de Behmenistas Ingleses*, integrado por cristianos místicos. A su muerte este grupo fue dirigido por su discípula Jane Leade (1624-1704), y desde entonces pasó a conocerse como *Sociedad de los de Filadelfia* (o *Sociedad Filadelfiana para el Avance de la Piedad y Filosofía Divina*) - Ver Jean Leade

Posidonio (ca.135 a.C.-ca.51 a.C.): Filósofo, político e historiador griego, nacido en Apamea, ciudad helenística en el norte de Siria, y que probablemente murió en Roma o en Rodas. Estudió en Atenas, dentro de la escuela estoica, de la que fue un gran filósofo, y a él se debería después en gran manera la fusión de la filosofía griega con la magia y astrología orientales. Tenía un profundo conocimiento en muchas y muy diferentes materias: filosofía, física, astronomía, geografía, meteorología, matemáticas, historia... Se le atribuyen más de doscientas obras, si bien no nos ha llegado ninguna, tan sólo fragmentos incluidos e escritos de otros autores. De gran influencia en su época, que posteriormente perduró hasta la Edad Media. Séneca (4 a.C.-65 d.C.) lo consideraba como uno de los principales filósofos de la historia. *Como curiosidad* - En su honor, un cráter de la Luna lleva su nombre.

Price, James (1725-83): Químico británico, nacido en Londres, miembro de la Royal Society. También era alquimista, y financió con su propio dinero experimentos alquímicos. Afirmaba que partiendo de mercurio había conseguido obtener plata y oro.

Principe, Lawrence M. (n.1962): Profesor norteamericano, Doctor en Química Orgánica y Doctor en Historia de la Ciencia. Uno de los más eminentes investigadores actuales en historia de la química, y más especialmente en la de la alquimia. Autor de un importante texto sobre esta materia, *The Secrets of Alchemy* (2013). Ha colaborado algunas veces con otro investigador en alquimia, William R. Newman (n.1955).

Ptolomeo (367 a.C.-283 a.C.): General de Alejandro Magno (336 a.C.-323 a.C), a quien correspondió el gobierno de Egipto a la muerte de este. Estableció la capital en Alejandría, ciudad que se convirtió en una de las más importantes del Mundo Antiguo, no sólo desde el punto de vista político y económico, sino también como centro científico y cultural. Fundó la dinastía Ptolemaica (llamada también Lágida por el nombre de Lagos del padre de Ptolomeo), que se mantuvo casi durante tres siglos. Se le llamó también Ptolomeo I Sóter o "el Salvador".

Ptolomeo, Claudio (ca.100 d.C.-ca.170 d.C.): Astrónomo, astrólogo, geógrafo y matemático griego. Se sabe que vivió y trabajó en el Egipto de la época romana, concretamente en Alejandría y su biblioteca. Allí se dedicó a la observación astronómica y fue un empirista, estudiando la gran cantidad de datos existentes sobre el movimiento de los planetas. Su aportación fundamental fue su modelo del universo: creía que la Tierra estaba inmóvil y ocupaba el centro del universo, y que el Sol, la Luna, los planetas y las estrellas giraban a su alrededor. Es la teoría geocéntrica, aceptada hasta el siglo XVI por astrónomos y matemáticos. Fue autor del tratado astronómico conocido como *Almagesto* (*El Gran Tratado*), preservado —como tantas obras griegas clásicas— a través de su manuscrito árabe, que fue traducido al latín en el siglo XII por Gerardo de Cremona (ca.1114-1187).

Rabelais, François (ca.1490-1553): Escritor, médico y humanista francés, que también ejerció como fraile, sacerdote y diplomático. Figura política e intelectual muy destacada en su época. Famoso sobre todo por sus novelas sobre los gigantes *Gargantúa y Pantagruel*, trabajo constituido por una serie de cinco libros y en el que ridiculiza la figura de Paracelso (1493-1541).

Raimundo de Sauvetât (o **Raimundo de Toledo**) (ca.1080-1152): Monje cluniacense natural de Gascuña (Francia), que llegó a Toledo junto con otros monjes traídos por Bernardo de Sèridac (¿?-1128), el primer arzobispo de Toledo tras la conquista de la ciudad en 1085 por Alfonso VI de León (ca.1040-1109). Al morir el Bernardo, Raimundo fue elegido para sucederle, manteniendo el cargo de arzobispo de Toledo hasta su muerte. Su obra más importante fue la fundación de la Escuela de Traductores de Toledo, que incluía a mozárabes, judíos y profesores árabes de la escuela coránica de la ciudad, así como pensadores (fundamentalmente monjes cluniacenses). Sin embargo, parece ser que la idea no fue suya, sino de un abad de Cluny que por entonces había viajado a Toledo.

Richelieu, Cardenal (1585-1642): Se conocía como Cardenal Richelieu a Armand Jean du Plessis, noble, estadista y cardenal francés. Se ordenó obispo en 1607, entró en política, siendo secretario de Estado en 1616. Fue nombrado cardenal en 1622 y dos años después primer ministro del rey Luis XIII (1601-1643), con lo que alcanzó un enorme poder – Relacionado con Martine de Bertereau (ca.1585-ca.1642).

Ripley, George (ca.1415-1490): Alquimista y canónigo agustino británico del siglo XV, nacido en Bridlington, una localidad de Yorkshire (Inglaterra). Estuvo en el continente para estudiar física, concretamente en Francia, Alemania e Italia, y se ha dicho que en esta última permaneció durante veinte años y que allí entabló una gran amistad con el Papa Inocencio VIII (1432–1492), aunque esto último parece ser sólo una leyenda. Cuando volvió a Inglaterra escribió en 1471 su famosa obra titulada *The Compound of Alchymy (El Compendio de la Alquimia)*, llamada también *The Twelve Gates leading to the Discovery of the Philosopher's Stone (Las Doce Puertas que conducen al Descubrimiento de la Piedra Filosofal* o simplemente *Las Doce Puertas)*, que dedicó al rey Eduardo IV (1442-1483). Otra de sus obras es la *Cantilena Riplaei*, una de las primeras composiciones poéticas sobre alquimia. Sobre *El Compendio de la Alquimia*, se ha llegado a proponer que debe ser leído a través del dibujo conocido como la "Rueda", hecho también por Ripley. Se trata en esencia de una analogía con los planetas de nuestro sistema solar, del cual el centro era la Tierra, según se consideraba en aquellos tiempos. Ripley mediante ese dibujo describió de forma codificada sus recetas alquímicas, representándolas como los planetas girando alrededor del Tierra. Para ello había que tener en cuenta que cada planeta se correspondía con un metal: Sol, Luna, Mercurio, Venus, Marte, Júpiter y Saturno, respectivamente oro, plata, mercurio, cobre, hierro, estaño y plomo. Por otra parte, se le atribuye (aunque no hay totales evidencias de que sea cierto) el manuscrito titulado *Ripley´s Scroll* (literalmente "El rollo de Ripley", del inglés *scroll*, rollo) o también conocido como *Rotulum Hieroglyphicum* o *Los Pergaminos de Ripley*, llamado así porque está constituido por siete pergaminos unidos en una tira de casi seis metros de largo, por lo que se tenía que enrollar, con un rodillo en la parte superior y una barra de madera en la parte inferior. Expone, de una manera simbólica y prácticamente incomprensible, los pasos necesarios (siete según este manuscrito) para la preparación de la Piedra Filosofal, a través de una secuencia de imágenes y emblemas, con textos en latín de frases y poemas alquímicos. El original del siglo XV se perdió y sólo quedan unas 23 copias posteriores, del siglo XVI.

Robert de Chester (s. XII): Escolástico británico, conocido por su gran labor como traductor del árabe al latín. Muy interesado por las matemáticas y la alquimia, estuvo en la península ibérica, parece ser que en Segovia (a menudo se le confunde con otro inglés, también traductor y coetáneo suyo, Robert de Ketton).

Tradujo numerosos textos, como son obras de alquimia de Jabir Ibn Hayyan (ca.721-ca.806/816) y el *Liber Algebrae et Almucabala* de Al-Juarismi (ca.780-ca.850), sobre álgebra. Sobre todo hay que recordar su traducción del *Liber Compositione Alchimiae* (traducido en 1144, concretamente el 11 de febrero, según escribe él mismo en este trabajo), que fue la primera obra de alquimia conocida por los cristianos europeos y probablemente la de mayor trascendencia entre ellos - Ver en Morienus y en Khalid ibn Yacid

Robert de Ketton (s. XII): Clérigo británico, traductor de obras científicas y religiosas del árabe al latín. Permaneció en la península ibérica, concretamente en la zona norte, ya que se sabe que en a partir de 1143 permaneció por un tiempo en Pamplona y que en 1157 estuvo en Tudela. Sobre todo, es conocido por haber sido el primer traductor del *Corán* al latín. A menudo se le ha confundido con otro inglés, también traductor y coetáneo suyo, Robert de Chester (s. XII).

Rodolfo II de Habsburgo (1552-1612): Emperador del Sacro Imperio Romano Germánico desde 1576 hasta su muerte. Hijo del emperador Maximiliano II (1527-1576) y sobrino de Felipe II (1527-1598), estuvo muy influido por este último debido a que a los once años se educó en la Corte española, donde permaneció durante ocho años. De aquí muy probablemente su afición a la alquimia. También le interesaban la astrología, la magia y el coleccionismo de manuscritos antiguos y de juguetes mecánicos. Residió en el Castillo de Praga desde 1583, donde protegió tanto a artistas como a alquimistas, matemáticos y astrónomos. Entre estos últimos hay que destacar a Thyco Brahe (1546-1601) y Johannes Kepler (1571-1630). Es conocida su especial protección a los alquimistas, hasta tal punto que gran parte de los más conocidos de la época residieron durante periodos más o menos largos en la corte de Praga: no hay más que recordar "El callejón del Oro" próximo a su Castillo (aunque parece ser que este en realidad era el de los orfebres, estando muy próximo el de los alquimistas).

Rómulo Augústulo (ca.475-ca.520): Emperador del Imperio Romano de Occidente (el último), desde el año 475 hasta el 476, cuando es depuesto por Odoacro (ca.435 -493), jefe de la tribu germánica de los hérulos. Esto supone la caída del Imperio Romano de Occidente, fecha que se toma como el inicio de la Edad Media.

Rosenkreuz, Christian (1378-1484): Traducido del alemán significa "Cristian Cruz de Rosas". Fue el legendario fundador de la Orden o Fraternidad de Rosacruz, que en realidad fue presentada posteriormente en tres manifiestos publicados a principios del siglo XVI. Es decir, mucho después de los años de nacimiento y muerte de su fundador, fechas que se indican en el segundo manifiesto. Sobre este personaje, cuyo nombre muy posiblemente no sea más que un pseudónimo, han circulado multitud de leyendas, como la de que Rosenkreuz reapareció mucho más tarde como Conde de Saint Germain (1696?-1784). También se ha dicho que pertenecía a una familia alemana que fue importante en siglo XIII y que se adhirió a la doctrina cátara.

Rubens, Pedro Pablo (1577-1640): Pintor barroco de la escuela flamenca, nacido en una localidad de la actual Alemania, que se formó en Amberes, donde residió por largos periodos y en la que murió. Influido por Leonardo da Vinci (1452-1519), Miguel Ángel (1475-1564) y sobre todo Tiziano (1488/1490-1576). Autor de un enorme número de obras, pintor favorito del rey Felipe IV de España (1605-1665). En 1627 pintó un cuadro de Paracelso (1493-1541), que pertenece al Museo de Bellas Artes de Bruselas (Bélgica).

Rupescissa, Johannes de (ca.1310-ca. 1366): Fraile franciscano, alquimista. Se dice que era catalán, por lo que ese sería el nombre latinizado del original catalán Joan de Peratallada, aunque existe la teoría de que era francés (de la región de Auvernia), ya que estudió filosofía en Toulouse, ingresó en un monasterio franciscano en Aurillac (también en esa región) y estuvo bastantes años en Avignon, donde probablemente murió. Por ello también se le conoce como Jean de Roquetaillade. Sus ideas estaban muy próximas a los franciscanos espiritualistas, enfrentados a la Iglesia oficial, y estuvo en prisión por ser acusado de visionario y de proclamar profecías. Como alquimista, Rupescissa buscaba el quinto elemento de Aristóteles, al que llamó quintaesencia, y afirmaba que se encontraba en el vino, tras destilarlo muchas veces, con lo que se llegaba al *aqua ardens*, es decir, a un alcohol muy puro con muy poco contenido en agua. Y también en las plantas, puesto que estaban dotadas de vida, de las se podría extraer de ellas tratándolas con este "superdestilado" de vino. Esta relevancia que dio al alcohol abrió camino a un nuevo tipo de farmacopea, ya que los boticarios comenzaron a incluirlo en sus recetas, por lo que se le ha llegado a considerar a Rupescissa como un precursor de la iatroquímica. Entre sus obras destacan *De Consideratione Quintae Essentiae* (*Consideraciones sobre la Quintaesencia*) y *Liber Lucis* (*El Libro de la Luz*), interesante entre otros aspectos porque describe los hornos alquímicos.

Ruska, Julius Ferdinand (1867-1949): Profesor e historiador de la ciencia alemán, especializado en alquimia islámica.

Santiago, Diego de (mediados s. XVI-mediados s. XVII): Gran alquimista y seguidor de Paracelso (1493-1541), que como destilador realizó importantes aportaciones (como son la destilación a vapor y el montaje de grandes torres de destilación). Todo ello está reseñado en su obra *Arte Separatoria*, escrita en castellano y no en latín, como solía hacerse en esa época, constituida por dos libros y que a veces se ha considerado como uno de los textos de química más importantes de su tiempo. De Santiago nació en un pueblo de Cáceres, en el que trabajó, pasando después a El Escorial y a Sevilla, donde publicó ese libro en 1589. También en esta ciudad escribió un folleto sobre consejos prácticos para combatir la peste, *Preservativos contra la Peste* (Sevilla, 1599). Pero los trabajos por los que será más recordado están relacionados con su puesto de "destilador de su Majestad" (según él mismo se califica en la portada de su famosa obra), refiriéndose al rey Felipe II (1527-1598). Anexo a la *Botica del Monasterio de San Lorenzo el Real de El Escorial* se había construido un laboratorio, donde se instalaron una serie de aparatos de grandes dimensiones, tales como un horno y cuatro tipos de destiladores. Uno de estos era el de Diego de Santiago, adosado a la pared y constituido por veintiséis vasos de vidrio, a distintas alturas y todos conectados entre sí, cuya finalidad principal era la destilación de aceites y esencias. Desgraciadamente no se ha conservado ese laboratorio de El Escorial.

Scheele, Carl Wilhelm (1742–1786): Químico germano-sueco, ya que nació en Alemania pero trabajó en Suecia. Fue uno de los mejores químicos del siglo XVIII, ya que descubrió muchas sustancias químicas, siendo uno de sus logros más importantes el descubrimiento del oxígeno (hacia 1772), aunque también trabajó en productos farmacéuticos y en mineralogía.

Schürer, Christoph (ca.1500-ca.1560): Vidriero alemán, también estudioso de la química y de las ciencias naturales. Parece ser que sus padres procedían de Westfalia y que de allí tuvieron que huir, debido a que eran protestantes. Es así como se asentaron en Schneeberg, una ciudad de Sajonia ubicada en los Montes Metálicos, que sirven de frontera con Bohemia (en la hoy República Checa). Allí Schürer, por sus conocimientos, encontró pronto trabajo en una fábrica de vidrio, pero en 1536 decidió tener la suya propia, por lo que cruzó a Bohemia para comprar una en una localidad próxima a la frontera y también a la ciudad de Karlovy Vary. Es en esa fábrica donde, no sin pocos esfuerzos y ensayos, hacia 1540 encontró el pigmento conocido como esmaltín, para dar al vidrio color azul. Este hallazgo hizo que la fábrica se desarrollara tanto que se convirtió en el centro de producción de cristal azul de Bohemia. Lo obtenía partiendo de unos minerales de las minas de los montes próximos a su fábrica y que estaban constituidos por escuterudita, químicamente un diarseniuro de cobalto (aunque en realidad en aquel tiempo aún no se había aislado del cobalto como tal). A pesar de que a Schürer se le atribuye este descubrimiento de este producto, en realidad lo "redescubrió", ya que ese pigmento se ha encontrado en cristales venecianos y en algunas pinturas de épocas anteriores. La producción se mantuvo desde entonces hasta el principio de la Guerra de los Treinta Años (1618-1648).

Segismundo de Luxemburgo (1368-1437): Conocido también como Segismundo de Hungría. Fue elector de Brandeburgo, rey de Hungría y Croacia, después también de Bohemia y, finalmente, emperador del Sacro Imperio Romano Germánico de 1433 hasta su muerte 1437. En relación con la alquimia, hay que decir que su segunda esposa fue la alquimista Bárbara de Cilli (1392-1451)

Sendivogius (o **Michał Sędziwój**) (1566-1646): Alquimista y médico polaco, de familia perteneciente a la nobleza. Nació en una localidad próxima a Cracovia, en cuya universidad estudió, así como en las de otras ciudades europeas. Conoció a John Dee (1527-ca.1608) y a Edward Kelly (1555-1597), gracias a los cuales el rey de Polonia financió sus experimentos. Después, hacia 1590 acudió a Praga, donde permaneció unos años protegido por Rodolfo II (1552-1612). Durante los últimos años de su vida permaneció en Bohemia, comisionado por el emperador para el diseño de minas y fundiciones de metal. Su obra más famosa es *Novum Lumen Chymicum* (*La Nueva Luz Química*). Es un personaje sobre el que se han creado muchas leyendas, la más conocida es la de su relación con el alquimista escocés Alexander Seton (finales s. XVI-ca.1604), del que se dice que tomó el pseudónimo de *El Cosmopolita*. Por otra parte, también realizó importantes contribuciones en el terreno de la experimentación química, como es la purificación y preparación de algunos ácidos y metales. Con respecto al aire, hizo un descubrimiento muy importante: que no era una sustancia única y que contenía algo que daba vida, a lo que llamó por esa razón "alimento de vida". En 1604 identificó esta sustancia al calentar salitre; realmente no era otra cosa que el oxígeno, que fue descubierto mucho después (hacia 1772) por el químico germano-sueco Carl Wilhelm Scheele (1742–1786). Esta idea de una sustancia "alimento de vida" ocupó una posición central en el esquema que hizo Sendovgius del universo – Ver Alexander Seton

Séneca (o **Lucio Anneo Séneca**) (4 a.C.-65 d.C.): Filósofo, político, orador y escritor romano, nacido en Córdoba, en la provincia romana de la Bética (hoy España) y muerto en Roma. Adoptó en gran parte la filosofía aristotélica de los cuatro elementos, basándose en el estoicismo de Zenón de Kition (ca.336 a.C.-ca.264 a.C.), por lo que hacía la distinción entre materia inerte y una forma activa, el *pneuma* (palabra griega, que significa aire, suspiro, alma) o "espíritu vital", que produciría tanto los procesos de corrupción como los de generación. De gran influencia en la ideología alquímica. Séneca destacó como intelectual y también como político. Consumado orador, figura predominante de la política romana, siendo uno de los senadores más respetados e influyentes. A pesar de estos méritos, fue acusado de una conjura contra Nerón (37 d.C.-68 d.C.) por lo cual este lo condenó a muerte, a pesar de que había sido su alumno y de que hasta entonces le tenía una gran admiración. Como consecuencia, se suicidó en el año 65. *Como curiosidad* - En su honor, a un cráter de la Luna se le ha dado el nombre de "Séneca".

Seton (o **Sethon**), **Alexander** (¿?-ca.1604): Alquimista escocés, cuya vida está rodeada de leyendas. En un viaje que inició hacia 1601 a distintos puntos del continente europeo, afirmó haber logrado una transmutación a oro. Al llegar a Sajonia, el príncipe elector Cristian II (1583-1611) al principio le protegió con el fin de que realizara esta operación, pero al no conseguirlo, Seton fue encarcelado y sufrió durísimas torturas para que confesara la fórmula de la Piedra Filosofal. Pero el alquimista polaco Sendivogius (1566-1646) acudió en su auxilio y le salvó de prisión, llevándolo consigo a su ciudad, Cracovia. Poco después murió allí Seton, que entregó sus escritos a Sendivogius y este comenzó a adoptar el pseudónimo de aquel, *El Cosmopolita*. Por ello, y sobre todo en Escocia, se acusó a Sendivogius de plagio, especialmente como autor de su famosa obra *La Nueva luz Química*. Sendivogius se casó con la viuda de Seton, hecho también relativamente frecuente entre los alquimistas, como el caso de Nicolás Flamel (ca.1338-1418), ya que Perenelle (1320-1397) era viuda por dos veces. Sin embargo, estos hechos referentes a la relación entre Seton y Sendivogius no están probados y habría que encuadrarlos dentro del terreno de las leyendas alquímicas.

Sinesio de Cirene (ca.373-ca.414): Filósofo neoplatónico griego natural de Cirene, perteneciente a la colonia griega de la Cirenaica (en la Libia actual). De rica familia aristocrática, residió unos años en Alejandría, donde entró en contacto con Hipatia (355/370-ca.415), de la que fue discípulo. Allí se formó en astronomía, matemáticas y neoplatonismo, y se inició en las ciencias. Fue elegido obispo de Ptolemaida, otra importante ciudad de la Cirenaica, por lo que también se le conoció como el "obispo filósofo". En muchas de sus obras se esfuerza por conciliar los dogmas cristianos con la filosofía neoplatónica, y en ellas se perciben también sus ideas gnósticas y herméticas. Se le nombra en los manuscritos alquímicos.

Sócrates (470 a.C.-399 a.C.): Filósofo clásico griego, uno de los más importantes no sólo en la filosofía occidental, sino en la de todas la culturas. Nació y murió en Atenas, y fue maestro de Platón (ca.427 a.C.-347 a.c.), que a su vez lo fue de Aristóteles (ca.384 a.C.-322 a.c.), constituyendo los tres la triada fundamental de la filosofía griega.

Sömmering, Philipp (ca.1535-1575): Alquimista alemán, considerado como estafador. Formó el Grupo de Sömmering, en el que estaban integrados los alquimistas Anna Maria Zieglerin (ca.1550-1575) y su marido. Todos trabajaron para el duque Julius de Braunschweig-Lüneburg (1528-1589), quien les había encargado la obtención de la Piedra Filosofal. Murió torturado, quemado y descuartizado vivo, tras ser acusado de graves crímenes.

Soxhlet, Franz von (1848-1926): Químico alemán, especializado en química de alimentos y conocido sobre todo por la invención del extractor de flujo continuo llamado en su honor "extractor Soxhlet" (1879), basado en el sublimador *kerotakis* de la alquimista greco-egipcia María la Judía (ca.III d.C).

Stahl, Georg Ernst (1659-1734): Médico y químico alemán. Ocupó la cátedra de medicina en la Universidad de Halle y fue nombrado médico del rey Federico Guillermo I de Prusia (1688-1740). Es famoso sobre todo por desarrollar la teoría del flogisto, siendo flogisto (del griego *phlogistos*, llama, fuego) el nombre que dio al principio de inflamabilidad postulado por el químico y alquimista alemán Johann Joachim Becher (1635-1682) para explicar los procesos de combustión.

Stanihurst, Richard (1547-1618): Poeta, historiador y también alquimista irlandés, aunque en esta última faceta sea menos conocido, debido a la escasa información que hay hasta el momento. Nació en Dublín (por lo que también se le conocía como "el Dublinés"), estudió en Oxford y se estableció después en los Países Bajos. Hacia 1590 fue llamado a la corte de Felipe II (1527- 1598), al laboratorio que este mandó construir en el Monasterio de El Escorial. Escribió un pequeño tratado en castellano, *El Toque de Alquimia* (1593), que dedicó al monarca y en el que daba una serie de indicaciones y consejos para distinguir a los alquimistas verdaderos de los falsos, y donde citaba entre otros a LLull (ca.1232-1316), Paracelso (1493-1541) y Ripley (ca.1415-1490).

Starkey, George (1627-1665): Alquimista y médico norteamericano, hijo de un calvinista escocés. Estudió en Harvard y en 1650 emigró a Inglaterra, concretamente a su capital, donde pasados unos años murió de peste durante la Gran Plaga de Londres. Afirmaba tener una receta para obtener la Piedra Filosofal. Autor de importantes obras, que ejercieron gran influencia en personalidades tan destacadas como Isaac Newton (1642-1727) y Robert Boyle (1627-1691). Con este último mantuvo una correspondencia en la que intercambiaron importantes informaciones sobre alquimia, las cuales influyeron en los trabajos de alquimia de Boyle, así como también en los de Newton. A menudo se le atribuye el pseudónimo de Ireneo Filaleteo (o Eirenaeus Philalethes), aunque las últimas investigaciones han puesto en duda esta hipótesis.

Stolz von Stolzenberg, Daniel (o **Daniel Stolcius**) (1600-1660): Médico y escritor de alquimia, de Bohemia (hoy República Checa). En Praga fue discípulo de Michael Maier (1568-1622). Es autor de un libro emblemático, *Viridarium Chymicum* (*El Huerto Químico*), publicado en Praga en 1624, obra compilatoria de importantes tratados alquímicos que reúne más de cien ilustraciones de grandes maestros, acompañadas cada una de un breve poema de Stolcius. Es un trabajo de gran valor, en el que el autor realizó una cuidadosa labor de compilación con un criterio unificador, dando así sentido a lo escrito y representado por distintos autores acerca del proceso de la obtención de la Piedra Filosofal.

Stuart de Chevalier, Sabine (s. XVIII): Alquimista francesa (por su apellido Stuart emparentada probablemente con la familia real escocesa). Se casó con Claude Chevalier, médico del rey de Francia, que se dedicó también a la alquimia. Se conoce muy poco de ella, y lo que se sabe es a través de su marido. Autora de la obra en dos volúmenes *Discours Philosophique sur les Trois Principes, Animal, Végétal et Minéral, ou La Clef du Sanctuaire Philosophique* (*Discurso Filosófico sobre los Tres Principios. Animal, Vegetal y Mineral, o La Llave del Santuario Filosófico*), donde trata de los cuatro elementos y de los tres principios alquímicos azufre, mercurio y sal, publicada en París en 1781.

Sylvius (o **Silvio**), **Franciscus** (o **Franz de le Boë**) (1614-1672): Médico, iatroquímico, fisiólogo y anatomista alemán, aunque procedente de una familia flamenca protestante y acomodada. Trabajó y murió en Holanda, donde fue profesor de medicina en la Universidad de Leiden, en la que fundó la Escuela Iatroquímica de Medicina, según su creencia de que todos los procesos vitales y las enfermedades se basaban en reacciones químicas; es decir, interpretaba la medicina en términos de reglas físico-químicas universales. Recogió las ideas sobre la digestión de van Helmont (1577-1644) y las extendió a otros procesos fisiológicos y a la saliva, jugo pancreático y bilis. En la universidad, en un rincón del jardín botánico, hizo construir un laboratorio de iatroquímica, considerado el primer laboratorio de química de una universidad. Silvio contribuyó enormemente al estudio de la digestión y de los fluidos orgánicos y fue de los primeros médicos en adherirse a de la teoría de la circulación de la sangre de William Harvey (1578-1657). Fue considerado como un gran maestro. *Como curiosidad* - Se dice que inventó la fórmula de la bebida alcohólica llamada ginebra.

Tachenius (o **Taquenio**), **Otto** (1610-1680): Médico, farmacéutico, iatroquímico y alquimista, alemán, si bien estudió en la Universidad de Padua y se instaló en Venecia. Discípulo de Francisco Silvio (1614-1672), estaba convencido de que todos los procesos químicos se basaban en reacciones entre ácidos y bases, y extendió entre médicos y boticarios estas ideas de la teoría ácido-alcalina, sobre todo a través de su libro *Hippocrates Chemicus* (1666).

Tales de Mileto (ca.624 a.C.-ca.546 a.C.): Filósofo griego presocrático, geómetra y astrónomo. Natural de Mileto, polis griega de la costa jonia (hoy de Turquía). Se le suele considerar padre de la filosofía griega, ya que crea la escuela de Mileto. Admitía como principio general del universo el *agua*, idea que también aparece en el libro bíblico del *Génesis* y en otras muchas teogonías. Todo en el universo provendría del agua como materia o elemento más simple e iría evolucionando a partir de ella, dando lugar a objetos más complejos. Sus sucesores, Anaximando de Mileto (ca.610 a.C.-ca.545 a.C.) y Anaxímenes de Mileto (ca.590 a.C.-ca.525 a.C.), sustituyeron al agua como principio primario por otros principios diferentes, aunque también únicos. En geometría dos teoremas, relacionados entre sí, llevan su nombre (teorema de Tales).

Taylor, Frank Sherwood (1897-1956): Historiador de la ciencia británico, químico, que fue también director del Museo de la Ciencia de Londres. Escribió muchos libros y artículos acerca de la historia de la ciencia, y en particular de la historia de la química y, sobre todo, de la alquimia. Asimismo creó la revista *Ambix*, que publicó su primer volumen en 1937 y en la que hoy en día siguen dándose a conocer importantes artículos sobre historia de la química.

Teniers el Joven, David (1610-1690): Pintor y grabador flamenco, hijo del también pintor David Teniers el Viejo (1582-1649). Se hizo famoso por sus escenas de aldeanos, campesinos y granjeros.

Teodosio I (o **el Grande** (347-395): Emperador romano desde 379 hasta su muerte. Nació en Hispania. Último emperador que gobernó todo el Imperio romano, ya que tras él la administración del estado romano se dividió permanentemente entre dos Imperios independientes, uno occidental y el otro oriental. En el año 380, declaró el cristianismo como única religión imperial legítima, y prohibió la adoración pública de los antiguos dioses romanos.

Teófilo Presbítero (s. XII): Monje benedictino alemán (posiblemente de Colonia), del que muy poco más se sabe. Autor de *Schedula Diversarum Artium* (*El Libro de las Diferentes Artes*), el texto del occidente cristiano más antiguo en el que se muestran recetas químicas. Especie de enciclopedia técnica dirigida a oficios artísticos, como los relativos al arte románico: sobre colores en pinturas y en vidrieras (recetas de tintes, pigmentos y barnices), o los de metalurgia y orfebrería (técnicas de cincelado, repujado y platería). Sus técnicas fueron de gran utilidad en el arte medieval y en el renacentista. De clara influencia bizantina, se ha sugerido que pudiera tratarse de una compilación más que de un trabajo original o, incluso, una traducción al latín de una obra en griego.

Teosobia (s. IV d.C): Muy probablemente sea una alquimista de la etapa greco-egipcia, ya que el alquimista–de esa etapa Zósimo de Panópolis (principios s.IV d.C.) se refiere a ella como su hermana, por lo que hay que situarla en la misma época. Muy probablemente con este término no hacía referencia a un parentesco familiar, sino a su relación en cuanto a la alquimia, por lo que bien pudiera tratarse de una colega o de una alumna, por lo que en cualquier caso se la ha considerado como una alquimista – Ver Zósimo (s. IV d.C.)

Teresa de Jesús (o santa…) (1515-1582): También conocida como santa Teresa de Ávila, monja española, gran mística y escritora. Fundó la Orden de Carmelitas Descalzas (rama de la Orden de Nuestra Señora del Monte Carmelo) y después, junto a san Juan de la Cruz, la de Carmelitas Descalzos. Canonizada en 1622 y proclamada doctora de la Iglesia católica en 1970.

Thölde (también **Thöldius** o **Toeltius**), **Johann,** (ca.1565-1614): Alquimista, propietario de unas salinas, autor y editor alemán. Muy posiblemente fue el verdadero autor de las obras atribuidas a Basilio Valentín (siglo XV) y quien, como editor que era, las publicó hacia 1600, mucho después de la época correspondiente a este personaje, muy posiblemente ficticio y creado por el mismo Thölde. Precisamente por la edición de esos escritos se hizo famoso Thölde, a quien por otra parte se le consideró como uno de los químicos más importantes de su tiempo. – Ver Basilio Valentín

Tomás de Aquino (o santo…) (ca.1225-1274): Fraile dominico italiano, de la Orden de los Predicadores, gran filósofo y teólogo, de los más ilustres en la enseñanza de la escolástica. Estudió en la Universidad de Nápoles y en la de París, en la que fue discípulo de Alberto Magno (1193/1206-1280). Una de sus obras más importantes es la *Summa Theologicae* (*Suma Teológica*), donde intenta fusionar el pensamiento clásico racional de Aristóteles (ca.384 a.C.-322 a.C.) con el cristiano, basado en la revelación de san Agustín (354- 430). Aunque más famoso como teólogo, fue también un estudioso de las ciencias y escribió una importante obra sobre alquimia, *Tratado sobre la Esencia de los Minerales*. En este tratado realiza una fuerte defensa de la transmutación como obra de la naturaleza que ocurre espontáneamente y que se produce si transcurre el tiempo suficiente; asimismo, en él llega a describir la fabricación de piedras preciosas. Durante un tiempo también se le atribuyó el manuscrito alquímico *Aurora Consurgens* (*Aurora Naciente*), si bien después esto se ha desmentido, siendo su origen hasta el momento desconocido. El texto de esta obra se ha datado en el siglo XIII, pero sus bellas ilustraciones son posteriores, del XV. En treinta y siete miniaturas se representa el proceso de la transmutación de los metales, y su mismo título alude al nacimiento de sol, es decir, al oro de los filósofos, así como también al amanecer con los campos llenos de rocío. Todo su interesante contenido ha sido objeto de un profundo estudio por el psicólogo Carl Jung. (1875-1961). Tomás de Aquino fue canonizado en 1323, y después se le declaró Doctor de la Iglesia y patrón de las universidades.

Trithemius (o **Tritemio**), **Johannes** (1462-1516): Monje benedictino alemán, nacido en Trittenheim (cerca de Tréveris, Alemania). Su nombre de nacimiento era Johann von Heidenberg. Hombre de grandes conocimientos, verdadero polímata del Renacimiento alemán, como cronista, lexicógrafo, criptógrafo y conocedor de ciencias ocultas. Escribió obras teológicas e históricas sobre miembros prominentes de su orden; fundó la sociedad secreta *Sodalitas Celtica* (Cofradía Céltica), dedicada al estudio de las lenguas, las matemáticas, la astrología y la magia de los números; es autor de la famosa *Steganographia* o ciencia para ocultar mensajes. Por todo ello se le considera el fundador de la criptografía moderna y de la esteganografía, así como de la bibliografía y los estudios literarios. Al mismo tiempo, sentía gran atracción por la astrología, la magia y las ciencias herméticas, por lo que tuvo gran influencia en el desarrollo del ocultismo en la Edad Moderna, teniendo como estudiantes ilustres a Cornelio Agrippa (1486-1535) y a Paracelso (1493-1541). En sus últimos años fue prior del monasterio de Santiago de Würzburg.

Valentín, **Basilio** o **Valentinus**, **Basilius** (s. XV): Se supone que fue un alquimista nacido en Alsacia, hacia 1394. Aunque se afirma que fue el canónigo del priorato benedictino de la ciudad de Erfurt (Alemania), no hay evidencia de ello en los registros de Alemania o de Roma, y tampoco hay ninguna mención de este nombre antes de 1600. Sin embargo, a partir del siglo XVII sí se le menciona, atribuyéndosele varios tratados de alquimia y filosofía hermética. Pero después (siglo XVIII) se sugirió que el autor de las obras que se le atribuían fue posiblemente Johann Thölde (ca.1565-1624). Las más famosas de estas obras son *Carrus Triumphalis Antimonii* (*El Carro Triunfal del Antimonio*) y *Duodecim Claves Philosophicæ* (*Las Doce Claves de la Filosofía*), escritas en latín, aunque después fueron traducidas a muchos idiomas. Otra obra muy conocida es *Azoth*, escrita inicialmente en latín y en alemán – Ver Johann Thölde

Varo, **Remedios** (1908-1963): Importante pintora española, también escritora y artista gráfica. Nacida en Cataluña, viajó a Madrid, siendo una de las primeras mujeres en estudiar en la Academia de Bellas Artes de San Fernando. Después se estableció en Barcelona, donde se integró en el movimiento surrealista. En 1937 se traslada a París, y allí conoció a importantes figuras del momento, como Max Ernst (1891-1976), Joan Miró (1893-1983), Dora Maar (1907-1997) y Leonora Carrington (1917–2011), pero con la llegada de los nazis se exilia en México. Allí frecuenta los círculos de intelectuales y artistas más destacados del momento, como Frida Kahlo (1907-1954) o Diego Rivera (1886-1957), y coincide de nuevo con Leonora Carrington, con la que mantendrá una larga amistad, fomentada muy posiblemente por su común interés por las ciencias ocultas y los mundos fantásticos. Establecida en México, donde murió, conservó siempre su nacionalidad de origen (al contrario que su amiga Leonora), aunque no volvió nunca a España a pesar de realizar frecuentes viajes a otros países. Mujer de una gran sensibilidad y misticismo, igualmente interesada por las ciencias y el psicoanálisis que por el esoterismo y la alquimia. De esto último buena prueba es su famosa obra pictórica *Ciencia Inútil o El alquimista*, de 1955 - Ver Leonora Carrington

Vesalio, **Andreas** (1514-1564): Médico, anatomista, fisiólogo y cirujano, nacido en Bruselas (cuando formaba parte del Imperio Español), de raíces flamencas. Tuvo la originalidad de realizar sus estudios anatómicos a través de la observación directa, para lo cual realizaba disecciones de cadáveres humanos, mientras que hasta entonces —según la práctica de Galeno (129 d.C.-201/216 d.C.)— se habían llevado a cabo mediante un estudio comparativo, diseccionando monos, perros y cerdos. En sus días Vesalio alcanzó gran celebridad por sus disecciones públicas y, sobre todo, como renovador de la anatomía.

Vilanova, **Arnaldo de** (o **Arnau de**) (ca.1238-ca.1314): Médico, teólogo y alquimista medieval, valenciano o tal vez francés (Arnaud de Villeneuve) e,incluso, se le ha atribuido ser aragonés de origen, pero lo que es seguro es que murió en Génova. Gran viajero, autor de bastantes obras que se publicaron mucho después de su muerte, escritas en latín y en catalán, aunque dominaba otras lenguas. Estudió en la universidad de Montpellier, en donde luego fue profesor. Ejerció la medicina en esta ciudad, y también fue médico real y amigo del rey Jaime II de Aragón (1267-1327), quien le encargó algunas misiones diplomáticas en otras cortes europeas. En su obra religiosa hay cierta heterodoxia, provocada por su exaltado misticismo debido probablemente a su simpatía por los franciscanos espirituales y las ideas joaquinistas. Escribió sobre todo de medicina, pero también se le atribuyen obras de alquimia. Así, parece ser suyo un tratado alquímico que constituye el más antiguo de los publicados en Francia y que contiene recetas de transmutación repletas de alegorías, en las que mezcla la alquimia con contenidos religiosos. Describió la destilación del espíritu del vino, que empleaba como remedio curativo, y de él se dijo que preparó oro alquímico para el papa de Avignon Bonifacio VIII (ca.1235-1303). Se le han atribuido los tratados alquímicos *Flos Florum* (*Flor entre las Flores*) y *Rosarium Philosophorum* (*El Rosario de los Filósofos*), tratando este último sobre la producción del elixir por medio de la piedra filosofal. Pero parece demostrado que no fueron escritos por él sino después por algunos de sus discípulos (pseudoepigrafía). También puede que se le confundiera con un alquimista de nombre muy parecido, Pedro Arnaldo de Vilanova, médico que asimismo residió en Montpelier, aunque fue posterior (n. 1320).

Wei Po Yang (s. II d.C.): Alquimista y escritor chino, autor del texto más antiguo dedicado a la alquimia, *Similitud de los Tres* (escrito hacia el 140 d.C.). Aparte de tratar del *yin* y el *yang* y del *tao*, como curiosidad debe mencionarse su descripción de algunas operaciones químicas (como la cristalización) y de la composición de la pólvora.

Wen Wang (s. XII a.C.): Rey chino, fundador de la dinastía Zhou (tercera dinastía china), a quien se atribuye libro *Yi-Ching* o *Libro de los Cambios* (llamado también *Libro Canónico de las Transformaciones* o *de las Mutaciones*). Es un libro de oráculos, en el que también se describe el dualismo del *yin* y el *yang*, causa de todas las cosas, cuyo contenido se fue mejorado gradualmente, hasta convertirse en el texto básico de la filosofía china y el de mayor influencia en esa cultura.

Zenón de Citio (o **de Kition**) (ca.336 a.C.-ca.264 a.C.): Filósofo griego de la época helenística, nacido en la ciudad de Kition, Chipre (entonces colonia griega), que funda hacia el 300 a.C. la escuela filosófica del estoicismo, de gran éxito durante el periodo helenístico. El estoicismo adoptó en gran parte la filosofía aristotélica de los cuatro elementos, aunque hacía la distinción entre materia inerte y una forma activa, el *pneuma* (palabra griega, que significa "aire", "suspiro, "alma") o "espíritu vital", que produciría tanto los procesos de corrupción como los de generación. De los cuatro elementos aristotélicos, los calientes (fuego y aire) serían más activos que los fríos (agua y tierra). El fuego y el aire serían, pues, formas de *pneuma*, fuerza que cohesionaría las formas más pasivas (agua y tierra) en las diferentes sustancias complejas. Este concepto de *pneuma* tuvo gran repercusión entre los alquimistas. Esta escuela fue desarrollada también, posteriormente y ya en época romana, por Lucio Anneo Séneca (4 a.C.-65 d.C.).

Zieglerin, Anna Maria (ca.1550-1575): Mujer practicante de la alquimia. Pertenecía a la nobleza alemana y se casó muy joven, pero pronto enviudó. Volvió a casarse con un hombre de dudosa reputación, asistente de un alquimista llamado Philipp Sömmering (ca.1535-1557). Ella se unió al denominado "Grupo de Sömmering", al que el duque alemán Julius von Braunschweig-Lüneburg (1528-1589), había encargado la tarea de encontrar la Piedra Filosofal. El objetivo del duque era poder fabricar oro, para lo cual había adelantado una fuerte suma de dinero. Como el grupo no pudo encontrar la Piedra, fueron acusados no sólo de estafa y engaño, sino también de asesinato. Condenados a muerte precedida de crueles martirios, esta alquimista fue quemada viva, sentada en una silla de hierro, cuando sólo contaba 25 años.

Zoroastro (o también **Zaratustra**) (¿entre ss. VII y VI a.C.?): Antiguo profeta persa, del que se conoce muy poco, incluso cuándo vivió: para unos durante el segundo milenio a.C., para otros entre los siglos VII y VI a.C. Fundó el zoroastrismo, basándose en el mazdeísmo, religión que rendía culto a Ahura Mazda (una divinidad de la antigua Persia), considerado por Zoroastro como el único creador de todo, el Supremo o el Absoluto. El zoroastrismo es pues una religión monoteísta, que tiene además un principio dualista, la existencia del bien y del mal en lucha constante. Se convirtió allí en la religión oficial desde el siglo VI a.C. hasta el VII d.C., y también se extendió a otros territorios. Después fue sustituido por otras religiones, aunque aún subsiste actualmente en parte de Irán y sobre todo en la India, concretamnete en la zona de Bombay (parsis). *Como curiosidad* - Parsis famosos: el director de orquesta Zubin Mehta (n.1936) y el cantante Freddie Mercury (1946-1991).

Zósimo de Panopolis (principios s. IV d.C): Alquimista greco-egipcio, que nació alrededor del 300 d.C. en la ciudad de Panópolis, en el Alto Egipto (por lo que también se le conoce como "el Panopolitano"), y que vivió en Alejandría, siendo un egipcio helenizado. Primer alquimista reconocido documentalmente, ya que es el más antiguo del que se tienen referencias directas, pues ha dejado los documentos escritos de la alquimia más importantes de este periodo, si bien fragmentados. Consisten en una especie de enciclopedia alquímica denominada *Cheirokmeta*, presentada en forma de cartas a la que dice su hermana Teosobia (IV d.C). Aparte de sus propias aportaciones, en esa obra menciona muchas recetas y técnicas de laboratorio apoyándose en el conocimiento de alquimistas más antiguos (aunque no se tiene certeza si muchos de ellos son o no personajes reales), a los que nombra expresamente Fue el primero en emplear el término *chemia* al referirse a la alquimia. Por todo ello, resulta ser el alquimista más importante de la alquimia greco-egipcia.

Zwinglio, Ulrich (1484-1531): Fue líder de la Reforma Protestante suiza, anterior a la de Juan Calvino (1509-1564), y el fundador de la Iglesia Reformada Suiza. Al estudiar las Escrituras desde el punto de vista humanista, llegó de manera independiente a conclusiones similares a las de Lutero (1483-1546), si bien con características propias. Estuvo influido por el humanismo renacentista de Erasmo de Rotterdam (1466-1536). Su reforma se inició en Zúrich, contando con el apoyo del gobierno de la ciudad; luego pretendió extenderla a toda Suiza, pero sólo lo logró en algunos cantones (Berna, Saint-Gall, Constanza y Basilea), que formaron así una liga de cantones protestantes. Principal reformador protestante de la Suiza de habla alemana, mientras que después Calvino (1509-1564) lo fue en la zona francófona. Ambas corrientes se unificaron en 1539, una vez muerto Zwinglio.

BIBLIOGRAFÍA

ALIC, Margaret (2005): *El Legado de Hipatia. Historia de las Mujeres en la Ciencia desde la Antigüedad hasta fines del Siglo XIX*. Madrid: Siglo XXI de España Editores.

ARISTÓTELES (2004): *Meteorology*. Webster, E.W. (trad.). Adelaide: eBooks@Adelaide.
En línea: https://web.archive.org/web/20040405074445/http://etext.library.adelaide.edu.au/a/a8met/

AROLA, Raimon (2021): *Alquimia y Religión. Lo Oculto en los Siglos XVI y XVII*. Barcelona: Siruela.

BENSAUDE, Bernadette y STENGERS, Isabelle (1992): *Histoire de la Chimie*. París: La Découverte.

BERTHELOT, Marcellin (2001): *Los Orígenes de la Alquimia*. Barcelona: MRA.

BROCK, William H. (1999): *Historia de la Química*. Madrid: Alianza Editorial.

CALEY, Earle R. (1926): "The Leyden Papyrus. An English Translation with Briefs Notes", *J.Chem.Educ.* 3, p. 1149.

— (1926): "The Stockholm Papyrus", *J.Chem.Educ.* 4, p. 979.

ELIADE, Mircea (1990): *Herreros y Alquimistas*. Madrid: Alianza Editorial.

ESTEBAN SANTOS, Soledad (2001): *Introducción a la Historia de la Química*. Madrid: UNED.

— (2003): "Paracelso el Médico. Paracelso el Alquimista", *An.Quim.* 99(4), pp. 53-60.

— (2006): "Historia de la Alquimia. I: La Alquimia Griega", *An.Quim.* 102(2), pp. 60-67.

— (2011): "Miriam y Marie, dos Mujeres en la Historia de la Química", *100cias@uned* 4, pp.134-139
En línea: http://espacio.uned.es/fez/eserv/bibliuned:revista100cias-2011-4ne

FERNÁNDEZ GARCÍA, Aurelio (2006): "La Orina en las Recetas de los Alquimistas Griegos: Papiro X de Leiden y Papiro de Estocolmo", *Estudios clásicos* 48(129), pp. 65-78.

FULCANELLI (1972): *El Misterio de las Catedrales*, Barcelona: Plaza y Janés.

GARCÍA ATIENZA, Juan (1994): *Los Secretos de la Alquimia*. Madrid: Ediciones Temas de Hoy.

GARCÍA FONT, Juan (1995): *Historia de la Alquimia en España*, Barcelona: MRA.

GEBELEIN, Helmut (2007): *Secretos de la Alquimia*. Barcelona: Ed. Robinbook.

GONZÁLEZ MADRID, María José (2017): "Leonora Carrington y Remedios Varo: Alquimia, Pintura y Amistad Creativa", *Studia Hermetica Journal*, 1 (1), (Ejemplar dedicado a: SHJ VII, 1. Leonora 1917), pp.116-144.

HOEFFER, Ferdinand (1866): *Histoire de la Chimie* (2 vols). Paris. Gutenberg Reprints.

HOLMYARD, Eric J. (1970): *La Prodigiosa Historia de la Alquimia*. Madrid: Guadiana Publicaciones.

IHDE, Aaron J. (1984): *The Development of Modern Chemistry*, New York: Dover Publications, Inc.

ÍÑIGO FERNÁNDEZ, Luis E. (2010): *Breve Historia de la Alquimia*. Madrid: Ediciones Nowtilus.

JUNG, Carl Gustav (1977): *Psicología y Alquimia*. Barcelona: Plaza y Janés.

LEICESTER, Henry M. (1971): *The Historical Backgound of Chemistry*. New York: Dover Publications Inc.

LÓPEZ PÉREZ, Miguel (2017): *Historia del Oro Potable*. Valladolid: Editorial Glyphos Publicaciones.

LÓPEZ PIÑERO, José María (1978): "La Iatroquímica de la Segunda Mitad del Siglo XVI.I". En Laín Entralgo, Pedro. (Dir.), *Historia Universal de la Medicina*, Vol. 4, Barcelona: Salvat.

LUANCO, José Ramón de (1998): *La Alquimia en España*, Barcelona: Alta Fulla.

LUCRECIO CARO, Tito (1969): *De la Naturaleza de las Cosas.* Madrid: Espasa-Calpe.

MARTÍN REYES, Guillermina (2004): *Breve Historia de la Alquimia*, Tenerife: Fundación Canaria Orotava de Historia de la Ciencia.

MARTINÓN-TORRES, Marcos (2008): "Los Orígenes Alquímicos de la Química Moderna". *An.Quim.* 104(4), pp. 310-317

MULTHAUF, Robert P. (1966): *The Origins of Chemistry.* London: Oldbourne.

NEWMAN, W. R. y PRINCIPE, L. (1998): "Alchemy versus Chemistry: The Etymological Origins of a Historiographic Mistake", *Early Science and Medicine* 3(1) pp.32-65

PARTINGTON, James R. (1945): *Historia de la Química.* Madrid: Espasa-Calpe.

— (1961-1970): *A History of Chemistry* (4 vols). London: Macmillan&Co.Ltd.

PÉREZ PARIENTE, Joaquín (2005): "La Alquimia de Newton y Boyle", *An.Quim.* 101(4), pp. 63-69

— (2016): *La Alquimia.* Madrid: Editorial CSIC.

— y PASCUAL VALDERRAMA, Ignacio M. (2010): "Sobre la Relación entre la Mujer y la Alquimia: del Laboratorio al Símbolo", *Dossiers Feministes* 14, pp. 34-54.

POISSON, Albert (1969): *Théories et Symboles des Alchimistes.* Paris: Editions Traditionnelles.

PUERTO, Javier (2001): *El Hombre en Llamas. Paracelso.* Madrid: Nivola.

REY BUENO, Mar (2002): *Alquimia, El Gran Secreto.* Madrid: Ed. Edaf.

ROOB, Alexander (2014). *Alquimia y Mística.* Colonia: Taschen.

SADOUL, Jacques (1972): *El Tesoro de los Alquimistas.* Barcelona: Plaza y Janés.

SARTON, George (1959): *Historia de la Ciencia. La Ciencia durante la Edad de Oro Griega. Ciencia y Cultura Helenística en los últimos Tres Siglos a.C.* Buenos Aires: Ed. Universitaria de Buenos Aires.

SOLSONA-PAIRÓ, Nuria (2015): "Redefinir y Resignificar la Historia de la Alquimia: Marie Meurdrac", *Enseñanza de las Ciencias* 33(1), pp. 225-39.

— (2015). "Los Instrumentos de Vidrio en los Tratados de Nicaise Le Fèvre y Marie Meurdrac", *Educación Química* 26(2), pp. 152-161.

TATON, René (ed.) (1989): *Historia General de las Ciencias.* Barcelona: Destino.

Página web sobre Alquimia:

Alchemy web site   http://www.alchemywebsite.com/

FIGURAS:

Figuras 1.1 y 2.1: elaboración propia

Resto de imágenes: en: Wikimedia Commons (Public Domain)

//

ÍNDICE ONOMÁSTICO

251, 271

Brueghel el Viejo, Pieter, (1525-1569), 196-7, 271

Braunschweig-Lüneburg, Julius von (1528-1589), 208, 271

Brock, William Hodson (n. 1936), 13, 271

Brunschwig, Hieronymus (ca.1450-ca.1512), 152, 229, 271

C

Calid (ver Khalid Ibn Yazid)

Caley, Earle R. (1900-1984), 63, 271

Calvino, Juan (1509-1564), 120, 234-5, 239, 271

Canseliet, Eugène L. (1899-1982), 202, 229, 272

Carlos I de España (1500-1558), 192, 272

Carlos I de Inglaterra (1600-1649), 193-4, 272

Carlos VI de Francia (1368-1422), 191, 272

Carlos XI de Suecia (1655-1697), 156, 272

Carlos Martel (686-741), 78, 272

Carrillo de Acuña, Alonso (o Arzobispo Carillo) (1410-1482), 195, 272

Carrington, Leonora (1917–2011), 212, 272

Catalina de Medici (1519-1589), 120, 273

Celso (Aulo Cornelio Celso) (ca.25 a.C.-ca.50 d.C.), 131, 134, 273

Châtelet, Jean de (1578-1645), 210, 273

Chaucer, Geoffrey (1343-1400), 198, 229, 273

Chevalier, Claude (s. XVIII), 211, 274

Cilli (o Celje), Bárbara de (ca.1392-1451), 208, 274

Clemente IV (1202-1268), 101, 274

Cleopatra (¿? s. III d.C.), 40, 207, 213, 229, 274

Conde de Saint Germain (1696?-1784), 200-1, 274

Constantino (ca.272-337), 77, 90,274

Copérnico, Nicolás (1473-1543), 112-3, 237-8, 274

Cortese, Isabella (s. XVI), 208, 219, 275

Cosme I de Medici (1519-1574), 192, 275

Cosme de Medici (1389-1464), 124, 241, 275

Cosmopolita, El (ver Alexander Seton y Sendivogius)

Cremer, John (s. XIII-XIV), 107, 177, 181, 229, 275

Cristian II de Sajonia (1583-1611), 294, 276

Cristina de Suecia (1626-1689), 210, 276

Cromwell, Oliver (1599-1658), 157, 243, 276

D

Dante Alighieri (1265-1321), 197, 229, 276

Dee, John (1527-ca.1608), 146-7, 149, 151, 194, 276

Demócrito de Abdera (ca.460-ca.370 a.C.), 22, 41, 111, 277

Demócrito (falso Demócrito o pseudo Demócrito) (ver también Bolos de Mende), 41, 63, 229

Diderot, Denis (1713-1784), 162, 229, 277

Diocleciano (ca.244-311), 38, 278

Durero, Alberto (1471-1528), 141, 197, 278

E

Eduardo II de Inglaterra (1284-1327), 103, 181, 278

Eduardo III de Inglaterra (1312-1377), 107, 278

Eduardo IV de Inglaterra (1442-1483), 146, 194, 278

Eduardo VI de Inglaterra (1537-1553), 146, 194, 278

Eliade, Mircea (1907-1986), 12, 14, 229, 278

Empédocles de Agrigento (ca.495 a.C.-ca.435 a.C.), 18, 19, 158, 278

www.ingramcontent.com/pod-product-compliance
Lightning Source LLC
Chambersburg PA
CBHW070847290526
45795CB00001B/18

* 9 7 9 8 8 7 9 5 8 0 9 1 4 *